耕地质量保护与提升技术
生态补偿机制

周　颖　王卿梅　陈柏旭　著

中国农业科学技术出版社

图书在版编目（CIP）数据

耕地质量保护与提升技术生态补偿机制 / 周颖，王卿梅，陈柏旭著.--北京：中国农业科学技术出版社，2022.10

ISBN 978-7-5116-5960-6

Ⅰ.①耕… Ⅱ.①周… ②王… ③陈… Ⅲ.①耕地保护－补偿机制－研究－中国 Ⅳ.①F323.211

中国版本图书馆CIP数据核字（2022）第 186276 号

责任编辑　李　华
责任校对　王　彦
责任印制　姜义伟　王思文

出 版 者　中国农业科学技术出版社
　　　　　北京市中关村南大街 12 号　　邮编：100081
电　　话　（010）82109708（编辑室）　　（010）82109702（发行部）
　　　　　（010）82109709（读者服务部）
网　　址　https：// castp.caas.cn
经 销 者　各地新华书店
印 刷 者　北京建宏印刷有限公司
开　　本　170 mm × 240 mm　1/16
印　　张　16
字　　数　270 千字
版　　次　2022 年 10 月第 1 版　　2022 年 10 月第 1 次印刷
定　　价　85.00 元

前　言

　　耕地是我国最为宝贵的资源，是粮食生产的命根子，也是生态文明的重要载体。习近平总书记明确指出，18亿亩耕地必须实至名归，农田就是农田，而且必须是良田。守住耕地质量红线，才能筑牢粮食安全的基础。当前我国耕地质量总体不高，土壤肥力基础薄弱，土地退化严重；随着种植业结构调整，部分农民种粮积极性有所降低。新时期，国家在生态补偿制度方面发力，但是激励多元经营主体采纳保护性耕作技术的长效机制仍不健全，成为技术推广的主要现实困境。探索多元经营主体下耕地质量保护生态补偿机制，有助于明确生产经营者主体责任，调动经营主体参与耕地提质生产积极性，破解技术推广瓶颈背后的制度性问题。

　　当前，我国农业生态补偿政策缺乏生产经营者充分参与，对耕地质量保护与提升技术应用不积极，不再热衷于保养地力。现已实施的关于耕地质量保护技术生态补偿标准定价过低，补偿标准的定价方法视角单一、缺乏系统性，分主体的补偿标准研究滞后，尚缺乏国家层面统一的定价核算方法，没能根本解决生产经营主体在技术应用中面临的困境。因此，聚焦耕地质量保护与提升技术应用内生动力不足问题，补齐制约技术持续推广的制度性短板，是以多元经营主体为核心完善耕地质量保护制度建设的重大国家需求。

　　本书将生态补偿机制研究置于中国农村经济社会转型和农业现代化发展的视域中加以研判分析，围绕实现多元经营主体利益均衡问题，以耕地质量保护外部性环境贡献为切入点，厘清责任主体之间、定价依据之间及补偿方式之间的关系，精准测度技术产生的生态价值、效用价值及成本价值，构建资源—环境—经济有机结合的生态补偿标准评价方法体系，制定与耕地质量保护成效相挂钩的差别化生态补偿机制。

本书篇章结构内容如下：第一章导论，概括阐述全书的研究重点内容与创新成果；第二章至第四章，深化耕地质量保护生态补偿机制理论与政策研究，分别从现实意义、理论基础与政策实践3个方面，全方位阐述开展耕地质量保护与提升技术生态补偿机制是服务国家粮食安全与生态文明建设重大需求，解决技术推广瓶颈约束的重要途径。第五章至第六章，定性分析并评述典型耕地质量保护技术的环境效应，从宏观研究视角确定耕地质量保护补偿机制研究思路和重点难点，设计优化补偿政策制度框架；第七章至第九章，聚焦耕地质量保护与提升技术生态补偿机制的实证研究，从外部效应和生产者效用视角确定农业生态补偿标准定价依据，运用社会调查、实验观测、模型分析等多种方法定量分析技术采纳行为意愿影响因素，精准测度补偿标准。第十章完善耕地质量保护与提升技术生态补偿政策制度，提出农业碳达峰、碳减排背景下耕地质量保护与提升技术创新与生态补偿政策创新的方向。

本书第一章、第二章、第三章、第四章、第七章、第八章、第十章由周颖执笔；第五章由王卿梅执笔；第六章、第九章由周颖、陈柏旭执笔；全书由周颖统稿。本书在撰写过程中得到了以下各位老师和同事们的大力支持和帮助，他们是河北省农林科学院农业资源环境研究所王丽英研究员，中国农业科学院农业资源与农业区划研究所王立刚研究员、甘寿文副研究员，河北省保定市徐水区农业农村局杜艳芹农业技术推广研究员、张彦东高级农艺师。本书封底照片由李晓琳博士、杨建君硕士、焦玉昌科研助理拍摄。值此著作出版之际，谨向您们表示最诚挚的谢意！

本书出版得到国家重点研发计划项目（2021YFD1901002）、中国农业科学院科技创新工程项目、中国农业绿色发展研究会项目（2021002-6）的大力支持，再一次向本书出版提供支持和帮助的各级领导、各位老师和同仁们表示衷心的感谢！

由于写作时间紧张、资料收集有限，书中不足之处在所难免，恳请同行专家和读者不吝赐教，为成果的进一步完善提出宝贵意见。

周　颖

2022年10月于北京

目　录

第一章 导　论

　　耕地是保障人民生计和社会发展的重要硬核资源。强化耕地保护是保证国家粮食安全，实践"藏粮于地、藏粮于技"战略的关键举措，也是实现农业高质量发展和"双碳"目标的必然要求。随着中国进入生态文明建设新时代，耕地保护制度已由耕地数量、质量双重保护阶段，过渡到耕地数量、质量、生态管护"三位一体"的转型阶段。生态补偿作为耕地资源保护的一项重要制度，在长期演进实践中取得了阶段成效，但耕地保护的任务仍然严峻；在"三位一体"保护新格局的战略要求下，耕地保护生态补偿亟待突破现实的"行为主体约束"和"制度环境约束"瓶颈，构建与农业绿色发展技术体系相适应的制度安排和规范导向，为科技创新发展拓展空间。

一、研究意义

　　第一，耕地质量保护是保障国家粮食与生态安全的重要举措，保护技术推广面临现实困境。

　　耕地是粮食生产的命根子，也是生态文明的重要载体。习近平总书记明确指出，18亿亩耕地必须实至名归，农田就是农田，而且必须是良田。守住耕地质量红线，才能筑牢粮食安全的基础。当前我国耕地质量总体不高，土壤肥力基础薄弱，土地退化严重；随着种植业结构调整，部分农民种粮积极性有所降低。新时期，国家在生态补偿制度方面发力，但是激励多元经营主体采纳保护性耕作技术的长效机制仍不健全，成为技术推广的主要现实困境。探索多元经营主体下耕地质量保护生态补偿机制，有助于明确生产经营者主体责任，调动经营主体参与耕地提质生产积极性，补齐技术推广的政策性短板问题。

第二，耕地质量保护生态补偿政策设计与评价方法尚有不足，补偿标准定价依据亟待完善。

相比发达国家，我国农业生态补偿政策缺乏生产经营者充分参与，农民缺乏自主权和选择权，对耕地质量保护技术应用不积极，不再热衷于保养地力。现已实施的关于耕地质量保护技术生态补偿标准定价过低，尚缺乏国家层面统一的定价核算方法。大多数研究基于农户视角，采用社会调查和模型统计方法，量化耕地资源的价值，以技术产生的生态服务价值、支付或受偿意愿价值、正外部性价值及生产成本等作为定价依据。由于补偿标准的定价方法视角单一、缺乏系统性，分主体的补偿标准研究滞后，没能根本解决生产经营主体在技术应用中面临的困境。

第三，探索中国特色多元经营主体耕地质量保护生态补偿机制，实现精准测度到精准施策。

本研究将生态补偿机制置于中国农村经济社会转型和农业现代化发展的视域中加以研判分析，围绕实现多元经营主体利益均衡问题，以耕地质量保护外部性环境贡献为切入点，厘清责任主体之间、定价依据之间及补偿方式之间的关系，精准测度技术产生的生态价值、效用价值及成本价值，构建资源—环境—经济有机结合的外部效应评价方法体系，制定与耕地质量保护成效相挂钩的差别化生态补偿机制。本研究方向符合新时期中国特色农业经营体系改革生态补偿制度创新的重大需求，其成果可为建立系统的耕地质量保护生态补偿标准核算方法提供创新思路，为深入指导粮食主产区落实耕地质量保护政策目标提供决策参考。

二、研究目标

从环境经济学和农业生态学视角，阐明将耕地质量保护与提升技术产生的外部效应纳入补偿标准核算范畴的原理、方法和手段，为提高典型耕地质量保护技术生态补偿政策效能、激活耕地资源保护的内生动力提供技术支撑。具体目标有以下两个。

一是建立系统的耕地质量保护生态补偿标准核算方法，服务精准施策。构建多方法集成的耕地质量保护技术生态补偿标准定价方法，将环境贡献及经济效用价值评估有机结合，完善核算方法并规范技术流程，促进农业生态补偿领域多学科研究方法的融合，为生态补偿政策优化提供技术支撑。

二是建立多元经营主体耕地质量保护差别化补偿机制，实现利益均衡。建立以耕地质量保护成效而非过程为导向差别化生态补偿机制，政策设计兼顾多元经营主体利益及诉求，从补偿标准、补偿方式、绩效评价等全方位优化，提高补偿政策效能，为生态补偿政策顺利实施找准靶向。

三、研究内容

本书以"秸秆粉碎还田技术、化肥和农药减量投入技术及有机肥替代化肥技术"3项典型耕地质量保护与提升技术为研究对象，选择位于华北平原的河北省徐水区和藁城区为研究区域。针对我国耕地质量保护与提升技术生态补偿机制研究补偿内容定位不清、评价方法系统性不强及受偿主体单一化等问题，从多元经营主体行为视角，运用多学科交叉方法开展应用研究，研究总体框架思路见图1-1。

研究从理论内涵、方法原理、政策实践3个层面系统地开展了典型耕地质量保护与提升技术生态补偿机制研究。笔者综合运用理论与实践、定性与定量、宏观与微观相结合的研究方法，围绕"战略需求→原理解析→方法构建→机制优化"研究主线，将技术产生的"功能链—价值链—政策链"有机结合，构建遵循自然原理和经济规律的生态补偿机制研究框架；基于技术的外部性环境贡献和生产者效用原理，构建外部效应"双边界"补偿标准定价原理，提出多学科方法融合的技术应用生态补偿标准；建立以耕地质量保护成效为导向的生态补偿政策机制，在充分的实证研究支撑下，科学回答耕地质量保护与提升行为"为什么补""补什么"及"怎么补"等关键问题。全书主要研究内容包括4个方面。

第一，系统梳理、总结我国耕地质量保护的重要意义及区域政策实践。一是从生态文明建设战略高度阐述耕地质量保护的重要意义。耕地质量保护是保障粮食安全的重要举措，是生态文明建设的重要载体，也是可持续发展的物质基础。二是从区域生态环境保护视角探明政策方向与实施效果。东北地区针对黑土地退化的严峻问题，实施黑土地保护纲要与计划，以及一系列耕地质量提升与保育补偿政策；黄淮海地区集中解决水资源短缺的问题，围绕水资源节约利用和农业节水技术完善支持政策；长江中下游地区破解农业面源污染难题，建立农业面源污染防治技术体系与政策体系，有效提升耕地土壤质量。

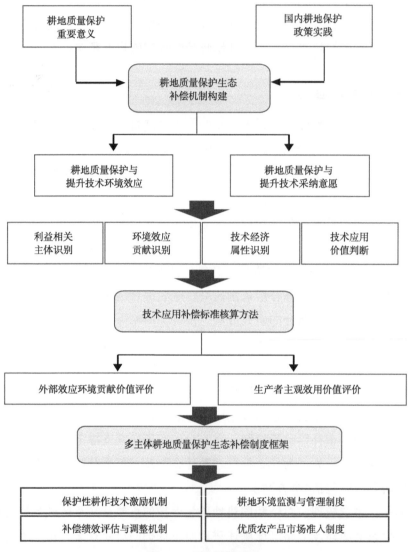

图1-1　总体框架思路

　　第二，全面阐述、厘清耕地质量保护与提升生态补偿的理论基础及内涵。一是耕地质量保护与提升技术生态补偿的理论基础包括3个组成部分，①自然科学基础理论以土壤学、耕作学、植物营养学及栽培学为主；②西方经济学理论以外部性理论、公共产品理论和生态经济学理论为主；③中国生态文明建设理论则以绿色发展理论和生态文明建设理论为基础。二是科学解析耕地质量保护生态补偿的内涵，农业生态补偿是在对农业资源和环境保护中产生外溢效益（成本）内部化的环境经济手段及环境规制政策，耕地质量保护与提升技术生态补偿是对生产者技术应用过程中降低环境负外部性付出的成本及提升环境正外部性损失的收益给予报酬或奖励。

第三，初步探索、构建典型耕地质量保护技术生态补偿标准核算方法体系。研究聚焦耕地质量保护与提升技术外部效应价值评估及内部化问题，从技术产生的生态服务功能价值和技术采纳的补偿意愿价值两个视角，将"生态价值—环境成本—经济效用"三者评估有机结合，综合运用意愿价值评估法、成本—收益法、机会成本法及能值分析等方法，完善测算方法并规范技术流程，促进农业生态补偿领域研究方法的交叉与融合。研究以玉米秸秆机械化粉碎还田技术、化肥和农药减量投入技术及设施蔬菜有机肥替代无机技术为研究对象，定性分析典型技术的环境效应，在华北平原粮食主产区开展多元经营主体耕地质量保护技术采纳行为意愿实证研究，制定与耕地保护成效相挂钩的差别化生态补偿标准。

第四，优化并完善耕地质量保护与提升补偿政策，筹划"双碳"目标重点任务。一是从科学认识上解决农业多功能性价值实现问题以及外溢效益内部化问题，制定耕地质量保护与提升技术生态补偿创新举措，建立多元化投融资机制、探索市场机制补偿的可行方法、建立多学科融合的研究方法及界定各级政府的生态补偿事权。二是服务于国家实现碳达峰、碳中和的战略需求，加快推广绿色背景下耕地质量保护与提升技术，包括农业投入品减量化利用技术、农业废弃物资源化利用及农业绿色低碳技术模式；推进建立适应农业"双碳"目标的长效双向激励机制，引导农业经济主体转变生产和生活方式，保障农业绿色低碳发展稳步高效推进。

全书篇章结构内容如下：第一章导论，概括阐述全书的研究重点内容与创新成果；第二章至第四章，深化耕地质量保护生态补偿机制理论与政策研究，分别从现实意义、政策实践和理论基础3个方面，全方位阐述开展耕地质量保护与提升技术生态补偿机制是服务国家粮食安全与生态文明建设重大需求，解决技术推广瓶颈约束的重要途径。第五章至第六章，定性分析并评述典型耕地质量保护技术的环境效应，从宏观研究视角确定耕地质量保护补偿机制研究思路和重点难点，设计优化补偿政策制度框架；第七章至第九章，开展耕地质量保护与提升技术生态补偿机制的实证研究，从外部效应和生产者效用视角确定农业生态补偿标准定价依据，运用社会调查、实验观测、模型分析等多种方法定量分析技术采纳行为意愿影响因素，精准测度补偿标准。第十章探讨耕地质量保护与提升技术生态补偿政策前景，提出农业碳达峰、碳减排背景下耕地质量保护与提升技术创新与生态补偿政策创新的方向。

第二章　我国耕地质量现状与保护的意义

　　耕地是粮食生产的命根子，也是生态文明的重要载体，保护耕地事关民生和国家粮食安全（王桂霞和杨义风，2021）。2021年末，中共中央政治局常委会会议专题研究"三农"工作。习近平总书记再次对耕地保护提出明确要求，18亿亩*耕地必须实至名归，农田就是农田，而且必须是良田。守住耕地质量红线，才能筑牢粮食安全的基础。仓廪实，天下安。习近平总书记强调，保障好初级产品供给是一个重大战略性问题，中国人的饭碗任何时候都要牢牢端在自己手中，饭碗主要装中国粮。奋进新征程，时刻绷紧国家粮食安全这根弦，落实藏粮于地、藏粮于技战略，加强耕地保护和质量建设，我们就一定能持续提升粮食供给保障能力，把粮食安全的主动权牢牢掌握在自己手中，为夺取全面建设社会主义现代化国家新胜利提供有力支撑（《人民日报》评论部，2022）。

一、我国耕地质量的现状及存在问题

（一）我国耕地质量现状与总体评价

　　2020年4月农业农村部发布《2019年全国耕地质量等级情况公报》（以下简称《公报》）数据，公布全国及不同区域耕地质量现状，并针对耕地土壤障碍因素，提出耕地质量建设的对策建议，指导各地因地制宜加强耕地质量建设（农业农村部新闻办公室，2020）。据《公报》显示，全国20.23亿亩耕地质量等级由高到低依次划分为一至十等，平均等级为4.76等，较2014年提升了0.35个等级。其中，评价为一至三等的耕地面积为6.32亿亩，占耕地

---

　　*　1亩≈667m²，1hm²=15亩，全书同。

总面积的31.24%。这部分耕地基础地力较高，障碍因素不明显，应按照用养结合方式开展农业生产，确保耕地质量稳中有升。评价为四至六等的耕地面积为9.47亿亩，占耕地总面积的46.81%。这部分耕地所处环境气候条件基本适宜，农田基础设施条件相对较好，障碍因素较不明显，是今后粮食增产的重点区域和重要突破口。评价为七至十等的耕地面积为4.44亿亩，占耕地总面积的21.95%。这部分耕地基础地力相对较差，生产障碍因素突出，短时间内较难得到根本改善，应持续开展农田基础设施建设和耕地内在质量建设。

从国家公布的调查数据分析，当前我国耕地质量整体偏低，中低产田比例大，障碍因素多，退化和污染严重，耕地占优补劣十分普遍（徐明岗等，2016）。从不同区域耕地质量等级划分来看，表现出区域不平衡、差异性较大、障碍性因素不同的显著特征。2019年，农业农村部组织完成全国耕地质量等级调查评价工作。全国耕地按质量等级由高到低依次划分为一至十等（表2-1），平均等级为4.76等，不同区域的耕地质量分布及障碍因素情况见表2-2。

表2-1　全国耕地质量等级面积比例及主要分布区域

耕地质量等级	面积（亿亩）	比例（％）	主要分布区域
一等地	1.38	6.82	东北区、长江中下游区、西南区、黄淮海区
二等地	2.01	9.94	东北区、黄淮海区、长江中下游区、西南区
三等地	2.93	14.48	东北区、黄淮海区、长江中下游区、西南区
四等地	3.50	17.30	东北区、黄淮海区、长江中下游区、西南区
五等地	3.41	16.86	长江中下游区、东北区、西南区、黄淮海区
六等地	2.56	12.65	长江中下游区、西南区、东北区、黄淮海区、内蒙古及长城沿线区
七等地	1.82	9.00	西南区、长江中下游区、黄土高原、内蒙古及长城沿线区、华南区、甘新区
八等地	1.31	6.48	黄土高原区、长江中下游区、内蒙古及长城沿线区、西南区、华南区
九等地	0.70	3.46	黄土高原区、内蒙古及长城沿线区、长江中下游区、西南区、华南区
十等地	0.61	3.01	黄土高原区、黄淮海区、内蒙古及长城沿线区、华南区、西南区

表2-2　全国耕地质量等级面积比例及主要分布区域

主要区域	总耕地面积（亿亩）	平均等级	一至三等比例（%）	四至六等比例（%）	七至十等比例（%）	耕地土壤主要障碍因素
东北区	4.49	3.59	52.01	40.08	7.90	盐碱、瘠薄、潜育化、障碍层次、酸化等
内蒙古及长城沿线区	1.33	6.28	12.76	38.79	48.45	水资源短缺、干旱严重、水土流失严重
黄淮海区	3.21	4.2	40.15	49.22	10.64	盐渍化、酸化、土层浅薄、灌溉设施缺乏
黄土高原区	1.70	6.47	13.16	32.08	54.76	侵蚀严重、土层浅薄、质地松散、养分贫乏
长江中下游区	1.04	4.72	27.27	54.56	18.17	地形起伏、养分贫瘠、设施落后、盐碱化
西南区	3.14	4.98	22.12	56.21	21.67	酸化、瘠薄、潜育化、障碍层次等
华南区	1.23	5.36	25.33	40.13	34.54	盐渍化、潜育化、酸化、瘠薄等
甘新区	1.16	5.02	22.36	54.55	23.08	缺水、盐分含量高，沙化、荒漠化、耕层浅、养分贫瘠
青藏区	0.16	7.35	1.65	32.56	65.79	土层浅薄、养分贫瘠，灌溉能力差

资料来源：农业农村部，2020-05-06. 2019年全国耕地质量等级情况公报. http://www.moa.gov.cn/nybgb/2020/202004/202005/t20200506_6343095.htm.

（二）我国耕地质量存在的主要问题

我国耕地质量存在"先天不足、后天失调"的问题。一是耕地整体质量偏低，中低产田比例大，障碍因素多。二是耕地土壤退化较严重。东北黑土地退化、南方耕地酸化、北方耕地盐碱化等问题尤为突出。三是土壤污染严重。重金属污染日渐严重，过量和不科学的化肥、农药使用造成土壤污染，固体废弃物处置不当降低土壤环境质量（徐明岗等，2016）。总之，长期以来的高投入、高产出导致耕地长期处于超负荷利用状态，化肥、农药、灌溉、地膜、秸秆、畜禽粪污及机械等耕作活动对土壤频繁扰动，带来土壤质量退化、环境污染、生态破坏等问题突出（光明日报，2021）。

为了真实准确掌握土壤质量、性状和利用状况等基础数据，守住耕地质量红线，2022年1月29日国务院发布《关于开展第三次全国土壤普查的通知》。2021年12月15日中国农业科学院正式启动"沃田科技行动"，助力并服务于国家第三次土壤普查工作。在"沃田科技行动"中，中国农业科学院农业资源与区划研究所副所长、中国工程院院士周卫概括介绍了从耕地类型划分的"七块地"存在的主要问题（光明日报，2021）。

一是黑土地，目前主要的问题是退化问题，表现为黑土层变浅，有机质含量下降。二是北方旱地，主要问题有两个：一方面是耕层变浅，北方机械化程度高、大量旋耕影响；另一方面是干旱，地下水位不断下降，影响土壤的可持续利用。三是南方红黄壤，主要问题是酸化，近20年中，有些地方的酸化面积增加了35%，产量降低了20%。同时，南方红黄壤在某些点位还存在重金属污染的问题。四是南方低产水稻土，主要有黄泥田、潜育化水稻土、反酸田/酸性田、冷泥田等，都需要改良。五是盐碱地，盐碱地的治理和利用问题也很重要，可以农用的盐碱地存量尚不清楚。六是设施菜地，设施菜地存在土壤盐碱化、酸化、重金属污染、连作障碍等多种问题。七是未利用耕地，如滩涂、复垦的矿山、荒地等，这些土地的农用价值及开发的空间尚不清楚。

二、耕地质量保护与提升的重要意义

（一）耕地质量保护是保障粮食安全重要举措

耕地是保障人民生计和社会发展的重要硬核资源。"粮安天下，地为根基"。要把中国人的饭碗牢牢端在自己手中，守住"谷物基本自给、口粮绝对安全"的国家粮食安全战略底线，前提是保证耕地数量稳定，重点是实现耕地质量提升。2011—2021年，我国粮食种植面积总体保持稳定，从11 057万hm²增加到11 763万hm²，粮食总产量从57 121万t提高到68 285万t。粮食增产的原因主要是单产提升，亩产从344kg提高到387kg；而粮食单产的提升关键靠良种、良法和良土，良土就是指耕地质量。良土出良品，耕地质量是形成农产品质量的重要基础。只有不断提高耕地质量，培育健康土壤，才能生产更多优质安全农产品，满足人民对农产品质量与安全日益增长的需要。

食为政首，谷为民命。党的二十大报告提出，全方位夯实粮食安全根基，全面落实粮食安全党政同责，牢牢守住18亿亩耕地红线。强化耕地保护是保证国家粮食安全，推进农业高质量和绿色化、低碳化发展的物质根基（王桂霞和杨义风，2021）。我国处于经济社会快速发展及国际国内"双循环"发展格局新阶段，用地需求压力始终存在，要实现经济社会可持续发展与保障粮食安全双赢，守护好耕地质量无疑是国家安全战略重要举措，以及保障民生福祉的重要途径。

（二）耕地质量保护是生态文明建设重要载体

耕地是我国最为宝贵的资源，我们要像保护大熊猫一样保护耕地（新华社，2015）。当前，我国已经全面进入生态文明新时代，创新、协调、绿色、开放、共享的发展指导思想已经深入社会、经济的各个领域。农业是不可替代的文明，田园风光是一种具有历史文化底蕴的美景，耕地保护和建设本身就是生态文明建设的重要组成部分，这也契合了习近平总书记"水稻田也是生态湿地和美景"的论断。中国是生态文明的创造者和实践者，耕地是生态文明的重要载体。当前，我国的耕地保护制度已由耕地数量、质量双重保护阶段，过渡到耕地数量、质量、生态管护"三位一体"的转型阶段（刘洪斌等，2021）。

要守住耕地质量红线，保障国家的粮食安全，我们必须改变长期高强度、高负荷的土地利用方式，才能实现耕地永续利用。在生态文明时代，中国需要构建耕地保护战略的大国全局观、生态观和全球视野，即协调坚守耕地安全底线和推动大国高质量发展的大局观；促进耕地数量质量保护和耕地资源永续利用的生态观；从全球视野构建开放型的耕地资源安全战略保障体系（孔祥斌，2019）。以此为指导，在更高层面、更高质量、更具有可持续性的国家耕地资源安全战略支撑体系下，全面提升中国粮食安全的资源保障能力，保障中国饭碗装中国粮，牢牢守住中华民族的生命线（新华社，

2013；李慧，2019）。

（三）耕地质量保护是可持续发展的物质基础

土地是民生之本、发展之基、财富之母。土地问题事关经济社会的可持续发展，事关社会稳定和国家长治久安。土地又是稀缺资源，我国人多地少的基本国情决定了必须牢牢守住18亿亩耕地红线。正确处理"保护资源"与"保障发展"的关系是摆在我们面前的重要课题（胡鹏，2009）。耕地质量保护是"三位一体"保护制度的重中之重。我们一定要充分认识保护耕地和节约用地的重大意义，科学合理地管理和利用好每一寸土地，要保证国家土地调控政策的落实，制定差异化的耕地保护策略，以底线推动高质量发展，在耕地质量建设和生态健康管控方面形成合力（刘奎和王健，2021）。

守住耕地质量就是守住农产品质量安全。新时期，人民群众对粮食生产的要求不仅是满足数量供给，更要满足对优质、高质量的需求。耕地质量是保障农产品质量的重要基础。只有不断提高耕地质量，培育健康土壤，才能生产更多优质安全农产品，满足人民对农产品质量与安全日益增长的需要，从而提升农业增值潜力和产品竞争力，推进农业高质量可持续发展。此外，优质健康的耕地土壤是构建人类命运共同体的重要一环，它不仅是农业绿色可持续发展的关键，也是实现碳达峰、碳中和的有效途径。质量良好的耕地具备更强的固碳能力，退化的耕地伴随的是固碳能力的衰退。因此，加强耕地质量保护与提升，对促进"双碳"目标的实现具有重要的现实意义。

参考文献

《人民日报》评论部，2022-01-05. 农田就是农田，而且必须是良田[N]. 人民日报（07）.

胡鹏，2009. 浅谈我国耕地资源的保护策略[J]. 科技信息（1）：783.

孔祥斌，2019-12-16. 生态文明背景下的我国耕地保护战略与路径[EB/OL]. https://zhuanlan.zhihu.com/p/97555363.

李慧，2019-08-14. 让中国人的饭碗装满优质中国粮——保障国家粮食安全述评[N]. 光明日报（10）.

刘洪斌，李顺婷，吴梦瑶，等，2021. 耕地数量、质量、生态"三位一体"视角下我国东北黑土地保护现状及其实现路径选择研究[J]. 土壤通报，52（3）：544-552.

刘奎，王健，2021. 我国耕地保护战略的历史演进及优化转型研究[J]. 农业经济（7）：82-84.

农业农村部新闻办公室，2020-05-12. 2019年全国耕地质量等级情况公报发布. http://www. moa. gov. cn/xw/zwdt/202005/t20200512_6343750. htm.

王桂霞，杨义风，2021. 当代中国农村耕地资源保护的实践探索与策略优化——以黑土地保护为中心兼及其他[J]. 河北学刊，41（6）：117-124.

新华社，2013-12-24. 中央农村工作会议在京举行 习近平、李克强作重要讲话[EB/OL]. http://www. gov. cn/ldhd/2013-12/24/content_2553842. htm.

新华社，2015-05-26. 习近平李克强就做好耕地保护和农村土地流转工作做出重要指示批示[EB/OL]. http://www. gov. cn/xinwen/2015-05/26/content_2869149. htm.

徐明岗，卢昌艾，张文菊，等，2016. 我国耕地质量状况与提升对策[J]. 中国农业资源与区划，37（7）：8-14.

杨舒，2021-12-16. 中国农科院启动"沃田科技行动""七块地"的难题将这样解[N]. 光明日报（8）.

第三章 我国耕地质量保护政策与区域实践

一、我国耕地保护政策演替历程

耕地资源保护在中国真正得到关注是在改革开放以后，耕地保护政策也随着经济社会发展而不断完善。梳理改革开放40年来中国耕地保护政策演变，借鉴前人的研究成果，我国的耕地保护政策可以划分为5个阶段：耕地保护萌芽阶段（1978—1985年）、耕地保护起步阶段（1986—1997年）、耕地保护初级阶段（1998—2003年）、耕地保护完善阶段（2004—2011年）和耕地保护提升阶段（2012年至今）。回顾各个阶段的政策内容与政策特点，有助于我们把握耕地保护的政策发展方向，为进一步完善及构建耕地质量保护政策框架提供理论依据。

（一）耕地保护萌芽阶段

耕地保护萌芽阶段是1978—1985年。1978年安徽凤阳小岗村开始探索家庭联产承包责任制拉开了农村土地改革的序幕，在全国快速推广（刘新卫和赵崔莉，2009）。家庭联产承包责任制的推行，调动了农户生产积极性。农民建房和乡镇企业的兴起导致耕地被大量占用，这一期间全国耕地净减少330万hm²。随着家庭联产承包责任制的大面积推广，社会经济的发展导致耕地乱占滥用的问题凸显，人地矛盾的问题也逐渐浮现。中央政府开始意识到耕地保护的重要性，着手制定以耕地保护利用为主的政策措施。1981年国务院紧急下发了《关于制止农村建房侵占耕地的紧急通知》，要求农村建房尽量避免占用耕地；1982年的《政府工作报告》和1983年的中央1号文件分别将耕地乱占滥用视为农村建设中的"两股歪风"和"三大隐患"，明确提出要"严格控制占用耕地建房"和"爱惜每一寸耕地"。为落实中央政府的要求，相关部门陆续颁布了一些有助于耕地保护的法规、规章，但数量并不多，如1982年颁布的《国家建设征用土地条例》进一步对国家建设征用耕地行为做出规范。这一时期，国家耕地利用保护意识逐渐形成，耕地利用保护的基本概念逐步明晰（刘蒙罡和张安录，2021）。

（二）耕地保护起步阶段

耕地保护起步阶段是1986—1997年。1985年中央财政体制改革，开始实行"收支包干、增收分成"的财政体制激发了地方经济发展活力。随着改革开放的推进，经济发展和耕地保护的矛盾开始凸显。1986年颁布《中华人民共和国土地管理法》，耕地保护开始有法可依，同时成立了土地管理局，统一管理全国的土地。1987年国家土地管理局联合农牧渔业部发布了《关于在农业结构调整中严格控制占用耕地的联合通知》，指出十一届三中全会以来农业结构调整占用耕地约占耕地减少数量的75%，要严格控制农业结构调整占用耕地，建立严格的审批制度，严令禁止私自在承包耕地上挖鱼塘、种果树和造林等行为。1989年国家土地管理局颁布《土地违法案件处理暂行办法》，对土地违法案件的类型、处理原则和处理程序等做出明确规定。1991年国务院也制定了《中华人民共和国土地管理法实施条例》对土地违法行为相关法律责任进行了详细规定，并提出建立土地调查和统计制度，严格控制建设用地占用耕地指标（刘蒙罡和张安录，2021）。

1992年起，国家更加重视耕地数量的保护，国务院相继发布了《关于严格控制乱占、滥用耕地的紧急通知》和《关于严禁开发区和城镇建设占用耕地撂荒的通知》（刘丹等，2018）。1993年中共中央《关于当前农业和农村经济发展的若干措施》提出要建立基本农田保护区，并在同年颁布的《农业法》中将划定基本农田保护区法律化。1994年国务院发布了《基本农田保护条例》，1996年6月全国土地管理厅局长会议首次提出"实现耕地总量动态平衡"。1997年第八届全国人大常委会第5次会议将"破坏耕地罪""非法批地罪"和"非法转让土地罪"正式写入刑法，耕地保护利用的法律手段得以补充。这一时期，我国耕地保护政策陆续制定，但缺乏系统性；政策的实施过度倚重行政手段，导致协调难度较大（刘新卫和赵崔莉，2009）。

（三）耕地保护初级阶段

耕地保护初级阶段是1998—2003年。随着工业化、城市化进程的加快，中国经济进入快速发展期。这一时期，国家提出实施"西部大开发战略"，开发用地需求量增加，我国又进入一个耕地快速流失期。土地骤减导致的粮食安全隐患引起了全社会的关注（唐正芒和李志红，2011）。因此，这一阶段国家耕地保护力度明显加大，耕地保护政策体系逐步形成。第一，国土资源部成立。1998年国务院机构改革提出成立国土资源部，并设立土地利用和耕地保护职能部门承担全国耕地保护责任，耕地保护工作更加具有专门化。第二，重新修订《中华人民共和国土地管理法》。首次以立法形式确认了"十分珍惜、合理利用土地和切实保护耕地是我国的基本国策"，并以独立的章节规定了耕地占补平衡、基本农田保护、土地利用规划和土地开发整理等内容，明确了土地管理工作方式。第三，国务院和国土资源部陆续下发了一系列耕地保护的文件，耕地保护政策体系内容逐步丰富。

我国耕地保护政策体系的初步形成主要包括以下3个方面：一是贯彻落实占用耕地补偿制度。1999年国土资源部下发了《关于切实做好耕地占补平衡工作的通知》，提出要从明确责任、制定措施、严加管理和实施监测4个方面落实新修订的《中华人民共和国土地管理法》提出的占用耕地补偿制度。二是修订落实基本农田保护条例。1998年首次修订《基本农田保护条例》，1999年实施新修订的《基本农田保护条例》，强调基本农田保护区经依法划定后，任何单位和个人不得改变和占用。国土资源部发布相关通知，促进建立基本农田保护区用途管制制度、占用基本农田严格审批和占补平衡制度和基本农田质量保护制度。三是深入推进耕地占用违法制度建设。2000年监察部和国土资源部联合印发《关于违反土地管理规定行为行政处分暂行办法》，明确了对地方政府违反土地管理制度的处理办法及措施。2003年下发了《关于严禁非农业建设违法占用基本农田的通知》《关于清理整顿各类开发区加强建设用地管理的通知》等，严格整治破坏耕地保护行为（刘丹等，2018）。这一时期，我国的耕地保护政策体系初步构建，政策实施手段日趋多样化，但配套制度建设的滞后导致这一时期耕地利用仍然较为混乱。

（四）耕地保护完善阶段

耕地保护完善阶段是2004—2011年。随着我国改革开放的持续深化，农村城镇化、工业化迅猛发展，我国耕地保护的压力剧增，但政府采取一系列有效措施，总体上遏制了耕地过快减少势头。国家开始进一步完善耕地保护政策体系，并将耕地质量保护纳入整体保护体系之中。第一，划定18亿亩耕地红线。2006年中共中央发布《国民经济和社会发展第十一个五年规划纲要》明确提出，18亿亩耕地是不可逾越的红线，具有法律约束力。2008年《全国土地利用总体规划纲要（2006—2020年）》又提出了到2010年和2020年，全国耕地应分别保持在18.18亿亩和18.05亿亩（国务院，2008）。第二，实施最严格的耕地保护利用制度。2004年国务院颁布《国务院关于深化改革严格土地管理的决定》，明确指出"实行最严格的土地管理制度，严防耕地乱占滥用。中共中央围绕着强化耕地占补平衡制度、基本农田保护制度、监督管理制度和经济激励手段4个方面深化土地管理制度。

这一时期，国家出台大量政策性文件，进一步完善和构筑中国特色耕地"数量+质量"双重保护的耕地利用政策体系。一是耕地占补平衡制度方面，2005年国土资源部发布《关于开展补充耕地数量质量实行按等级折算基础工作的通知》及《关于规范城镇建设用地增加与农村建设用地减少相挂钩试点工作的意见》，2009年发布《关于全国实行耕地先补后占有关问题的通知》，要求占用耕地主体根据农用地分等定级，评定占用耕地定级、补充耕地定级后，做到"占优补优、占水田补水田"，推进高标准基本耕地建设，加强耕地质量保护与整治。二是基本农田保护制度方面，2004年和2009年国土资源部分别发布《关于基本农田保护中有关问题的整改意见》及《关于划定基本农田实行永久保护的通知》，强化建立基本农田数据库和"五级"报备制度。三是耕地监督管理制度方面，2005年国务院颁布《省级政府耕地保护责任目标考核办法》，2006年又下发了《关于建立国家土地督察制度有关问题的通知》，通过规范制度建立，对土地违法行为进行严格督查（刘蒙罢和张安录，2021）。四是耕地保护经济激励手段方面，2006年中央1号文件《关于推进社会主义新农村建设的若干意见》明确提高耕地占用税税率（中共中央和国务院，2005），并于2007年出台《耕地占用税暂行条例》，对耕地占用税进行了详细规定。同时，深化耕地质量保护政策体系，增加测土配方施肥补贴，继续实施保护性耕作示范工程和土壤有机质提升补贴试点。2009年、2010年连续两年的中央1号文件要求继续坚守耕地红线、建立保护补偿机制，强化了耕地保护责任。2009年国土资源部发布《中国耕地质量等级调查与评定》，首次对全国耕地质量进行摸底，为耕地质量保护提供参考依据（程锋等，2014）。

这一时期，我国基本形成了以国土资源部为统筹，法律基础稳固、政策核心明确、技术保障完善的耕地"数量+质量"的双重保护制度体系。但是，相较于完善的耕地数量管控政策，耕地质量保护政策仍很欠缺，耕地的生态保护也未引起应有重视。

（五）耕地保护提升阶段

耕地保护提升阶段是2012年至今。2012年中共十八大提出"五位一体"总体布局，生态文明建设成为新时代中国特色社会主义事业发展的重大战略部署。耕地是国土空间和自然资源的重要组分，也是生态文明的重要载体，耕地保护利用政策体系进一步强化。2012年国土资源部下发《关于提升耕地保护水平全面加强耕地质量建设与管理的通知》，该文件发布标志着我国耕地保护制度正式进入耕地"数量+质量+生态管护"三位一体的新阶段。这一时期，我国耕地保护政策演变呈现4个方面特征，一是耕地保护内涵得到拓展，耕地保护的数量红线、质量红线及生态红线处于同等重要地位，关注耕地数量与质量保护的空间联系和保护成效，即以耕地占补产能平衡提升粮食综合生产能力，确保国家粮食安全。二是耕地保护的战略思路转变，从强化耕地数量管控，到质量、数量及生态管控的协调保护，即将优质耕地划入基本农田实行永久保护，并纳入基本农田数据库；加快推进高标准基本农田建设，实现耕地增量、提质、增效的有机结合；严格执行耕地占补平衡政策规定，提高新补充耕地产能。三是休养生息背景下的轮作休耕制度转型，探索实行耕地轮作休耕制度试点，在耕地数量、质量、生态协同保护下实现山、水、林、田、湖、草生态系统综合治理。四是强化监管、监测与技术攻关等硬措施，为了防止耕地"非粮化"与"非农化"，国家建立耕地"非粮化"情况通报机制，强化耕地保护监管和问责制度；采取耕地保护"长牙齿"的硬措施，严守耕地保护红线。

这一时期，国家出台的关于耕地保护利用转型的政策措施汇总如下表3-1。

表3-1　我国2012年以来关于耕地保护政策文件汇总

年份	政策名称	主要内容
2012	中国共产党第十八次全国代表大会报告	严守耕地保护红线，严格土地用途管制；完善最严格的耕地保护制度；建立生态补偿制度
2012	《关于提升耕地保护水平全面加强耕地质量建设与管理的通知》	全面加强耕地质量建设与管理工作，实现耕地增量、提质、增效的有机结合
2014	《关于进一步做好永久基本农田划定工作的通知》	将城镇周边、交通沿线现有易被占用的优质耕地优先划为永久基本农田
2016	《关于落实发展新理念加快农业现代化实现全面小康目标的若干意见》	探索实行耕地轮作休耕制度试点；对地下水漏斗区、重金属污染区、生态严重退化地区开展综合治理
2017	《关于加强耕地保护和改进占补平衡的意见》	加强耕地占补平衡规范管理；推进耕地质量提升和保护；健全耕地保护补偿机制
2018	《中共中央国务院关于实施乡村振兴战略的意见》	统筹山水林田湖草系统治理，扩大退耕还林还草；推进重金属污染耕地防控和修复，开展土壤污染治理技术应用试点，加大东北黑土地保护力度
2019	《关于加强和改进永久基本农田保护工作的通知》	加强耕地质量保护与提升，开展农田整治、土壤培肥改良、退化耕地综合治理、污染耕地阻控修复等，提高永久基本农田综合生产能力
2019	《中华人民共和国土地管理法》修正	重新划定属于永久基本农田的耕地保护类型；永久基本农田转为建设用地由国务院批准；征收土地条款进行修改等
2020	《关于防治耕地"非粮化"稳定粮食生产的意见》	稳定非主产区粮食种植面积；严格落实粮食安全省长责任制；建立耕地"非粮化"情况通报机制
2020	《关于坚决制止耕地"非农化"行为的通知》	严禁占用永久基本农田扩大自然保护地；严禁违规占用耕地从事非农建设；全面开展耕地保护检查
2021	《关于全面推进乡村振兴加快农业农村现代化的意见》	采取"长牙齿"的措施，落实最严格的耕地保护制度；健全耕地数量和质量监测监管机制；健全耕地休耕轮作制度。持续推进化肥、农药减量增效

二、国家耕地质量保护与提升行动

（一）耕地质量建设的指导思想

耕地质量建设的指导思想是强化"两个理念"、健全"两个机制"，一是树立耕地资源"量质并重"的理念。耕地作为一种资源，既有数量的概念，更有质量的要求。必须严格保护耕地，做到数量不减少，还必须要加强耕地质量保护，做到质量有提高。这是我国国情决定的，只能这么做，必须这么做，也只有这样做才能保障国家粮食安全和重要农产品的有效供给，真正把中国人的饭碗端在自己手上。二是树立耕地保护"质量红线"的理念。坚持把耕地质量保护作为一项基础性、公益性、长期性的工作，贯穿于耕地保护的全过程，明确"质量红线"的具体内容和评价指标，并纳入各级政府考核目标，划定耕地质量保护的"硬杠杠"，强化耕地质量保护的"硬约束"。三是健全管理机制。建立和完善永久基本农田管理、补充耕地质量验收、耕地质量调查监测等各项管理制度，同时积极推动立法，逐步实现耕地质量管理常态化、法制化和规范化。四是完善补偿机制。探索并推动设立耕地保护补偿政策，为耕地质量的建设提供资金保障。要按照"取之于土、用之于土"的原则，争取从土地出让收益中拿出一定比例，支持农业部门开展耕地质量建设（曾衍德，2017）。

耕地质量建设的目标是努力实现"两提、一改"。"两提"就是提高田间设施水平和耕地基础地力。一是提高田间设施水平。整合资金，加大投入，确保到2020年建成8亿亩集中连片、旱涝保收的高标准农田。二是提高耕地基础地力。通过土壤改良培肥等耕地内在质量建设，力争到2020年，耕地基础地力提高0.5个等级。"一改"就是改善耕地质量环境。推动开展耕地质量修复和污染综合治理，力争到2020年，畜禽粪便等有机肥资源利用率达到75%、秸秆综合利用率达到85%、残膜回收率达到80%，实现化肥、农药使用量零增长，耕地酸化、盐渍化、重金属污染等问题得到有效控制。

（二）耕地质量保护与提升技术途径

2015年，农业部印发《耕地质量保护与提升行动方案》，明确了耕地质量保护与提升的技术途径，重点是"改、培、保、控"四字要领。"改"

指改良土壤，针对耕地土壤障碍因素，治理水土侵蚀，改良酸化、盐渍化土壤，改善土壤理化性状，改进耕作方式。"培"指培肥地力，通过增施有机肥，实施秸秆还田，开展测土配方施肥，提高土壤有机质含量、平衡土壤养分，通过粮豆轮作套作、固氮肥田、种植绿肥，实现用地与养地结合，持续提升土壤肥力。"保"指保水保肥，通过耕作层深松耕，打破犁底层，加深耕作层，推广保护性耕作，改善耕地理化性状，增强耕地保水保肥能力。"控"指控污修复，控施化肥、农药，减少不合理投入数量，阻控重金属和有机物污染，控制农膜残留。

耕地质量保护的区域重点根据我国主要土壤类型和耕地质量现状，突出粮食主产区和主要农作物优势产区，划分东北黑土区、华北及黄淮平原潮土区、长江中下游平原水稻土区、南方丘陵岗地红黄壤区、西北灌溉及黄土型旱作农业区五大区域，结合区域农业生产特点，针对耕地质量突出问题，因地制宜开展耕地质量建设（农业部，2017）。

（三）耕地质量保护与提升行动计划

加强耕地质量保护建设，农业农村部主要开展了"三大行动"和"三项试点"工作。其中"三大行动"分别是耕地质量保护与提升行动、化肥使用量零增长行动、农药使用量零增长行动；"三项试点"分别是东北黑土地保护利用试点、湖南重金属污染耕地治理修复试点、耕地轮作休耕制度试点。

1. 开展耕地质量保护与提升行动

2015年中央1号文件提出"实施耕地质量保护与提升行动"，农业部贯彻落实2015年中央1号文件精神和中央关于加强生态文明建设的部署，着力提高耕地内在质量，制定了《耕地质量保护与提升行动方案》。作为国家实施耕地质量保护的行动纲领，方案明确了耕地质量保护的行动目标、技术途径、区域重点，提出了一批重点建设项目。其中退化耕地综合治理、污染耕地阻控修复、土壤肥力保护提升、占用耕地耕作层土壤剥离利用及耕地质量调查监测与评价是近期要建设的重点示范项目。政策目标是大力开展高标准农田建设，建成一批旱涝保收、高产稳产粮田。同时，以新建成的高标准农田、耕地退化污染重点区域和占补平衡补充耕地为重点，开展退化耕地综合治理、土壤肥力保护提升、污染耕地阻控修复。

2. 开展化肥使用量零增长行动

2015年，农业部制定了《到2020年化肥使用量零增长行动方案》，行动方案明确了2015年到2019年，逐步将化肥使用量年增长率控制在1%以内；力争到2020年，主要农作物化肥使用量实现零增长，化肥利用率达到40%以上的目标；以"精、调、改、替"为重要技术途径，在东北地区、黄淮海地区、长江中下游地区、华南地区、西南地区、西北地区六大区域推广实施；重点任务包括推进测土配方施肥、推进施肥方式转变、推进新肥料新技术应用、推进有机肥资源利用及提高耕地质量水平五项措施。2017年，中央财政安排10亿元资金，选择100个果、菜、茶生产大县开展有机肥替代化肥行动，加快形成一套可复制、可推广的有机肥替代化肥技术模式，带动更大范围推广应用。

3. 开展农药使用量零增长行动

2015年，农业部制定了《到2020年农药使用量零增长行动方案》，行动方案明确了到2020年初步建立资源节约型、环境友好型病虫害可持续治理技术体系，科学用药水平明显提升；主要农作物病虫害生物、物理防治覆盖率达到30%以上，专业化统防统治覆盖率达到40%以上，主要农作物农药利用率达到40%以上。目前，农药利用率为36.6%。通过推进绿色防控减量、推广新药新器械替代减量、推行精准施药减量、推进统防统治减量，力争到2020年农药使用量实现零增长目标。

4. 东北黑土地保护利用试点

2015年以来，每年安排5亿元，在东北4省（区）的17个县（市）开展黑土地保护利用试点，初步探索了一套黑土地保护技术模式和服务机制。经国务院同意，2017年农业部、发改委、财政部、水利部、国土部、环保部6部委联合下发了《东北黑土地保护规划纲要（2017—2030年）》，提出到2030年实施黑土地保护2.5亿亩，基本覆盖典型黑土区，加快建成一批集中连片、土壤肥沃、生态良好、设施配套、产能稳定的商品粮基地。

5. 湖南重金属污染耕地治理修复试点

2014年，农业部、财政部批复同意了《湖南重金属污染耕地修复及农作物种植结构调整试点2014年实施方案》（湖南省财政厅，2014）。从2015年开始，每年安排11亿～15亿元，在长沙、株洲、湘潭地区的19个县，推进镉低积累品种筛选推广、实施耕地质量提升与重金属污染修复。试点计划通过3～5年努力，既有效缓解重金属对湖南农产品的污染，又探索总结出重金属污染耕地修复治理及农作物种植结构调整标准化的技术路线和操作程序，使试点成果能在全国范围内可复制、能推广。

6. 耕地轮作休耕制度试点

2019年，农业农村部和财政部联合发布《关于做好2019年耕地轮作休耕制度试点工作的通知》，重点在东北一作区开展轮作，在地下水漏斗区、重金属污染区、西北生态严重退化区和西南石漠化区开展休耕。2018年，中央财政安排25.6亿元资金，其中轮作补助资金15亿元，休耕补助资金10.6亿元。对承担轮作休耕任务农户的粮油种植作物收益和土地管护投入给予必要补贴。政策目标是力争通过3～5年的时间，形成一套可复制、可推广的组织方式、政策体系和技术模式。此外，还在北方10个省（区）开展以秸秆肥料化、饲料化、能源化、基料化、原料化"五化"综合利用，重点推广秸秆粉碎还田、覆盖还田、腐熟还田技术，在有效提升土壤有机质含量的同时，减少秸秆焚烧带来的大气污染。

三、东北地区耕地资源保护与政策实践

东北黑土是世界上最宝贵的土壤资源。我国东北地区包括黑龙江省、吉林省、辽宁省和内蒙古自治区东四盟，土地总面积124.86万hm²，黑土总面积约103万hm²，其中耕地面积为35.84万hm²（汪景宽等，2021）。东北地区是我国重要的商品粮生产基地和绿色食品生产基地。东北黑土地的耕地质量不仅影响作物产量，而且影响我国的粮食安全。由于土壤侵蚀和长期高强度重用轻养等原因，黑土地区土壤耕层变薄，有机质含量降低、酸化、退化严重，导致黑土"变薄、变瘦、变硬"。东北黑土地的退化问题引起国家高度重视，2020年7月22日，习近平总书记来到四平市梨树县国家百万亩绿色

食品原料（玉米）标准化生产基地核心示范区考察，总书记在考察时强调，采取有效措施切实把黑土地这个"耕地中的大熊猫"保护好、利用好，使之永远造福人民（新华网，2022）。"要像保护大熊猫一样保护耕地"，这是顺天应时的战略考量，也是党中央、国务院的殷切期望。

（一）东北黑土地面临生态环境问题

东北黑土地面临的主要问题包括以下5个方面。

1. 水土流失严重

东北典型黑土区的水土流失类型主要包括水力侵蚀、冻融侵蚀和风力侵蚀，又以水蚀作用为主。降水、气温的季节性变化，特别是集中于夏季的强降水造成严重的土壤侵蚀和水肥流失。黑土区土壤母质质地黏重、相对疏松，抗冲蚀能力差，易形成水土流失。黑土区地表起伏和缓，呈现漫川漫岗的地形地貌特点，受坡度影响，坡面侵蚀较为明显，易导致水土流失（曲咏等，2019）。

2. 土壤有机质下降

东北黑土有机质含量耕种20~30年后已经从原来开垦初期的60~90g/kg，下降到20~30g/kg，2014年平均为30.56g/kg（汪景宽等，2021）。根据黑龙江省农委定点监测检测数据，2010年黑龙江省耕地土壤有机质平均含量为26.8g/kg，比1982年的43.2g/kg下降了38.0%。0~20cm耕层土壤全氮含量平均为1.84g/kg，比1982年减少15%；土壤速效钾含量平均为146.8mg/kg，比1982年下降了49%（郑少忠等，2013）。

3. 土壤耕层变薄

由于多年的耕种和土壤侵蚀，黑土层正逐渐变薄。黑龙江省水保所的定位观测表明，坡耕地年土壤流失厚度在0.5~1cm，现在黑土层厚度在40cm以下的已经占50%。黑龙江平均耕层厚度25.2cm，吉林耕层厚度平均19.5cm，辽宁耕层厚度平均25.4cm，内蒙古东四蒙耕层厚度平均22.0cm（魏丹等，2016）。

4. 土壤养分降低

据黑龙江省农业科学院土壤肥料与环境资源研究所的研究结果，黑龙江黑土氮素库容100%处于亏缺状态,磷素库容57.7%处于亏缺状态,钾素库容42.0%处于亏缺状态(魏丹等,2016)。中国科学院战略性先导科技专项"应对气候变化的碳收支认证及相关问题"研究成果表明,在1980—2011年的30年间,东北黑土区耕地是我国旱地有机质唯一表现为下降趋势的地区,表层有机质储量每公顷平均下降了0.41t,进一步表明了黑土有机质衰减问题的严重性(党昱譞等,2021)。

5. 土壤酸化严重

黑土的酸化现象集中表现在黑龙江东部和东北部地区的草甸黑土和白浆化黑土地带。该区域自然降雨使土壤中钾、钙、镁盐基离子等通过径流等因素造成流失,造成土壤中pH值降低,淋溶作用是黑土酸化的根本原因。过量施用化肥、盲目种植模式等人为因素成为土壤酸化的主要原因。中国农业大学张福锁院士团队发表在Science的研究成果表明,20年来氮肥过量施用导致我国高达90%的农田土壤均发生不同程度的酸化现象,土壤酸量增加了2.2倍(张万付,2018)。

(二)东北黑土地质量保护技术与政策

1. 创新耕地质量保护与提升技术体系

2017年6月15日,农业部、国家发展改革委、财政部、国土资源部、环境保护部、水利部6部委联合发布《东北黑土地保护规划纲要(2017—2030年)》提出"调整优化结构,创新服务机制,推进工程与生物、农机与农艺、用地与养地相结合,改善东北黑土区设施条件、内在质量、生态环境"的总体思路,并重点推广五大技术模式。

(1)积造利用有机肥,控污增肥。通过增施有机肥、秸秆还田,增加土壤有机质含量,改善土壤理化性状,持续提升耕地基础地力。推进秸秆还田,配置大马力机械、秸秆还田机械和免耕播种机,因地制宜开展秸秆粉碎深翻还田、秸秆覆盖免耕还田等。在秸秆丰富地区,建设秸秆气化集中供气(电)站,秸秆固化成型燃烧供热,实施灰渣还田,减少秸秆焚烧。

(2)控制土壤侵蚀,保土保肥。加强坡耕地与风蚀沙化土地综合防护与治理,控制水土和养分流失,遏制黑土地退化和肥力下降。对漫川漫岗与低山丘陵区耕地，改顺坡种植为机械起垄等高横向种植，或改长坡种植为短坡种植；对侵蚀沟采取沟头防护、削坡、栽种护沟林等综合措施。对低洼易涝区耕地修建条田化排水、截水排涝设施，减轻积水对农作物播种和生长的不利影响。

（3）耕作层深松耕，保水保肥。开展保护性耕作技术创新与集成示范，推广少免耕、秸秆覆盖、深松等技术，构建高标准耕作层，改善黑土地土壤理化性状，增强保水保肥能力。在平原地区土壤黏重、犁底层浅的旱地实施机械深松深耕，配置大型动力机械，配套使用深松机、深耕犁，通过深松和深翻，有效加深耕作层、打破犁底层。

（4）科学施肥灌水，节水节肥。深入开展化肥使用量零增长行动，制定东北黑土区农作物科学施肥配方和科学灌溉制度。促进农企合作，发展社会化服务组织，建设小型智能化配肥站和大型配肥中心，推行精准施肥作业，推广配方肥、缓释肥料、水溶肥料、生物肥料等高效新型肥料，在玉米、水稻优势产区全面推进配方施肥到田。配置包括首部控制系统、田间管道系统和滴灌带的水肥设施，健全灌溉实验站网，推广水肥一体化和节水灌溉技术。

（5）调整优化结构，养地补肥。在黑龙江省和内蒙古自治区北部冷凉区，以及吉林省和黑龙江省东部山区，适度压缩籽粒玉米种植规模，推广玉米与大豆轮作和"粮改饲"，发展青贮玉米、饲料油菜、苜蓿、黑麦草、燕麦等优质饲草料。在适宜地区推广大豆接种根瘤菌技术，实现种地与养地相统一。推进种养结合，发展种养配套的混合农场，推进畜禽粪便集中收集和无害化处理。积极支持发展奶牛、肉牛、肉羊等草食畜牧业，实行秸秆"过腹还田"。东北地区粮食主产区大力推广绿色生产技术，主要包括以下9项（表3-2）。

表3-2　东北地区主推绿色生产技术

技术清单	技术类型与内容	是否有补贴政策
①秸秆还田技术	秸秆粉碎深翻还田、秸秆覆盖免耕还田	√
②深耕深松技术	机械深耕技术（机械翻土、松土和混土）、机械深松技术	

（续表）

技术清单	技术类型与内容	是否有补贴政策
③精准施肥技术	土壤养分和植株分析速测技术、变量施肥技术	
④测土配方施肥技术	测土、配方、配肥、供应、施肥指导五个环节	√
⑤水肥一体化技术	微灌施肥系统、配套病虫害绿色防控、膜下滴灌等技术	
⑥节水灌溉技术	耕地整理节水技术、减免耕保水技术、节水灌溉技术等	
⑦粮改饲种植模式	"粮—经"二元结构调整为"粮—经—饲"的三元结构	√
⑧大豆接种根瘤菌技术	人工接种根瘤菌剂提高共生固氮效率	
⑨种养配套混合农场	以家庭农场为主，发展生态养殖，实现种养结合	√

2. 完善耕地地力保护补贴政策

（1）秸秆综合利用补贴政策。黑龙江省将秸秆综合利用纳入实施乡村振兴战略的重要内容，作为黑土耕地保护的重要任务和打好污染防治攻坚战的重要战役。2019年起，黑龙江省在哈尔滨、绥化和大庆的肇州、肇源开展秸秆综合利用3年行动，到2020年"两市两县"基本实现秸秆全部转化利用。黑龙江省出台了对玉米秸秆翻埋还田每亩补贴40元，固化压块站建设按照生产能力分别给予70%、50%和30%的建站补贴，原料化利用项目按照设计能力每吨秸秆补贴100元，生物质炉具按每台2 100元计算补贴70%，上述补贴政策省和市分担比例1∶1。

吉林省于2019年发布《关于加快推广秸秆覆盖还田保护性耕作技术推进耕地质量耕作生态耕作效益"绿色增长"的实施意见》要求，2019—2025年对全省秸秆覆盖还田保护性耕作作业进行补贴，对达到检查验收质量标准的项目实施面积，按照每亩30元的标准核发资金。补贴对象是补贴范围内的农机作业者或接受作业服务的耕地承包经营者；补贴方式采取"先干后补"的方式进行；补贴资金通过"一卡通"直接兑付，不得以现金形式发放。

（2）耕地轮作休耕补贴政策。为了贯彻落实《农业部 财政部关于做好

2018年耕地轮作休耕制度试点工作的通知》，黑龙江省农委下发《关于印发全省2018年耕地轮作休耕试点实施方案的通知》，旨在探索形成可复制、可推广的组织方式、技术模式和政策框架，加快构建轮作休耕制度体系。

2018年，黑龙江省实施耕地轮作休耕制度试点面积1 290万亩，其中耕地轮作试点1 150万亩，农村实施940万亩。2018年新落实的轮作试点地块推广"一主多辅"种植模式，以玉米与大豆轮作为主，与杂粮杂豆、蔬菜、薯类、饲草、油料作物、汉麻等轮作为辅，鼓励麦豆轮作；休耕期鼓励深耕深松、种植苜蓿或油菜等肥田养地作物（非粮食作物），提升耕地质量。

试点的补助对象为自愿参加耕地轮作休耕的种植大户、家庭农场、农民专业合作社等新型农业经营主体或自主经营的农户。试点补助对象是实际生产经营者，而不是土地承包者。暂定轮作试点每亩每年补贴150元，水稻休耕试点每亩每年补贴500元，最终以中央财政核发标准为准。采取"先休后补"的方式，将补助资金兑付给承担试点任务的新型农业经营主体或农户。

（3）大宗农作物种植补贴政策。为了稳定粮食生产，调动广大农户的种植积极性，国家不断调整农业生产者的补贴政策，尽可能提高农民种地收入。黑龙江省2019年实施种粮农户的补贴政策为玉米补贴标准为30元/亩，大豆补贴标准为255元/亩，水稻补贴标准为133元/亩（地表水面积补贴）、93元/亩（地下水面积补贴）。纵观2016—2020年来黑龙江省农作物种植补贴政策，大豆产量低、价格高、补贴高，玉米产量高、价格稳，2019年补贴再提升；预计2022年种植粮食作物的补贴标准还会提高（表3-3）。

表3-3 黑龙江农作物种植户补贴标准

	玉米（元/亩）	大豆（元/亩）	水稻	
			地表水（元/亩）	地下水（元/亩）
2016年	153.92			
2017年	133.46	173.46		
2018年	25	320		
2019年	30	255	133	93
2020年	提高	稳定		

四、黄淮海区耕地质量现状与保护政策

黄淮海区包括北京市、天津市、山东省全部，河北省东部、河南省东部、安徽省北部，共划分为燕山太行山山麓平原农业区、冀鲁豫低洼平原农业区、山东丘陵农林区和黄淮平原农业区4个二级区。黄淮海平原区面积占全国平原面积的30%。耕地3.21亿亩，占全国的1/6，是我国重要的粮、棉、油、肉、果生产基地，在我国粮食安全和国民经济发展中占有不可替代的战略地位（李晓林和张宏彦，2008）。黄淮海平原人均耕地面积高于全国平均水平8.5个百分点，但是随着耕地面积的逐年减少，耕地非农化率已达18%左右。日益增长的粮食生产需求使耕地资源和水土资源严重透支，生态环境日趋恶化，特别是地下水位下降，成为世界上最大的"漏斗区"。2016年，习近平总书记在唐山视察时，对河北省地下水超采治理工作做出专门指示，要求深入开展地下水超采治理，努力实现采补平衡，使华北平原这一世界上最大的地下水漏斗区得到有效控制和改善（王东峰，2022）。

（一）黄淮海地区耕地质量现状与问题

黄淮海平原耕地资源质量不高，历史上长期受到"旱、涝、盐、碱"等一系列障碍因素制约。国家通过实施科技攻关计划逐步形成了对该区域主要危害因素的控制，但是耕地质量保护与提升的任务依然严峻，限制作物生产力进一步提升的障碍因素亟待破解。

1. 耕地质量提升障碍因素

黄淮海平原有近4/5的耕地受到各种限制因素制约，约占耕地面积的77%；其中受排水限制的面积最大，约占耕地总面积的20%；受土质限制的面积约占10%；受盐碱限制的面积约占13%；受水分限制（干旱、水源条件起主导作用）的面积约占17.6%。可以认为，旱、涝、盐碱、沙是该区耕地资源的主要限制因素，也是影响农业生产的主要灾害因素（陈百明，1989）。

2. 土壤有机质含量水平较低

近年来，由于秸秆还田比例、有机肥用量及化肥投入量增加导致作物根茬还田量增加等因素，黄淮海平原不同区域土壤的有机质含量不同程度增

加。根据对山东省、河北省、河南省等粮食生产区土壤肥力情况监测调查表明，高产田土壤有机质含量普遍达到1.4%～1.5%的正常水平，中低产田则稳持在1%左右。总之，与国内外高茬栽培对土壤有机质含量要求相比，黄淮海地区耕地土壤有机质含量总体较低而导致土壤结构差、耕性差、保水保肥和供水供肥能力低已成为影响区域粮食高产、稳产的关键问题（李晓林和张宏彦，2008）。

3. 水资源短缺且利用效率低下

据统计，黄淮海平原水资源总量为1 424.7亿m^3，人均水量为791m^3，约为全国平均值的29%。黄淮海地区一般年份缺水98亿m^3，干旱年份缺水可达175亿m^3。海滦河流域水资源开发利用率已达90%以上，靠超采地下水满足工业生产需求，导致生态环境恶化。部分地区地下水超采严重，河北、河南、北京、天津、山东等省（市）地水位下降严重，其中天津和沧州已经形成巨大漏斗区。此外，黄淮海地区水资源污染比较严重，黄河水系和淮河水系属中度污染，海河水系属重度污染（姜文来等，2007）。长期以来由于水资源供应不足、灌溉技术水平不高、土壤保水能力低，导致黄淮海地区水资源利用效率低下，农田灌溉水利用率目前只有43%，每立方米水的农业产出只有0.83kg，比世界平均水平还低30%（杜森，2010）。水资源利用效率低造成土壤氮素等养分流失，使肥料利用效率低下。

4. 不合理利用造成土壤退化

由于不合理的生产方式和技术措施，以及农业集约化程度的增加，导致黄淮海地区土壤耕层变浅及土壤退化问题日益加重。一是农业投入品的过度使用，导致肥料利用率逐渐降低，过量施用氮肥使得土壤无机氮大量累积，浅层地下水硝态氮含量超标，降低了土壤pH值，污染了地下水。二是生产中更多采用中、小型耕作机械，粗放耕作措施的普及，造成黄淮海地区土壤耕层变浅，犁底层变硬、厚度增加，引起作物根系发育不良，难以吸收充足养分和水分。特别是在一些生态脆弱区，不合理开垦造成土壤肥力水平和土地生产力下降，土壤沙化和退化现象加重（李晓林和张宏彦，2008）。

5. 盐渍化问题依然存在

经过长期治理，黄淮海地区的盐渍化土壤面积大大减少，但是黄淮海平原土壤盐渍化和次生盐渍化的危害还没有根除。目前，受土壤盐渍化影响的土壤还有约333.3万hm²，其他土壤还都不同程度地受着次生盐渍化的威胁。根据中国农业科学院权威研究表明，黄淮海平原土壤的潜在盐渍化可分为山前平原人为型潜在盐渍化区、黄淮海湿润型潜在盐渍化区和徐淮干旱型潜在盐渍化区3个区域。山前平原人为型潜在盐渍化区影响土壤潜在盐渍化的主导因素是人工引水；黄淮海湿润型潜在盐渍化区影响土壤潜在盐渍化的主导因素是气候湿润和区外引水；徐淮干旱型潜在盐渍化区土壤潜在盐渍化的主导影响因素是干旱。根据各区域影响土壤潜在盐渍化的主导因素，可采取相应的预防措施（白由路和李保国，2002）。

（二）黄淮海地区资源治理及补偿政策

1. 地下水超采综合治理

2019年1月25日，水利部、财政部、国家发展改革委、农业农村部联合印发了《华北地区地下水超采综合治理行动方案》提出，以京津冀地区为治理重点，大概涉及11个地级市、149个县（区），治理面积约8.7万km²。采取"一减、一增"综合治理措施，逐步实现地下水采补平衡，降低流域和区域水资源开发强度。其中"一减"即通过节水、农业结构调整等措施，压减地下水超采量；"一增"即多渠道增加水源补给，实施河湖地下水回补，提高区域水资源水环境承载能力（水利部等，2019）。

推进农业节水增效是节水行动的重中之重，京津冀地区在"节"和"控"两个环节上主要通过加快田间高效节水灌溉工程建设，推广农艺节水措施和耐旱作物品种；采取调整农业种植结构、耕地休养生息等措施，提高水资源利用率，压减农业灌溉地下水开采量。目前，国家主推的绿色高效节水农业技术体系如下。

（1）工程节水技术。工程节水技术也就是管道输水灌溉技术，主要包括喷灌、微灌、小畦灌溉、渠道防渗、管道输水、膜上灌水等。微灌节水技术包括滴灌、微喷灌、小管出流灌及渗灌。通过低压管道系统与安装在末级管道上的灌水器，将水分和养分以较小的流量，均匀、准确地直接输送到作物根部附近的土壤表面或土层中。

（2）水肥一体化技术。在灌溉的同时，通过灌溉设施将肥料输送到作物根区的一种施肥方式。该技术的优点：节省施肥劳动、提高肥料利用率、实现精准施肥、利于养分快速吸收、利于应用微量元素、改善土壤状况。

（3）测墒适时灌溉技术。通过开展土壤墒情监测，根据土壤墒情和作物需水规律，科学制定灌溉制度，合理确定灌溉时间和灌溉水量的技术方法。该项技术需要墒情监测设备、灌溉管控相关设施。

（4）轮作休耕、旱作雨养。轮作是在同一块田地上，有顺序地在季节间或年间轮换种植不同的作物或复种组合的一种种植方式。休耕是指在同一块土地上种一年作物，第二年停一年，第三年再种。目前，耕地轮作休耕试点地区重点在地下水漏斗区、重金属污染区、生态严重退化地区开展试点，对于休耕农民给予必要的粮食或现金补助。

（5）"水改旱"种植模式。"水改旱"就是把原来种水生作物的田块改成种旱生作物的地块，即由原来的水生作物改成旱生作物。水改旱可以因地制宜发展多种种植模式，如北方地区可以在玉米地上套种红薯、大豆、南瓜、青菜、大蒜等作物，增加农民收入；西南地区在干旱稻田生态环境下发展"春玉米+小白菜—夏玉米+秋豇豆"一年四熟立体间套作种植模式等。

（6）小麦节水品种及配套技术。农业农村部于2018年5月在河北石家庄召开国家小麦良种重大科研联合攻关推进暨华北麦区节水品种现场交流会，权威发布7个节水性较好的绿色小麦品种，即石麦15、石麦22、衡观35、轮选103、邢麦7号、邯麦13、冀麦418，这些绿色小麦品种在足墒播种、春浇1水条件下，可实现亩产500kg以上。

2. 农业生态补贴政策

（1）耕地轮作休耕补贴政策。2019年，实施耕地轮作休耕制度试点面积3 000万亩。其中，轮作试点面积2 500万亩，主要在东北冷凉区、北方农牧交错区、黄淮海地区和长江流域的大豆、花生、油菜产区实施；休耕试点面积500万亩，主要在地下水超采区、重金属污染区、西南石漠化区、西北生态严重退化地区实施（农业农村部和财政部，2019）。

①轮作区技术路径：黄淮海地区主要在安徽、山东、河南等省及江苏省北部推行玉米改种大豆为主，兼顾花生、油菜等油料作物，增加市场紧缺的大豆、油料供给。在河北省推行马铃薯与胡麻、杂粮杂豆等作物轮作，改善土壤理化性状，减轻连作障碍。

②休耕区技术路径：在河北省地下水漏斗区，连续多年实施季节性休耕，实行"一季休耕、一季种植"，将需抽水灌溉的冬小麦休耕，只种植雨热同季的玉米、油料、棉花和耐旱耐瘠薄的杂粮杂豆等，减少地下水用量。休耕期间鼓励种植绿肥，减少地表裸露，培肥地力。

中央财政对耕地轮作休耕制度试点给予适当补助。在确保试点面积落实的情况下，试点省可根据实际细化具体补助标准。在操作方式上，可以补现金，可以补实物，也可以购买社会化服务，提高试点的可操作性和实效性。

（2）农田节水灌溉补贴政策。为了加强和规范农田建设补助资金管理，提高资金使用效益。2019年5月，财政部会同农业农村部制定了《农田建设补助资金管理办法》。农田建设补助资金是指中央财政为支持稳定和优化农田布局，全面提升农田质量而安排用于农田相关工程建设的共同财政事权转移支付资金。农田建设补助资金实施期限至2022年，期满后根据评估结果再做调整。农田建设补助资金优先扶持粮食生产功能区和重要农产品生产保护区。农田建设以农民为受益主体，扶持对象包括小农户、农村集体经济组织、家庭农场、农民合作社、专业大户以及涉农企业与单位等。农田建设补助资金支持用于高标准农田及农田水利建设。

农田建设补助资金应当用于土地平整、土壤改良、灌溉排水与节水设施、田间机耕道、农田防护与生态环境保持、农田输配电、损毁工程修复和农田建设相关的其他工程内容。农田建设补助资金的支出范围包括项目所需材料费、设备购置费及施工支出，项目建设的前期工作费、工程招投标费、工程监理费以及必要的项目管理费等。农田建设补助资金不得用于兴建楼堂馆所、弥补预算支出缺口等与农田建设无关的支出。

农田建设补助资金按照因素法进行分配。资金分配的因素主要包括基础资源因素、工作成效因素和其他因素，基础资源因素权重占70%、工作成效权重占20%、其他因素权重占10%。基础资源因素包括农田建设任务因素，权重占45%；耕地面积因素，权重占10%；粮食产量因素，权重占10%；水资源节约因素，权重占5%。工作成效因素主要以绩效评价结果和相关考核结果为依据。其他因素主要包括脱贫攻坚等特定农业农村发展战略要求。对农田建设任务较少的直辖市、计划单列市，可采取定额补助。

（3）耕地地力保护补贴。2016年4月18日，财政部、农业部联合印发《关于全面推开农业"三项补贴"改革工作的通知》，将农作物良种补贴、种粮农民直接补贴和农资综合补贴合并为农业支持保护补贴，政策目标调整为支持耕地地力保护和粮食适度规模经营。各省按照财政部、农业部要求，设立耕地地力保护补贴，并结合本地实际确定补贴对象、补贴方式、补贴标准，保持政策的连续性、稳定性。鼓励各地创新方式方法，探索将补贴发放与耕地保护责任落实挂钩的机制，引导农民自觉提升耕地地力。山东省规定耕地地力保护补贴以小麦种植面积为依据，补贴对象为全省种粮（小麦）的农民和新型农业经营主体，把自报告、核实、公示、发放等环节的责任落实到人（山东省财政厅和山东省农业农村厅，2019）。河北省规定耕地地力保护补贴的补贴对象原则上为拥有耕地承包权的种地农民，补贴标准由各地根据补贴资金总量和确定的补贴发放面积综合测算确定；对已改变用途的耕地，以及长年抛荒地、占补平衡中"补"的面积和质量达不到耕种条件的耕地等不再给予补贴（河北省农业农村厅，2020）。

（4）小麦节水品种及配套技术推广补贴。2019年9月12日，河北省石家庄市农业农村局发布了《关于印发2019年度石家庄市地下水超采综合治理小麦节水品种及配套技术推广补贴项目实施方案的通知》，全市大力推广小麦节水新品种及配套技术，重点推广节水高产品种，同等条件下优质强筋小麦节水品种优先支持，藁城区制定了具体实施方案（石家庄市藁城区农业农村局，2019）。

①节水品种选择：藁城区2019年推广6个节水品种，以藁优2018为当家品种，搭配种植藁优5218、石农086、河农6049、邯农1412、冀麦418。

②明确种子价格：2019年项目区亩供种量为14kg。物化补助标准为优质强筋品种70元/亩、普通品种64.4元/亩。种子价格为优质强筋品种5.0元/kg，普通品种4.6元/kg。剩余资金用于扩大实施规模。

③企业补贴方式：按时拨付资金。根据《2019年地下水超采综合治理小麦节水品种及配套技术推广补贴项目供种清册》、供种合同、村委会收到

的种子证明材料和正式发票，供种结束后，向供种企业拨付物化补贴资金的80%；出苗1个月内，组织有关专家进行验收，验收合格后，再拨付剩余的20%资金。

④农户补贴标准：补助资金455万元，每亩物化补助为优质强筋品种70元、普通品种64.4元。

五、长江中下游地区耕地质量保护与对策

长江中下游地区包括河南省南部及安徽省、湖北省、湖南省大部，上海、江苏、浙江、江西省（市）全部，福建、广西、广东省（区）北部，是我国重要的粮食和农副产品生产基地。长江中下游是我国构建长江经济带的重点建设区域，区域内地形复杂、土壤种类多、耕地保护问题繁多，由于各省的省情相对差异较大，耕地生态安全问题成为长期制约该区农业经济发展的瓶颈（宋振江等，2017）。随着区域经济发展和城镇化建设加快，耕地数量的减少给农业生产带来巨大压力，土地供需矛盾加剧；过量化肥、农药、农膜的投入在南方湿热多雨的气候条件下，导致农田面源污染程度加剧，土壤养分流失、适耕性变差，高毒、高残留物富集且重金属含量超标（陆贤良等，2005）。总之，长江中下游地区的耕地平均等级为4.72等，耕地质量整体水平不高，耕地土壤普遍存在污染、退化和结构性变差等生态安全问题，亟待大力推广农业面源污染防治技术措施，以农业技术生态化转型及农业绿色发展为导向，持续推进农业面源污染防治政策与制度创新，确保长江经济带内农业产地环境质量的安全、健康和持续发展。

（一）长江中下游地区农业面源污染问题

1.农业面源污染的成因

南方地区水热条件好，降雨多，水网发达，农业生产活动极易引起农业面源污染，加上水土流失问题严重，污染易扩散，污染形势较严峻。南方地区农业面源污染主要有4个方面：一是种植业方面，长期以来化肥过量施用是造成种植业氮、磷流失的主要原因，农药的不合理使用更是导致土壤、地表水、地下水和农产品污染的主要原因，大量地膜残留于土壤当中会造成水

体污染（李秀芬等，2010）；二是畜牧业方面，我国东南部省（市）（尤其是湖南省、江西省）均以畜禽粪便污染为主要污染源区，其因畜禽养殖产生的COD总量远高于工业污染；畜禽粪便中含有各种病原体，对水体的影响巨大（吴义根等，2017）；三是水产养殖方面，水产养殖过程中人为投加的肥料、饲料、各类化学药品及抗生素，严重影响邻近水体水质的安全；四是农村生活方面，农村生活污水和生活垃圾的排放也是造成面源污染的主要原因（熊丽萍等，2019）。

2. 农业面源污染的状况

农业面源污染总体呈现出分布范围广、影响因子多、随机性大、形成机理复杂和潜伏滞后等基本特征。根据2015年开展全国农业面源污染相关情况调查数据（刘宏斌等，2019），①从农田面源污染地表径流流失的省份分布来看，农田地表径流总氮流失量最大的省份是江西省，其次是湖北省和江苏省，总磷流失量最大的省份是山东省，其次为河北省和河南省。②从农田面源污染地表径流流失的农田种植模式来看，2015年农田地表径流总氮流失量最大的模式是南方湿润平原区——大田作物模式，其次为南方湿润平原区——双季稻模式和南方湿润平原区——稻麦轮作模式；总磷流失量最大的模式是黄淮海半湿润平原区——小麦玉米轮作模式，其次为南方湿润平原区——露地蔬菜模式和南方湿润平原区——大田作物模式。③从农田面源污染地下淋溶流失的省份分布来看，农田地下淋溶总氮流失量最大的省份是河南省，其次为山东省和河北省。④从耕地土壤重金属污染来看，根据黄淮海平原和长江中下游地区对比研究（李宏薇等，2018），长江中游及江淮地区的重金属污染比黄淮海平原严重，单因子评价结果表明，长江中游及江淮地区耕地土壤重金属污染点位超标率为35.0%，是黄淮海平原（16.0%）的2倍（黄国勤，2020）。

3. 耕地养分特征与生态安全

首先，结合长期定位实验研究探明长江中下游地区稻田土壤养分变化趋势，该区稻田土壤肥力总体得到了改善，土壤有机质、全氮、碱解氮、有效磷以及速效钾含量基本呈现上升趋势，土壤pH值呈下降趋势；秸秆还田及有机肥配施化肥能提高土壤耕层有效磷和速效钾的含量，更有利于土壤有机质的积累；土壤全氮、碱解氮和速效钾成为土壤肥力的主要贡献因子，土壤pH值的逐渐降低成为主要肥力限制因素。总之，在施肥过程中仍应加强对磷肥、钾肥的投入，但是氮肥施用量需要合理控制（李建军等，2015）。其次，构建PSR评价模型（Pressure-state-response，简称PSR）对长江中下游粮食主产区耕地生态安全进行评价，以江苏、安徽、湖北、湖南、江西5省为主要研究区域，结果表明，从长江中下游耕地生态安全综合评价看，江苏耕地生态安全综合评价位于流域5省之首，湖南与湖北2省位列其次也超过区域平均水平；从PSR对应子系统评价看，江西与安徽2省的耕地生态安全压力较大，安徽与湖北2省的耕地生态安全状态相对堪忧，湖南、湖北及安徽3省的耕地生态安全响应系统相对薄弱（宋振江等，2017；陈晓勇等，2016）。

（二）长江中下游地区面源污染防治与政策

1. 面源污染防治技术体系

农业面源污染防治的主要途径是"源头控制为主、过程阻控与末端治理相结合"。面源污染防治应坚持保护与发展相结合，农艺防治与工程治理相结合，源头控制与过程阻断、末端治理相结合。基于"4R"理论的农业面源污染防治技术体系成为治理面源污染的主导技术。"4R"原理是指"源头减量（Reduce）、过程阻断（Retain）、养分再利用（Reuse）和生态修复（Restore）"全生产环节防控于一体的技术体系（杨林章等，2013）。其中，源头减量技术是农业面源防治最优对策，主要通过减少肥料用量和排水量技术等实现（薛利红等，2013）；过程阻断技术通过种植适合当地生长的植物篱作物进行田间径流的物理拦截，达到削减泥沙与污染物流失的作用，是最为简单、普及的控制技术；循环利用技术主要有基于稻田湿地的生活污水工程尾水净化技术、秸秆采用直接/间接还田技术等（施卫明等，2013）；水体修复技术是利用水生高等植物较强的吸附能力，在流域主要出口建立人工湿地系统，通过生态浮床、生态护坡等景观绿地建设提高系统修复能力的工程措施（胡雪琴等，2015）。

国内常用的主要农业面源污染控制技术清单与特点如表3-4所示。

表3-4 农业面源污染控制技术

技术体系	技术名称	治理方向	去污效果	来源
过程拦截技术	植草沟	田间地表降雨径流	对SS（固体悬浮物）、COD（化学需氧量）削减率90%，对氮、磷削减率超过80%	戈鑫等，2018
	植物篱	拦截径流和泥沙、过滤氮磷及污染物	对泥沙阻拦率在60%~80%；禾本科的拦截效果最明显，其次是草本科	张雪莲等，2019
	渗滤沟	农业污水的缓冲过滤	渗滤沟系统的总氮去除率达80%以上，总磷去除率达90%以上	曾远等，2014
	植被缓冲带	径流中的面源污染物	缓冲带更容易拦截悬浮物及磷素，植物缓冲带上方来水流量较低时效果最优	高军等，2019 付婧等，2019
末端治理技术	人工湿地	农业污水的修复	对水体总氮、总磷去除率分别为64.3%和69.7%，对养殖污水去除率80%以上	肖海文等，2021
	植物修复	土壤中重金属污染治理与净化	利用某种或多种特定植物来挥发、固定、萃取其生长范围内的有毒有害物质	刘伟等，2019
	物理过滤池	对河流泥沙过滤沉降	可以清除70%以上的泥沙、对COD、氮、磷的过滤效果较高	戚印鑫，2014
新型改进技术	氧化沟	农业污水与生活污水处理	对氮、磷削减率超过83%	艾晨亮等，2018
	人工湿地—稳定塘	农业污水的回收再利用	对氮、磷去除率能达到70%以上	李丽等，2016 杨凤飞等，2018
	重力沉沙过滤池	农业径流泥沙的过滤	沉淀池长25m的下泥沙总处理效率达50%以上	刘亚丽等，2018
	旋流分离器	农田雨水径流的净化	进水压力为0.04Mpa时，效率最高可达80%，对SS的去除率可达75%	刘楠楠等，2019

资料来源：王一格，王海燕，郑永林，等.农业面源污染研究方法与控制技术研究进展.中国农业资源与区划，2021，42（1）：25-33.

2. 农业面源污染防治政策

2015年中央1号文件提出"实施农业环境突出问题治理总体规划和农业可持续发展规划；加强农业面源污染治理……"农业部贯彻落实中央1号文件精神，于2015年4月发布《关于打好农业面源污染防治攻坚战的实施意见》，全面部署打好农业面源污染防治攻坚战的重点任务，包括大力发展节水农业、实施化肥零增长行动、实施农药零增长行动、推进养殖污染防治、着力解决农田残膜污染、深入开展秸秆资源化利用及实施耕地重金属污染治理；提出推进面源污染综合治理重点工作，包括大力推进农业清洁生产、大力推行农业标准化生产、大力发展现代生态循环农业、大力推进适度规模经营、大力培育新型治理主体及大力推进综合防治示范区建设（中共中央和国务院，2015；农业部，2015）。

2015年农业部提出"一控、两减、三基本"的目标与农业绿色发展五大行动以来，我国化肥、农药、农膜用量均得到了有效控制，首次实现化肥、农药、农膜用量连年负增长。2019年我国化肥用量达5 404万t，化肥施用强度（326kg/hm^2）仍超国际安全施用水平建议的225kg/hm^2。我国面源污染形势依然严峻。2021年3月，生态环境部、农业农村部联合印发《农业面源污染治理与监督指导实施方案（试行）》（以下简称《实施方案》），明确了"十四五"至2035年农业面源污染防治的总体要求、工作目标和主要任务等，对监督指导农业面源污染治理工作做出部署安排。《实施方案》确定了以削减土壤和水环境农业面源污染负荷、促进土壤质量和水质改善为核心，按照"抓重点、分区治、精细管"的基本思路，制定了2025年和2035年分阶段重点目标，在深入推进农业面源污染防治、政策机制、监督管理等方面提出了主要任务，并明确了在我国农业面源污染重点区域开展试点示范工程，对深入打好污染防治攻坚战具有重要的现实意义。

农业面源污染治理显著特点是以政府为导向的行政推动效应和以市场为导向的自我控制约束效应并存。我国政府分权改革使得地方政府成为相对独立的经济利益主体，在发展地方经济、保障地方法人职能，对农业面源污染治理有着不可替代的决定性作用。地方政府与中央政府在农业面源污染治理中承担的角色各有侧重，通过中央政府和地方政府职能的转变、权利的分割以及各种手段的综合运用，共同形成治理机制，如南方面源污染重点发生省份出台了相应的环境治理对策（表3-5）。中央政府的作用主要是负责制定统一的环境保护政策，实施全国范围的环境整治规划、负责跨流域、跨行政区域的大江大河治理，进行全国性的环境保护基础设施建设等。地方政府则是具体负责本区域的污染控制、基础设施建设和环境条件改善等。中央政府制定的各项政策、标准、规划和制度都需要各级地方政府来落实，地方政府则需要付出一定程度的努力来完成中央制定的环保目标（陈红和韩哲英，2009）。

表3-5　南方面源污染重点发生省份的环境治理对策

省份	现状与问题	治理对策与建议
福建	①农田化肥施用量是全国的1.45倍；闽江流域畜禽养殖污染负荷约占全流域的60.1%；②农药使用量大，土壤农药残留问题严重（陈翠蓉和刘伟平，2016）。	①农业发展与环境污染治理一体化政策，实现发展与环境保护双赢；②制定能够引导农民自觉改变生产行为的经济激励性市场政策；③加强源头治理，在过程管控中推行农业清洁生产技术，减少污染排放，以末端治理为辅；④完善经济调节政策，以补贴激励生产行为、以市场交易控制总量。
浙江	①化肥、农药持续减量难度增大，农田污染问题长期存在；②畜禽粪污综合利用率达到97%，但关键处理措施有待提高；③水产养殖实施生态化改造，技术不完善污染治理难度大；④农村生活污水和垃圾处置与资源化利用任务艰巨（徐萍等，2019）。	①探索建立农业绿色发展的引导政策和生态保护负面清单制度，争取形成项目补助、技术补贴、生态补偿相配套的组合政策；②健全农业面源污染防治法律法规体系，尽快制定或完善农业环境监测、耕地质量保护、土壤污染防治法规和制度；③建立完善畜禽养殖场（户）环境准入与退出机制、畜禽养殖污染治理、死亡动物无害化处理、兽药、有机肥、沼液、农膜使用等评价标准；④创新政府支持方式，采取以奖代补、先建后补、以工代赈等多种方式，充分发挥政府投资的撬动作用；强化政策性和开发性金融机构引导作用，为农业面源污染防治提供支持。

（续表）

省份	现状与问题	治理对策与建议
江苏	①化肥与农药投入过量对环境污染的影响已不明显；②畜禽粪便、秸秆及农膜等包装废弃物成为农业面源污染的主要污染源（郑微微和沈贵银，2018）。	①构建生产投入品减量化技术体系，实现农业污染物源头减量，普及各类节肥、节水、节药等投入品；②加大政府政策支持力度，推动循环农业产业链条运转，实现产业链条循环和结构升级和价值提升；③构建农业废弃物收储体系，促进循环农业产业化发展，包括秸秆收储体系、畜禽粪便收储中心等；④加强产学研合作，促进循环农业产业科技创新，研发推广农业废弃物的清洁收储、高效转化、产品提质、产业增效等新技术；⑤构建产品质量标准体系，规范废弃物资源化利用产品市场。
广东	①化肥使用量不断增加，平均有效利用率为40%，农药及农膜的使用量也很大；②畜禽养殖场废弃物污染问题突出，成为主要污染源；③水产养殖造成水域的污染和富营养化及底泥的富集污染（陈晓屏，2014）。	①完善农业清洁生产的政策引导机制，建立绿色产品和食品监管与激励机制，运用宏观调控手段，对农业清洁生产项目进行扶持；②加大农业清洁生产宣传培训和推广力度，开展清洁生产宣传培训，建立农业清洁生产示范区，用成功案例显示清洁生产的优势；③建立农业清洁生产技术体系，推广科学施肥技术、无公害农药、节水灌溉技术、农业综合防治技术、立体种养技术等；④完善农业清洁生产法律法规保障机制，法制建设是推进清洁生产的关键。
云南	①化肥使用量不断增加，导致土壤质量下降，水体污染严重；②地膜使用量及其覆盖面积不断增加，严重影响农村环境；③农药使用量不断增加，农药公害问题突出；④畜禽粪便污染日益加重，养殖污水处理严重滞后（邱成，2014）。	①大力发展生态农业，合理使用农药、化肥；深入开展无公害农产品、绿色食品和有机食品生产基地建设，推广测土配方施肥等技术；②提高农村环境保护的资金投入，加大农村水污染和农业垃圾无害化处理设施的建设步伐，完善人员编制，成立乡镇环保所；③加强对农民的教育、培训，提高农民的环保意识，建立健全农民的公众参与制度，发挥非政府组织在农村环境保护中的积极作用；④加强农业废弃物的综合利用，开展秸秆肥料化、饲料化综合利用，畜禽粪便资源的综合处理利用。

参考文献

艾晨亮，崔东亮，2018. 氧化沟工艺处理村镇污水研究综述[J]. 辽宁化工，47（6）：533-535.

白由路，李保国，2002. 黄淮海平原盐渍化土壤的分区与管理[J]. 中国农业资源与区划，23（2）：44-47.

本刊编辑部，2015. 东北黑土地面临水土流失等问题[J]. 黑龙江粮食（8）：10.

财政部，农业部，2016-04-25. 关于全面推开农业"三项补贴"改革工作的通知[EB/OL]. http://nys. mof. gov. cn/czpjZhengCeFaBu_2_2/201604/t20160425_1964825. htm.

财政部，农业农村部，2019-06-22. 关于印发《农田建设补助资金管理办法》的通知[EB/OL]. http://www. gov. cn/xinwen/2019-06/22/content_5402339. htm.

陈百明，1989. 我国的土地资源承载能力研究——以黄淮海平原为例[J]. 资源科学（1）：1-8.

陈翠蓉，刘伟平，2016. 福建省农业面源污染现状和治理对策研究[J]. 山西农业大学学报（社会科学版），15（5）：353-357.

陈晓屏，2014. 广东省农业面源污染防治与清洁生产推进[J]. 环境与生活（14）：88.

陈晓勇，杨俊，宋振江，2016. 城镇化进程中长江中下游粮食主产地市耕地生态安全评价[J]. 中国发展，16（5）：26-34.

程锋，王洪波，郧文聚，2014. 中国耕地质量等级调查与评定[J]. 中国土地科学，28（2）：75-82.

党昱譞，姚东恒，孔祥斌，2021. 碳中和目标下东北黑土区耕地生态保护补偿机制探讨[J]. 中国土地（7）：15-18.

杜森，2010. 灌溉施肥技术的发展与应用[J]. 中国农业信息（7）：22-23.

付婧，王云琦，马超，等，2019. 植被缓冲带对农业面源污染物的削减效益研究进展[J]. 水土保持学报，33（2）：1-8.

高军，尤迎华，谈晓珊，等，2019. 植被过滤带阻控径流污染的机制及研究进展[J]. 环境科学与技术，42（9）：91-97.

戈鑫，杨云安，管运涛，等，2018. 植草沟对苏南地区面源污染控制的案例研究[J]. 中国给水排水，34（19）：134-138.

国土资源部，2012-06-29. 国土资源部关于提升耕地保护水平全面加强耕地质量建设与管理的通知[EB/OL]. http://g. mnr. gov. cn/201701/t20170123_1429817. html.

国土资源部，农业部，2014-11-2. 国土资源部、农业部关于进一步做好永久基本农田划定工作的通知[EB/OL]. http://f. mnr. gov. cn/202102/t20210214_2611864. html.

国务院，2008-10-24.《全国土地利用总体规划纲要（2006—2020年）》[EB/OL]. http://www. gov. cn/jrzg/2008-10/24/content_1129693. htm.

国务院办公厅，2020-09-10. 国务院办公厅关于坚决制止耕地"非农化"行为的通知[EB/OL]. http://www. gov. cn/zhengce/content/2020-09/15/content_5543645. htm.

国务院办公厅，2020-11-04. 国务院办公厅关于防止耕地"非粮化"稳定粮食生产的意见[EB/OL]. http://www. gov. cn/zhengce/content/2020-11/17/content_5562053. htm?ivk_sa=1024320u.

河北省农业农村厅，2020-08-05. 河北省2020年重点支农政策[EB/OL]. http://hbnw. hebnews. cn/2020-08-05/content_8038244. htm.

胡锦涛，2012-11-08. 坚定不移沿着中国特色社会主义道路前进为全面建成小康社会而奋斗——在中国共产党第十八次全国代表大会上的报告[EB/OL]. http://www. gov. cn/ldhd/2012-11/17/content_2268826. htm.

胡雪琴，彭旭东，蒋平，等，2015. 基于"4R"技术的紫色丘陵区农业面源污染防治体系[J]. 水土保持应用技术（2）：18-21.

湖南省财政厅，2014-11-11. 关于印发《重金属污染耕地修复及农作物种植结构调整试点资金管理办法》的通知[EB/OL]. http://www. hunan. gov. cn/xxgk/wjk/szbm/szfzcbm_19689/sczt/gfxwj_19835/201901/t20190114_5258090. html.

黄国勤，2020. 长江中下游地区农业绿色发展的意义、问题及对策[J]. 浙江农业科学，61（9）：1699-1706.

姜文来，唐华俊，罗其友，等，2007. 黄淮海地区农业综合发展战略研究[J]. 农业展望[J].（3）：34-37.

李宏薇，尚二萍，张红旗，等，2018. 耕地土壤重金属污染时空变异对比：以黄淮海平原和长江中游及江淮地区为例[J]. 中国环境科学，38（9）：3464-3473.

李建军，辛景树，张会民，等，2015. 长江中下游粮食主产区25年来稻田土壤养分演变特征[J]. 植物营养与肥料学报，21（1）：92-103.

李丽，王全金，2016. 人工湿地—稳定塘组合系统对污染物的去除效果[J]. 工业水处理，36（7）：22-25.

李晓林，张宏彦，2008. 中国土壤学会第十一届全国会员代表大会暨第七届海峡两岸土壤肥料学术交流研讨会论文集（中）[M]. 北京：中国农业大学出版社，373-379.

李秀芬，朱金兆，顾晓君，等，2010. 农业面源污染现状与防治进展[J]. 中国人口·资源与环境，20（4）：81-84.

刘丹，巩前文，杨文杰，2018. 改革开放40年来中国耕地保护政策演变及优化路径[J]. 中国农村经济（12）：37-51.

刘蒙罴，张安录，2021. 建党百年来中国耕地利用政策变迁的历史逻辑及优化路径[J]. 中国土地科学，35（12）：19-28.

刘楠楠，迟杰，褚一威，等，2019. 高效旋流分离—生态砾间接触氧化联合装置处理初期雨水径流应用研究[J]. 环境污染与防治，41（9）：1043-1049.

刘伟，张永波，贾亚敏，2019. 重金属污染农田植物修复及强化措施研究进展[J]. 环境工程，37（5）：29-33，44.

刘新卫，赵崔莉，2009. 改革开放以来中国耕地保护政策演变[J]. 中国国土资源经济（3）：11-13.

刘亚丽，赵涛，戚印鑫，等，2018. 河水滴灌重力沉沙过滤池物理试验研究[J]. 人民黄河，40（5）：148-152.

陆贤良，瞿廷广，施正连，2005. 长江中下游地区耕地现状与修复[J]. 安徽农业科学，33（3）：540，546.

农业部，2015-09-14. 关于印发《到2020年化肥使用量零增长行动方案》和《到2020年农药使用量零增长行动方案》的通知[EB/OL]. http://www. moa. gov. cn/ztzl/mywrfz/gzgh/201509/t20150914_4827907. htm.

农业部，2017-12-02. 农业部关于印发《耕地质量保护与提升行动方案》的通知[EB/OL]. http://www. moa. gov. cn/nybgb/2015/shiyiqi/201712/t20171219_6103894. htm.

农业部，国家发展改革委，财政部，等，2017-07-20. 关于印发《东北黑土地保护规划纲要（2017—2030年）》的通知[EB/OL]. http://www. moa. gov. cn/nybgb/2017/dqq/201801/t20180103_6133926. htm.

农业部，国家发展改革委，财政部，等，2017-07-20. 关于印发《东北黑土地保护规划纲要（2017—2030年）》的通知[EB/OL]. http://www. moa. gov. cn/nybgb/2017/dqq/201801/t20180103_6133926. htm.

农业农村部，财政部，2019-06-25. 农业农村部财政部关于做好2019年耕地轮作休耕制度试点工作的通知[EB/OL]. http://www. zzys. moa. gov. cn/zcjd/201906/t20190625_6319177. htm.

农业农村部，财政部，2019-06-25. 农业农村部财政部关于做好2019年耕地轮作休耕制度试点工作的通知[EB/OL]. http://www. zzys. moa. gov. cn/zcjd/201906/t20190625_6319177. htm.

戚印鑫，2014. 河水滴灌重力沉沙过滤池对河水泥沙处理效果的试验研究[J]. 中国农村水利水电（4）：15-17，24.

邱成，2014. 云南省农业面源污染及防治对策[J]. 环境科学导刊，33（3）：39-43.

曲咏，许海波，律其鑫，2019. 东北典型黑土区水土流失成因及治理措施[J]. 长春师范大学学报，38（12）：111-114.

全国人民代表大会常务委员会，2019-08-26. 全国人民代表大会常务委员会关于修改《中华人民共和国土地管理法》《中华人民共和国城市房地产管理法》的决定[EB/OL]. http://www. gov. cn/xinwen/2019-08/26/content_5424727. htm.

山东省财政厅，山东省农业农村厅，2019-12-09. 关于进一步做好农业支持保护补贴工作的通知[EB/OL]. http://www. zoucheng. gov. cn/art/2019/12/9/art_38537_2384902. html.

施卫明，薛利红，王建国，等，2013. 农村面源污染治理的"4R"理论与工程实践——生态拦截技术[J]. 农业环境科学学报，32（9）：1697-1704.

石家庄市藁城区农业农村局，2019-09-20. 2019年地下水超采综合治理小麦节水品种及配套技术推广补贴项目实施方案[EB/OL]. http://www. gc. gov. cn/col/1531384690314/2020/08/06/1568944313649. html.

水利部，财政部，国家发展改革委，等，2019-01-30. 水利部、财政部、国家发展改革委、农业农村部联合印发《华北地区地下水超采综合治理行动方案》[EB/OL]. http://www. mwr. gov. cn/zwgk/gknr/201903/t20190305_1440875. html.

宋振江，杨俊，李争，2017. 长江中下游粮食主产区耕地生态安全评价——基于省级面板数据[J]. 江苏农业科学，45（20）：290-294.

唐正芒，李志红，2011. 简论改革开放以来党和政府对耕地保护的认识与实践[J]. 中共党史研究（11）：26-36.

汪景宽，徐香茹，裴久渤，等，2021. 东北黑土地区耕地质量现状与面临的机遇和挑战[J]. 土壤通报，52（3）：695-701.

王东峰，2022-01-27. 加快建设现代化经济强省美丽河北——河北省委书记、省人大常委会主任王东峰谈大力弘扬塞罕坝精神[N]. 经济日报（3）.

王一格，王海燕，郑永林，等，2021. 农业面源污染研究方法与控制技术研究进展[J]. 中国农业资源与区划，42（1）：25-33.

魏丹，匡恩俊，迟凤琴，等，2016. 东北黑土资源现状与保护策略[J]. 黑龙江农业科学（1）：158-161.

吴义根，冯开文，李谷成，2017. 我国农业面源污染的时空分异与动态演进[J]. 中国农业大学学报，22（7）：186-199.

肖海文，刘馨瞳，翟俊，2021. 人工湿地类型的选择及案例分析[J]. 中国给水排水，37（22）：11-17.

新华社，2020-07-24. 习近平在吉林考察时强调坚持新发展理念深入实施东北振兴战略加快推动新时代吉林全面振兴全方位振兴[EB/OL]. http://www. xinhuanet. com/politics/2020-07/24/c_1126281973. htm.

熊丽萍，李尝君，彭华，等，2019. 南方流域农业面源污染现状及治理对策[J]. 湖北农业科学（3）：44-48.

徐萍，王美青，卫新，等，2019. 浙江省农业面源污染防治的总体思路和对策[J]. 浙江农业科学，60（6）：862-864.

薛利红，杨林章，施卫明，等，2013. 农村面源污染治理的"4R"理论与工程实践——源头减量技术[J]. 农业环境科学学报，32（5）：881-888.

杨凤飞，刘锋，李红芳，等，2018. 生物滤池—人工湿地—稳定塘组合生态系统处理南方农村分散式污水[J]. 环境工程，36（12）：70-74.

杨林章，施卫明，薛利红，等，2013. 农村面源污染治理的"4R"理论与工程实践——总体思路与"4R"治理技术[J]. 农业环境科学学报，32（1）：1-8.

张万付，2018. 黑土地区土壤酸化产生机理、危害及控制措施[J]. 现代农业（4）：43-44.

张雪莲，赵永志，廖洪，等，2019. 植物篱及过滤带防治水土流失与面源污染的研究进展[J]. 草业科学，36（3）：677-691.

曾衍德，2017-09-20. 大力实施耕地质量保护与提升行动[EB/OL]. http://www. cnfert. com/_zixun/_renwu/2017-09-20/91328. html.

曾远，李森，叶海，2014. 渗滤沟处理屋顶散排径流的试验研究[J]. 中国给水排水，30（13）：119-122.

郑少忠，史鹏飞，袁泉，2013-11-04. 黑土不能再"瘦"了[N]. 人民日报（04）.

郑微微，沈贵银，2018. 江苏省农业领域环境污染判断与治理对策研究[J]. 经济研究参考（33）：39-45.

中共中央，国务院，2005-12-31. 中共中央 国务院关于推进社会主义新农村建设的若干意见[EB/OL]. http://www. gov. cn/gongbao/content/2006/content_254151. htm.

中共中央，国务院，2016-01-27. 中共中央 国务院关于落实发展新理念加快农业现代化实现全面小康目标的若干意见[EB/OL]. http://www. gov. cn/zhengce/2016-01/27/content_5036698. htm.

中共中央，国务院，2017-01-23. 中共中央 国务院关于加强耕地保护和改进占补平衡的意见[EB/OL]. http://www. gov. cn/zhengce/2017-01/23/content_5162649. htm.

中共中央，国务院，2018-02-04. 中共中央 国务院关于实施乡村振兴战略的意见[EB/OL]. http://www. gov. cn/zhengce/2018-02/04/content_5263807. htm.

中共中央，国务院，2021-02-21. 中共中央 国务院关于全面推进乡村振兴加快农业农村现代化的意见[EB/OL]. http://www. gov. cn/zhengce/2021-02/21/content_5588098. htm.

朱有为，段丽丽，2004. 浙江省农业面源污染现状与对策[C]. 全国农业面源污染与综合防治学术研讨会论文集.

自然资源部，农业农村部，2019-01-03. 自然资源部农业农村部关于加强和改进永久基本农田保护工作的通知[EB/OL]. http://www. gov. cn/gongbao/content/2019/content_5392300. htm.

第四章　耕地质量保护与提升制度理论基础

一、土壤学与耕作学

（一）土壤学

土壤学是一门关于土壤的物质组成和性质、土壤肥力和土壤管理、土壤资源分布、类型、性质以及评价与开发利用等方面的原理和方法的基础学科。"民以食为天，食以土为本"。健康土壤带来健康生活，认识土壤属性特征，才能从事土壤改良、土壤施肥和污染土壤修复，发挥土壤功能，保障生态安全（徐建明，2019）。

1. 耕地土壤与自然土壤的区别

自然土壤是在自然成土因素［母质、气候、生物、地形（貌）、时间］综合作用下形成的，未经人类开垦利用的自然植被下的土壤。耕地土壤也叫做农业土壤，是在自然土壤的基础上，通过人类生产活动，如耕作、施肥、灌溉、改良等以及自然因素的综合作用下形成的土壤，如耕地、果园、茶园里的土壤。

耕地土壤与自然土壤最显著的不同是受到人类生产活动的干扰，耕地土壤经长期不同形式的耕作种植农作物的影响，土壤中物质发生特定的迁移、转化和富集，形成了一个特殊的土壤地球化学环境。耕地土壤的背景值是在人类活动干预下，在物质与能量的循环交换中，不断发展变化而建立的动态平衡基础上的元素含量水平。

2. 土壤在农业生产中的重要作用

第一，土壤是植物生长繁育和生物生产的基地。土壤是植物生产的基地。光能、热能、空气、水分和养分是绿色植物生长的5个基本要素，其中养分和水分是植物通过根系从土壤中获取的。土壤在植物生长繁育中具有下列作用：

一是营养库的作用。除了二氧化碳主要来自空气外，植物所需的营养元素，如氮、磷、钾及中量、微量营养元素和水分则主要来自土壤。土壤是陆地生物所必需的营养物质的重要来源。二是养分转化和循环作用。养分元素的转化既包括无机物的有机化，也包括有机物的矿质化，既有营养元素的释放和散失，也有元素的结合、固定和归还。通过土壤养分元素的复杂转化过程，在地球表层系统中实现营养元素与生物之间的循环和周转，保持了生物的生存与繁衍。三是涵养水源作用。土壤是地球陆地表面具有生物活性和多种结构的介质，具有很强的吸水和持水能力。根据土壤水分测定仪的数据可以发现，土壤的雨水涵养功能与土壤总孔隙度、有机质含量等土壤理化性状有关。四是支撑作用。植物在土壤中生长，根系在土壤中伸展和穿插，获得土壤的营养和机械支撑，使植物的地上部分稳定地站立。土壤中还拥有种类繁多、数量巨大的生物群，它们的生存都依赖于土壤。五是稳定和缓冲环境变化的作用。土壤是地球表面各种物理、化学、生物化学过程的反应界面，是物质与能量交换、迁移等过程最复杂、最频繁的地带，这使得土壤具有抗外界温度、湿度、酸碱性、氧化还原性变化的缓冲能力，对进入土壤的污染物能通过土壤生物进行代谢、降解、转化、清除或降低其毒性，起到"过滤器"和"净化器"的作用，能为植物和生物提供相对稳定的生产繁衍环境。

第二，土壤是陆地生态系统的重要组成部分。土壤生态系统是一个以能量流为主的开放系统，在陆地生态系统中起着极其重要的作用。土壤生态系统既是自然生态系统，也是体现着人类智慧与劳动的人工生态系统或复合生态系统。

土壤生态系统中的物质和能量流不断地由外界环境向土壤输入，通过在土体内的迁移，必然会引起土壤成分、结构、性质和功能的改变，推动土壤的发展与演变。绿色植物是土壤生态系统中最主要的有机物生产者，草食或肉食动物是土壤生态系统的主要消费者，它们以现有的有机物为原料，经机械破碎与生物转化，除少部分耗损外，大部分物质和能量仍以有机态存在于土壤、动物及其残体中。土壤生态系统的有机物分解者，主要是土壤中的微生物和低等动物。土壤生态系统的功能与土壤的功能是一致的，人们想从土壤中索取生物产品，就应该对土壤归还或补充从其中取走的部分，否则就是剥削土壤，最终会受到惩罚。

3. 土壤物理性质

土壤物理性质主要指土壤固、液、气三相体系中所产生的各种物理现象和过程。土壤物理性质制约土壤肥力水平，进而影响植物生长，是制定合理耕作和灌排等管理措施的重要依据。农业生产和科学研究中常用的土壤物理性质指标归纳如表4-1所示。

表4-1　土壤物理性质主要指标概念与类型

物理性质	性状指标	概念、内涵、分级类型
土壤质地	土壤质地	各粒级土粒在土壤中的相对比例或质量百分数，称土壤质地，也称土壤机械组成。
	土壤质地分类	3级分类法，按沙粒、粉沙粒和黏粒3种粒级的质量百分数分类，共分4类12级：沙土类、壤土类、黏壤土类、黏土类。
土壤孔隙	土壤孔隙度	又称总孔隙度，指单位土壤总容积中土壤孔隙容积。
	土壤孔隙比	指单位体积土壤中孔隙的容积与土粒容积的比值。
	孔隙的分级	按其孔径大小及功能的不同进行分级：无效孔隙孔径0.002mm以下，毛管孔隙0.002～0.02mm，空气孔隙大于0.02mm。
	土壤比重	指单位体积（不含孔隙）干燥土粒的质量与同体积标准状况水的质量之比。
	土壤容重	指自然状态下单位容积干燥土壤的质量与标准状况下同体积水的质量之比。
土壤结构	土壤结构	指土壤颗粒（包括团聚体）的排列与组合形式，是成土过程或利用过程中由物理、化学和生物的多种因素综合作用形成。

（续表）

物理性质	性状指标	概念、内涵、分级类型
土壤结构	土壤结构类型	①单粒结构：土粒彼此分散，无结构，缺乏有机质的沙土类。 ②块状结构：俗称坷垃，近似立方体，边面不明显，棱角明显。 ③核状结构：小于3cm，多棱角，边面也较明显，内部很紧实。 ④柱状结构：棱角边面不明显，顶圆而底平，直立，干时坚硬。 ⑤片状结构：结构体间呈水平裂开，成层排列，内部结构紧实。 ⑥团粒结构：土壤中近于圆球状小团聚体，粒径为0.25～10mm，农业生产上最理想的团粒结构粒径为2～3mm。
土壤物机械性	黏结性	指土粒通过各种引力黏结在一起的性质，黏结性的强弱用黏结力表示，黏结力是造成耕作阻力的重要原因。
	黏着性	指土壤在一定含水量的情况下，土粒黏着外物表面的性能，是影响耕作的一个重要因素。
	可塑性	指土壤在一定含水量范围内，可被外力任意改变成各种形状，当在外力解除和土壤干燥后，仍能保持其变形的性能。
	涨缩性	指土壤吸水后体积膨胀，干燥后体积收缩。
土壤耕性	土壤耕性	指土壤在耕作时及耕作后一系列物理性质及物理机械性的综合反映，是评价土壤生产性能一项重要指标。
	土壤压实	指在土粒本身重量、雨雪冲压、人畜践踏、机具挤压等作用下，土壤由松变实的过程。
土壤矿物质	原生矿物质	指直接由熔岩凝结和结晶而形成的原始矿物，是岩石组成中原来含有的矿物，原生矿物质硬度高、颗粒粗。
	次生矿物质	指岩石风化过程和成土过程中，由原生矿物进一步分化后再重新形成的矿物，主要包括高岭石、蒙脱石和伊利石等。
土壤有机质	土壤有机质	指存在于土壤中的含碳的有机物质，包括各种动植物的残体、微生物体及分解和合成的各种有机质。
	非腐殖质	指那些构成生物有机体的化合物以及与生物体化合物相同的各种化合物，主要成分有碳水化合物和含氮化合物，由C、H、O、N、Ca、Mg、K、Na、Fe、P、S、Si、Al等组成。
	腐殖质	指土壤的有机物经微生物分解后再重新合成的一种特殊有机质，占土壤有机质的50%～90%，含量高低是衡量土壤肥力水平的重要指标之一。
	土壤微生物	土壤中活的有机体，是土壤有机质的来源和重要组成之一，种类有细菌、真菌、放线菌、各种原生动物、低等植物和藻类。

4. 土壤化学性质

土壤化学性质是指组成土壤的物质在土壤溶液和土壤胶体表面的化学反应及与此相关的养分吸收和保蓄过程所反映出来的基本性质。土壤的化学性质主要包括养分的吸附与释放、营养物质的溶解与沉淀、土壤的酸碱变化和缓冲作用、土壤的氧化还原反应、土壤养分与根系的关系等方面。常用的土壤物理性质指标归纳如表4-2所示。

表4-2　土壤化学性质主要指标概念与类型

化学性质	性状指标	概念、内涵、分级类型
土壤胶体	土壤胶体	指颗粒直径小于0.001mm或0.002mm的土壤微粒，是土壤中高度分散的物质。
	土壤胶体种类	土壤胶体主要分为3类：土壤无机胶体（次生矿物也称黏土矿物）、土壤有机胶体（腐殖质）、有机无机复合体。
	土壤胶体性质	土壤胶体的物理化学性质活跃：巨大的比表面积和表面能、带电性和离子吸收代换性能、分散性和凝聚性、物理机械性能。
土壤离子交换	土壤阳离子交换	指酸胶体表面所吸附的阳离子与土壤溶液中的阳离子相互交换的过程；阳离子交换过程特点是可逆反应，阳离子交换作用按等摩尔进行，交换受温度影响较小而与交换点位置直接相关。
	土壤阳离子交换量	在pH值为7时，每千克土壤中所含有的全部交换性阳离子的厘摩尔数，基本代表了土壤的保持养分数量。土壤阳离子交换量影响因素：土壤质地、腐殖质含量、无机胶体种类、土壤的酸碱性。
	土壤盐基饱和度	指土壤胶体上的交换性盐基离子占交换性阳离子总量的百分比。土壤交换性阳离子分为两类：盐基离子（Ca^{2+}、Mg^{2+}、K^+、Na^+、NH_4^+等）、致酸离子（H^+与Al^{3+}）。
	土壤阴离子交换	被胶粒表面正电荷吸附的阴离子与溶液中阴离子的交换，称为阴离子交换。
土壤溶液	土壤溶液	指土壤水分及其所含溶质、悬浮物与可溶性气体的总称。
	土壤溶液组成	土壤溶液是一个极为复杂的体系，包括无机胶体、无机盐类、有机化合物、络合物、溶解性气体。

（续表）

化学性质	性状指标	概念、内涵、分级类型
土壤酸碱性	土壤酸度	指土壤酸性的程度，用pH值表示，是土壤溶液中H^+浓度的表现，H^+浓度越大，土壤酸性越强。
	土壤酸度类型	活性酸：指土壤溶液中的氢离子浓度导致的土壤酸度，通常用pH值来表示。
		潜性酸：土壤胶体吸附的H^+、Al^{3+}，被其他阳离子交换进入溶液后才显示酸性，常用1 000g烘干土中氢离子的厘摩尔数表示。
	土壤碱度	由碳酸盐和重碳酸盐导致土壤碱性的程度称土壤碱度，形成碱性反应的主要机理是碱性物质的水解反应。
	土壤酸碱度影响因素	土壤酸碱度的影响因素：气候因素、生物因素、施肥和灌溉、母质因素、酸雨、土壤空气的CO_2分压、土壤水分含量、土壤氧化还原条件等。
土壤缓冲性	土壤缓冲性	土壤中加入酸性或碱性物质后，土壤具有抵抗变酸和变碱而保持pH值稳定的能力，称为土壤缓冲作用或缓冲性能。

5. 土壤养分

（1）土壤养分定义与内涵。土壤养分是指由土壤提供的植物生长所必需的营养元素，能被植物直接或者转化后吸收。土壤养分大致分为大量元素、中量元素和微量元素，包括氮（N）、磷（P）、钾（K）、钙（Ca）、镁（Mg）、硫（S）、铁（Fe）、硼（B）、钼（Mo）、锌（Zn）、锰（Mn）、铜（Cu）和氯（Cl）13种元素。在自然土壤中，土壤养分主要来源于土壤矿物质和土壤有机质，其次是大气降水、坡渗水和地下水；在耕作土壤中，还来源于施肥和灌溉（陆欣和谢英荷，2018）。

土壤养分又可分为3类，即有效养分、速效养分和无效养分。其中，有效养分指能够直接或经过转化被植物吸收利用的土壤养分；速效养分指在作物生长季节内，能够直接、迅速为植物吸收利用的土壤养分，基本上为矿物养分；无效养分指不能被植物吸收利用的土壤养分，也被称为迟效养分。速效养分仅占很少部分，不足全量的1%，速效养分和迟效养分的划分是相对的，二者处于动态平衡之中，某种养分总量叫该养分全量。一般而言，土壤有效养分含量占土壤养分总贮量的百分之几至千分之几或更少。因此，在农业生产中经常出现作物有效养分供应不足的现象。

（2）土壤养分状况。土壤养分状况指土壤养分的含量、组成、形态分布和有效性的高低。氮磷钾三要素，简称土壤养分三要素或者肥料三要素。作物对这3种元素需求最大，因此在作物生长过程中这三要素经常处于供不应求状态，要经常对土壤养分进行测定，并及时施肥。

我国土壤养分含量情况：一是氮元素，我国土壤耕层中的全氮含量大概变动在0.05%～0.25%，东北地区的黑土平均含氮量最高，一般为0.15%～0.35%；西北黄土高原和华北平原的土壤含氮量较低，一般为0.05%～0.1%；华中、华南地区土壤全氮含量变幅较大，一般为0.04%～0.18%。在条件基本相近的情况下，水田的含氮量往往高于旱地土壤。二是磷元素，磷是农业生产仅次于氮的一个重要土壤养分。土壤中的大部分磷是无机状态（50%～70%），只有30%～50%是以有机磷形态存在的。三是钾元素，土壤中钾全部以无机形态存在，数量远远高于氮、磷。我国土壤的全钾含量也大体上是南方较低，北方较高。南方的砖红壤全钾含量平均为0.4%左右，华中、华东地区的红壤则平均为0.9%，我国华北平原、西北黄土高原以至东北黑土地区的全钾量一般都在1.7%左右。因此，缺钾主要在南方，北方已开始出现缺钾的现象。四是微量元素，土壤中的微量元素大部分是以硅酸盐、氧化物、硫化物、碳酸盐等无机盐形态存在。在土壤溶液中也有一部分微量元素以有机络合态存在。通常把水溶液或交换态的微量元素看作是对作物有效的。土壤中微量元素供应不足的一个原因是土壤本身含量过低，另一个原因是土壤条件造成的有效性降低而供应不足。

6. 耕地土壤质量问题

我国耕地土壤质量可谓"先天不足"，优质耕地资源紧缺。全国耕地由高到低划分为10个质量等级，平均等级仅为4.76，其中，一等到三等耕地仅占31%，中低产田占2/3以上。我国耕地质量"后天失调"问题严重，长期以来由于高强度利用与开发，耕地基础地力呈下降态势。与20世纪80年代相比，局部地区耕地质量退化势头明显，东北黑土有机质下降，南方红黄壤酸化，北方土壤干旱盐渍化，障碍退化耕地面积占比达40%。由于气候、酸雨等综合因素，强酸化耕地增加70%以上，由于水盐运动失调，盐碱化耕地增加30%。由此可见，我国耕地质量问题突出，耕地土壤健康面临着严峻的挑战。

（二）耕作学

耕作学属于自然科学，但它与社会经济及相关学科又有十分密切的关系。它属于应用科学，有较强的技术性，同时也包含农业宏观决策管理等一些软科学内容。耕作制度发展至今，已形成了一整套有机综合技术。它以种植制度为中心，以养地制度为基础，以提高资源利用率（主要是土地资源）、增产增收、促进农业全面发展为目标，对实现农业的区域开发、资源的合理利用与保护、农业的可持续发展等方面，均具有重要现实意义（曹敏建，2013；刘巽浩，1994）。

1. 耕作制度

耕作制度（也称农作制度）是指一个地区或一个生产单位的农作物种植制度以及与之相适应的养地制度的综合技术体系。耕作制度包括作物种植制度和养地制度两大内容，其核心是作物种植制度，养地制度是为种植制度服务的。

种植制度是指一个地区或一个生产单位的作物组成、配置、熟制与种植方式的总称。它包括作物布局、复种、间混套作、轮作、连作等。养地制度是指与种植制度相适应的以提高土地生产力为中心的一系列技术措施。它包括农田建设、农田施肥、农田保护、土壤耕作等。耕作制度的技术功能是耕作制度研究的主体，主要内容如下。

（1）作物因地种植，合理布局技术。作物布局是指一个地区或一个生产单位作物结构与配置的总称。作物布局是解决一个地区或一个生产单位种什么作物、什么品种、种多少、种在哪里等问题。一个合理的作物布局方案综合天、地、人、作物、市场等多方面因素，具体的技术要点包括采用相应栽培措施、确定合理播种时间、确定合理的种植方式和密度及合理搭配作物种类和品种等。

（2）作物复种技术。复种技术是指一年内于同一田地上连续种植两季或两季以上作物的种植方式，如麦—棉一年二熟，麦—稻—稻一年三熟；此外，还有二年三熟、三年五熟等。上茬作物收获后，除了采用直接播种下茬作物于前作物茬地上以外，还可以利用再生、移栽、套作等方法达到复种目的。

（3）作物间套立体种植技术。间套立体种植是指充分利用不同作物的高矮、株型、叶型、叶角、分枝习性、需光特性、生育期等各不相同的特点，以及作物的竞争与互补关系，进行合理搭配种植，提高作物光、热、水资源的利用率。

（4）作物轮作与连作技术。轮作是指在同一田地上将不同种类的作物，按一定顺序在一定年限内循环种植，如豌豆→春小麦→谷子。连作是指在同一田地上连续种植同一作物（或称重茬）。轮作有利于土壤中各种元素的综合利用，连作容易遭受病虫害。

（5）种养结合、农牧结合技术。种养结合是一种结合种植业和养殖业的生态农业模式，该模式是将畜禽养殖产生的粪便、有机物作为有机肥的基础，为种植业提供有机肥来源；同时种植业生产的作物又能够给畜禽养殖提供食源。农牧结合技术的"农"指种植业，"牧"指畜牧业，结合指种植业、畜牧业及土地等环境要素有机结合在一起，形成"三位一体"的农业综合系统。农牧结合技术的基本途径有饲料途径、厩肥途径、畜力途径、能量途径和经济途径5条。

（6）用地与养地结合技术。用地和养地相结合的实质就是要在满足作物高产优质对营养需要的同时，逐步提高耕地土壤肥力。"用地"是指采取合理的养分资源管理措施，通过促进根系生长、改善土壤结构和水热状况、选择合适的品种等，最大限度发挥土壤养分资源的潜力。"养地"是指通过多种养分资源管理途径，逐步培肥土壤，提高土壤保肥、供肥能力并改善土壤结构，维持土壤养分平衡。"养地"是"用地"的前提，而"用地"是"养地"的目的，二者相互结合、相互补充。

（7）耕作制度设计优化建议。一是技术推广和政策扶持并重，稳定南方双季稻种植面积，开发利用南方冬闲田；二是开发利用蔬菜产区的夏闲田，实现粮食安全与农业高效同步；三是推进水稻—小麦、小麦—玉米、水稻—油菜等主体种植模式的全程机械化进程；四是建立联合攻关机制，实现主体种植制度的节本高效；五是重视南方水网密集地区的环境保护型耕作制

度建设（陈阜和任天志，2010）

2. 土壤耕作

（1）土壤耕作的作用。土壤耕作的作用主要有4点：一是碎土、松土，创造良好的耕层构造；二是疏松表土，平整地面，创造适宜的播种表土层；三是翻埋作物残茬；四是防除杂草和病虫。

（2）土壤耕性与影响因素。土壤耕性是指在耕作过程中，土壤物理、机械特性（黏着性、黏结性和可塑性）的综合反映。土壤耕性的好坏，不仅影响耕作质量，而且影响宜耕期的长短。处于宜耕状态的土壤，耕作阻力小，土块容易松散、细碎，耕作质量好。

土壤耕性的影响因素包括3个方面：一是土壤质地，土壤质地是决定土壤耕性的基本条件。土粒越小，总表面积越大，土粒之间的结合力越强。土粒半径小于0.001mm时，黏结力比土粒半径0.25~0.05mm的土壤大35倍。二是土壤有机质，有机质含量高的土壤，其耕性好，反之，则较差。三是土壤水分，土壤水分是影响土壤耕性最活跃的因素。土壤的黏着性、黏结性和可塑性，都受土壤水分的影响。

（3）土壤耕层构造。土壤耕层是指在自然土壤的基础上，经过人类的长期耕作、施肥、灌溉等生产及自然因素的持续作用形成了农业耕作土壤，它包括耕作层（表土层）、犁底层、心土层和底土层。由于土壤耕层构造与土地生产力密切相关，良好的耕层构造能使土壤中的水、肥、气、热等因素之间互相协调满足作物的需要。同时，可以根据土壤的耕层构造情况，确定种植的作物。

耕作土壤的层次构造及适宜孔隙度详细内容如下。

①耕作层：长期耕作形成的土壤表层，耕作层的厚度一般为15~25cm，养分含量比较丰富，作物根系最为密集，土壤为粒状、团粒状或碎块状结构；总孔隙度50%~60%，通气孔隙大于8%~10%。耕作层又分为3个层面。

    表土层：距地面0~3cm，总孔隙度55%，通气孔隙15%~20%。

    种床层：表土层下3~10cm，总孔隙度55%，通气孔隙15%~20%。

    稳定层：种床层下10~25cm，总孔隙度50%，通气孔隙10%。

②犁底层：又称为"亚表土层"，是位于耕作层以下较为紧实的土层，由于长期耕作经常受到犁的挤压和降水时黏粒随水沉积所致。一般离地表12～18cm，厚5～7cm，最厚可达到20cm。

③心土层：又称"生土层"，是土壤剖面的中层，位于犁底层以下，厚度20～30cm，该层也能受到一定的犁、畜压力的影响而较紧实，但不像犁底层那样紧实。

④底土层：又称"母质层"，是土壤中不受耕作影响，保持母质特点的一层。底土层在心土层以下，一般位于土体表面50～60cm的深度，通常称为"生土"或"死土"。

3. 农田土壤培肥与农田保护

耕作制度包括种植制度与养地制度两个方面，两者相互依存、相互作用。养地制度是与种植制度相适应的以养地为中心的一系列技术措施体系，主要包括农田土壤培肥与农田保护等方面，其中心目的是提高土地综合生产能力。

（1）农田生态系统的养分平衡。农田生态系统的重要特征之一是系统内部养分循环与平衡。在自然因素或人为因素作用下，养分从农田生态系统外面进入农田。养分输入途径主要有两条，一是通过降雨把氮素带入农田及生物固氮等，二是通过人工施肥补充养分。养分输出同样是通过水土流失、反硝化脱氮、养分挥发、淋溶等自然输出，以及收获农产品等人工输出方式实现。农田生态系统在养分输入与输出过程中，实现了营养元素的吸收、转移与归还过程，达到物质的循环利用。

（2）农田土壤培肥途径与措施。农田土壤培肥是通过人为措施提高土壤肥力的过程。要做到充分用地、积极养地、以用促养、以养保用、用养结合、用养协调，保持土壤地力"常、新、壮"。农田土壤培肥的途径主要有3个方面：一是生物养地，利用生物及其残体培肥地力，如种植绿肥、豆类作物、作物秸秆还田、固氮菌利用等。二是物理养地，利用物理方法培肥地力，如土壤耕作、灌溉等。三是化学养地，利用化学肥料以及其他化学物品培肥地力。

农田土壤培肥的措施主要包括以下5个方面：一是合理轮作、间作，发展豆科作物、绿肥作物，推广生物养地技术；二是合理耕作，改善土壤结构，关键是在土壤宜耕期进行耕作；三是合理施肥，提高土壤肥力；四是合理排灌，调节土壤肥力；五是防治病、虫、杂草，提高土壤有效肥力。

（3）农田保护的意义与技术措施。农田保护是指保护耕地面积，减少土壤侵蚀和污染，减轻自然灾害的危害，改善农田环境。耕地保护的意义主要体现在3个方面：一是耕地是粮食安全的基石，保护耕地的数量和质量，才能保住国家粮食安全和人民长治久安；二是耕地是社会稳定的基础，守住耕地红线，才能保障人民生活和社会稳定；三是耕地是生态文明的载体，生态文明建设以耕地资源为环境基础，要把耕地保护与生态环境建设结合起来，通过耕地的开发达到改善生态环境的目的。农田保护的技术措施如下。

①保护性作物种植：一是保护性作物布局，包括宽行作物、密播作物及多年生牧草种植；二是间混套作，同一田块同一生长期，分行或分带相间种植两种或两种以上的作物；三是带状种植，将两种以上的作物，按一定宽幅的条带状相间种植的一种稳产增收的种植方式。

②保护性土壤耕作：一是等高耕作法，在坡地按等高线，减少地面径流；二是沟垄耕作法，通过耕作在地面上形成较大的垄和沟；三是作物残茬覆盖耕作法，将作物残茬或秸秆保留下来，覆盖在土壤表面的方法；四是免耕法，用大量秸秆残茬覆盖地表，将耕作减少到只要能保证种子发芽即可，主要用农药来控制杂草和病虫害的耕作技术。

③修筑梯田：在丘陵山坡地上沿等高线方向修筑的条状阶台式或波浪式断面的田地，修筑梯田可以减少水土流失、保持土壤肥力、提高水资源和土地资源的利用率，是坡度小于25°的丘陵山区一种具有农耕特色的工程措施和种植业发展模式。

④营造防护林：通过防护林的防风作用改善农田小气候，调节农田区域温度、湿度，减少水分蒸发量，从而改良土壤质地，防治农田土壤流失。

⑤合理使用化肥、农药、除草剂：一是合理使用化肥就是要做到平衡施肥，推广测土配方施肥。了解土壤肥力状况及农作物对营养元素的需求特征，根据肥料种类和性质选择适宜的肥料，配合具体的农耕措施施肥。二是合理使用农药和除草剂，总体用药原则是科学使用农药，做到经济、安全、有效地控制病虫害，具体包括：对症下药，准确地掌握防治对象进行对症下

药；适时用药，准确地掌握病虫害发生动态并确定防治适期；科学用药，本着经济、有效和供应方便加以选择；混合用药，两种以上农药混合使用。

二、植物营养学与栽培学

（一）植物营养学

1. 植物营养学基本概念

植物营养学是研究营养物质对植物的营养作用，研究植物对营养物质的吸收、运输、转化和利用的规律，以及植物与外界环境之间营养物质和能量交换的科学（图4-1）。植物营养学的主要认识就是以植物营养原理为理论基础，以施肥或改良植物营养遗传特性为手段，达到高产、优质和高效的目的。

图4-1 植物营养学概念流程

肥料是直接或间接供给植物所需养分，改善土壤性状，以提高作物产量和改善产品品质的物质。肥料在农业生产中的作用：一是提高农作物产量；二是改善农产品品质，氮元素可以提高谷类籽粒蛋白质和"必需氨基酸"的含量，磷元素可以改善糖料作物、淀粉作物、油料作物等的品质，钾元素对作物产量和品质有改善作用；三是改良土壤，提高土壤肥力（包括土壤结构、土壤养分含量和比例、土壤反应、土壤生化特性等）。

2. 李比希的"三大学说"

李比希是植物营养学科杰出的奠基人，李比希对植物营养学的贡献主要是"三大学说"：植物矿物质营养学说（theory of mineral nutrition）、养分归还学说（theory of nutrient returns）、最小养分律（law of minimum nutrient）。

（1）植物矿物质营养学说。植物矿物质营养学说起源于1840年，其创立具有划时代的意义。植物矿物质营养学说要点：土壤中矿物质是一切绿色植物唯一的养料，厩肥及其他有机肥料对植物生长所起的作用，并不是由于其中所含的有机质，而是由于这些有机质在分解时所形成的矿物质。植物矿物质营养学说的意义体现在：一是理论上，否定了当时流行的"腐殖质学说"，说明了植物营养的本质，是植物营养学新旧时代的分界线和转折点，使维持土壤肥力的手段从施用有机肥料向施用无机肥料转变有了坚实的基础。二是实践上，促进了化肥工业的创立和发展；推动了农业生产的发展。

（2）养分归还学说。养分归还学说的要点：随着作物的每次收获，必然要从土壤中取走大量养分；如果不正确地归还土壤的养分，地力就将逐渐下降；要想恢复地力就必须归还从土壤中取走的全部养分。养分归还学说对恢复和维持土壤肥力有积极作用。养分归还方式有两个途径：一是通过施用有机肥料，二是通过施用无机肥料。二者各有优缺点，若能配合施用则可取长补短，增进肥效。未来农业的发展，养分归还的主要方式是合理施用化肥。施用化肥是提高作物单产和扩大物质循环的保证，农作物所需氮素的70%是靠化肥提供的，因而合理施用化肥是现代农业的重要标志。

（3）最小养分律。最小养分律起源于1843年，其要点：一是作物产量的高低受土壤中相对含量最低的养分所制约。也就是说，决定作物产量的是土壤中相对含量最少的养分。二是最小养分会随条件变化而变化，如果增施不含最小养分的肥料，不但难以增产，还会降低施肥的效益。最小养分律又称为"木桶理论"，作物产量相当于木桶容量，如同木桶容量的大小取决于最短木块的高度，作物产量水平取决于所能提供的最小养分量（图4-2）。根据"木桶原理"，我们只有对最小养分进行针对性的补充，才能取得增产的目的，以最小的投入换取最大的收益。

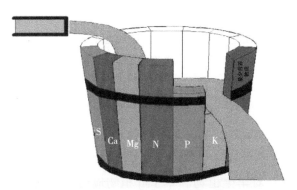

图4-2　"木桶理论"示意图（K元素受限的情景）

3. 植物对营养物质的吸收

（1）植物根系对养分的吸收。植物的根系分为直根系和须根系，直根系能较好地吸收深层土壤中的养分，须根系能较好地吸收浅层土壤中的养分。农业生产中常将两种根系类型的植物种在一起。根系吸收养分的部位，从根尖向根茎基部依次分为根冠、分生区、伸长区、根毛区和成熟区5个部分，根的横切面从外向内可分为表皮、（外）皮层、内皮层和中柱等几个部分。

植物根系吸收无机养料的机制是养分离子向根部迁移，其过程主要包括：①截获，根系在土壤里伸展过程中吸收直接接触到的养分。截获吸收养分的多少取决于根系接触。②质流，植物的蒸腾作用和根系吸水造成根表土壤与原土体之间出现明显的水势差，这种压力差导致土壤溶液中的养分随着水流向根表迁移。③扩散，当根系通过截获和质流作用所获得养分不能满足植物需求时，随着根系不断地吸收，根际有效养分的浓度明显降低，并在根表垂直的方向上出现养分浓度的梯度差，从而引起土体养分顺浓度梯度向根表迁移，这种现象称为扩散。

植物根系对离子态养分的吸收分为主动吸收和被动吸收。主动吸收需要消耗能量，反之，称为被动吸收。吸收的过程包括：①养分在细胞膜外表面的聚集，养分穿过质外体。②离子跨膜过程，矿质养分离子跨膜进入根细胞有简单扩散、离子通道、离子载体、离子泵运输4种方式。

（2）植物叶部对养分的吸收。植物除了以根系吸收养分外，还能通过叶片等地上部吸收养分，这种营养方式称为叶部营养或根外营养。叶部吸收养分途径包括表皮细胞途径和气孔途径。水生植物的叶片是吸收矿质养分的重要部位，陆生植物叶表皮细胞的外壁上有蜡质层和角质层。水分及其溶于水的无机离子通过蜡质层上的间隙到达角质层，再通过其中的微孔通道（外质连丝）到达细胞壁。然后养分就像在根中一样，穿过细胞壁到达原生质膜。养分跨膜过程与根系类似。

叶面营养的影响因素：一是叶片类型。水生植物蜡质层薄，吸收养分容易；旱生植物的叶片蜡质层厚，吸收养分较困难。双子叶植物叶面积大，叶片角质层较薄，养分较易穿过；单子叶植物的叶片小，角质层厚，养分不易被吸收。因此，对旱生植物和单子叶植物应适当增加养分浓度和喷肥次数。二是矿质元素种类和浓度。植物叶片对不同种类矿质养分的吸收速率不同。叶片对氮素的吸收速率依次为：尿素>硝酸盐>铵盐；对钾肥的吸收速率为：氯化钾>硝酸钾>磷酸二氢钾。三是叶片对养分的吸附能力。养分溶液在叶片上的附着时间越长，越有利于养分吸收。如果给溶液中加入表面活性剂，就可延长溶液在叶片上的附着时间。四是喷施时期。一般选择早晨上午露水干后，或下午太阳落山前，或无风的阴天为好。

（3）影响植物吸收养分的因素。植物吸收养分因外界条件的不同而不同，影响植物吸收养分的外界条件主要有光照、温度、水分、通气、反应、养分浓度和元素间的相互作用等方面。

①光照：根部呼吸作用是依靠分解光合作用所产生的有机养分来释放能量的，而光照直接影响光合作用的强弱，也就是说光照的充足与否，直接或间接的影响根对养分的吸收。同时，根部对养分的吸收也直接影响作物地上部分生长的好坏。

②温度：只有在适宜温度范围内而生长正常的，吸收养分才较多。当温度不足，影响氧化磷酸化作用，ATP形成少，所以作物越冬时常须磷肥，以补偿低温吸收养分不足的影响。

③水分：水分对植物养分有两方面的作用，一方面可加速肥料的溶解和有机肥料的矿化，促进养分的释放；另一方面稀释土壤中养分的浓度，并加速养分的流失。

④通气：通气有利于有氧呼吸，所以也有利于养分吸收。因为有氧呼吸可形成较多的ATP，供阴、阳离子的吸收。反之，土壤排水不良，是嫌气状态，作物非但吸收养分少，甚至根部还有外渗，严重造成烂根。

⑤反应（土壤溶液的pH值反应）：溶液中的反应常影响植物吸收养分。植物生长要求在一定的pH值范围内。土壤pH值过高或过低，植物都不能很好生长，若pH值过低，H^+浓度过高，能破坏质膜的透性。相反若pH值过高，土壤中OH^-与养分中阴离子在载体结合部位要发生竞争，影响养分吸收，因此植物生长要求一定的土壤pH值范围。

⑥离子间的相互作用：一是拮抗作用，指某一离子的存在能抑制另一离子的吸收。离子间的拮抗作用主要表现在阳离子交换与阳离子之间或阴离子交换与阴离子之间。二是协助作用，指某一离子的存在能促进另一离子的吸收。如Ca^{2+}能通过影响质膜的透性来促进K^+、Rb^+、Br^-等的吸收，NO_3^-、

$H_2PO_4^-$、SO_4^{2-}均能促进阳离子的吸收。

⑦苗龄和生育阶段：植物整个生育期中，根据反应强弱和敏感性可以把植物对养分的反应分为营养临界期和最大效率期。在临界期内，当养分供应不足或元素间数量不平衡时将对植物生长发育造成难以弥补的损失；在最大效率期内植物所吸收的某种养分能发挥最大效能。

4.植物的氮素营养与氮肥

（1）氮的分布与营养功能。氮素占植物干重的0.3%～5%，含氮（N）量多的作物是豆科作物和豆科绿肥，非豆科作物一般含N量较少，禾本科一般干物质含N量在1%左右。氮素在植物体内的分布情况是幼嫩组织>成熟组织>衰老组织、生长点>非生长点。氮素通常被称为生命元素，氮素的营养功能包括：氮是蛋白质的重要成分（蛋白质含氮16%～18%），是生命物质；氮是核酸的成分（核酸中的氮约占植株全氮的10%），是合成蛋白质和决定生物遗传性的物质基础；氮是酶的成分，即生物催化剂；氮是叶绿素的成分（叶绿体含蛋白质45%～60%），是光合作用的场所；氮是多种维生素的成分（如维生素B_1、维生素B_2、维生素B_6等），是辅酶的成分；氮是一些植物激素的成分（如IAA、CK），是生理活性物质；氮也是生物碱的组分（如烟碱、茶碱、可可碱、咖啡碱、胆碱-卵磷脂-生物膜）。

（2）氮肥的种类、性质与施用。氮肥的生产在化肥工业中占据至关重要的地位，在我国约占化肥工业的70%。我国氮肥产量居世界第一，基本满足国内的需求。氮肥品种很多，大致可分为铵态、硝态、酰胺态和长效氮肥等，常用氮肥的种类、性质和施用汇总见表4-3。

表4-3　常用氮肥种类及性质汇总

类型	品种	性质	施用
铵态氮肥	碳酸氢铵（碳铵 NH_4HCO_3）	含N 17%，呈白色细粒结晶，易溶于水，水溶液呈碱性反应，常温下易分解挥发，有强烈氨味，易潮解结块。	碳铵可作基肥和追肥，深施不易淋失，不宜作种肥及秧用肥。
	硫酸铵［硫铵$(NH_4)_2SO_4$］	含N 20%～21%，白色结晶或微黄，易溶于水，具有较好的物理性，不易吸湿，化学性稳定，含S 24%。	硫铵是水溶性氮肥，可作基肥、追肥和种肥，并适合各种作物。

（续表）

类型	品种	性质	施用
铵态氮肥	氯化铵 NH_4Cl	含N 24%～26%，白色结晶，易结块，易吸湿，其溶解度低于硫铵，水溶液呈弱酸性，属生理酸性肥。	氯化铵可作基肥和追肥，不宜作种肥和秧用肥，最好适用于水田。
	氨水 NH_4OH	含N 12%～17%，氨水是氨的水溶液，呈无色或淡黄色液体，碱性，pH值为10，氨易挥发损失，氨水还具有腐蚀作用。	氨水可作基肥及追肥，不宜作种肥。
硝态氮肥	硝酸钠 $NaNO_3$	含N 15%～16%、Na 26%，白色或微黄色结晶，易溶于水，吸湿性强，呈碱性，助燃性、生理碱性。	宜作追肥，适施于中性、酸性土壤，不宜于盐性土及水田。
	硝酸铵 NH_4NO_3	含N 34%，白色结晶，中性弱酸性反应，吸湿性强，易结块，助燃性。	宜作追肥，在旱地施用的效果较水田好，少量分次施用。
酰胺态氮肥	尿素 $CO(NH_2)_2$	含N 46%，固体氮肥中含N量最高的肥料，白色结晶，吸湿性小，易溶于水。	尿素可作基肥，深施可提高肥效，还可作根外追肥，效果好。

（3）提高氮肥利用率的途径。一是根据气候条件，北方以分配硝态氮肥更适宜，因北方气候干旱缺雨，而南方气候湿润，年降水量大，水田占重要地位，因此应分配铵态氮肥。施用时硝态氮肥尽可能施在旱作田，铵态氮肥施于水田。二是根据作物种类、品种特性，禾本科作物需N多可多施；甜菜、甘蔗等糖料作物发育初期需要充足N素以供应其营养生长，而到后期N施多会影响淀粉和糖的合成；烟草后期施N多、烟碱含量过高，糖分低味道变差；果树和浆果作物对氮肥非常敏感，需平衡的N素，氮素营养过多，容易引起营养生长过旺，影响坐果率。三是根据肥料特性，铵态氮能被土壤吸附，不易淋失，可作基肥深施；硝态氮移动性大，宜作旱田追肥（水田追肥可用铵态氮或尿素）；尿素、碳铵、氨水不宜作种肥。

5. 植物的磷素营养与磷肥

（1）磷的分布与营养功能。植物体内五氧化二磷（P_2O_5）一般为植物干重的0.2%～1.1%，其中85%为有机态磷（核酸、核蛋白、磷脂、植素），15%为无机态磷（以Ca、Mg、K的磷酸盐存在）。磷在作物种子中含量较高，其中油料作物种子含磷量最高。作物生长发育中，磷比较集中在幼嫩组织里。

磷的营养功能（生理作用）主要体现在以下6个方面：①磷是构成大分子物质的结构组分，磷酸是许多大分子结构物质的桥键物，它把各种结构单元连接到更复杂的大分子的结构上。②磷是植物体内重要化合物的组分，这些化合物有核酸、核蛋白、磷脂、植素、高能磷酸化合物（ATP）、辅酶。③磷能加强光合作用和碳水化合物的合成与运转。④促进氮素代谢，磷作为酶的成分或提供能量（ATP）。⑤促进脂肪代谢，磷参与脂肪的合成。⑥提高作物对外界环境的适应性，增强作物的抗旱、抗寒等能力，增强作物对酸碱变化的适应能力（缓冲性能）。

（2）磷肥的种类、性质与施用。我国的磷矿资源仅次于摩洛哥、美国和俄罗斯。目前已发现磷矿428处，大约80%分布于云南、贵州、四川、湖北和湖南5省。当前，利用天然磷矿石制造磷肥的方法有：机械法、酸制法和热制法3种。磷肥包括难溶性磷肥、水溶性磷肥和枸溶性磷肥，常用磷肥的种类、性质和施用汇总见表4-4。

表4-4　常用磷肥种类及性质汇总

类型	品种	性质	施用
难溶性磷肥	磷矿粉	一般呈灰色、灰黄色、灰褐色粉末状，呈中性至微碱性反应，不吸湿。含P_2O_5 10%～30%。	磷矿粉与酸性肥料或生理酸性肥料混合施用可提高磷肥的肥效。
水溶性磷肥	过磷酸钙	又称普钙，含P_2O_5 14%～20%，灰白色粉末，呈强酸性反应，pH值2～3，具有腐蚀性及吸湿性，易结块。	可作基肥、种肥和追肥，水稻施用可作蘸秧根
水溶性磷肥	重过磷酸钙	深灰色颗粒或粉末，P_2O_5 40%～50%，游离酸4%～8%，不含硫酸钙，吸湿性及腐蚀性强于过磷酸钙。	施用方法同过磷酸钙，它是一种高浓度磷肥，含磷量双倍或3倍于过磷酸钙。
枸溶性磷肥	钙镁磷肥	一般为黑绿色或灰棕色粉末，碱性，pH值8～8.5，不溶于水，P_2O_5 14%～20%、SiO_2 40%、CaO 5%～30%、MgO 10%～15%，是一种以磷为主的多元素肥料。	最适宜施在酸性土壤中，多用于基肥，作追肥时应在苗期早施。

（3）磷肥的合理分配及施用。土壤全磷含量在0.08%～0.1%，施用磷肥均有增产效果；而有效磷含量更能反映土壤磷素的供应水平。磷肥的施用原则是减少水溶性磷肥的固定，增加非水溶性磷的释放。磷肥品种的合理分配和施用因作物品种、生长期、土壤类型而异：①难溶性磷肥适用于吸磷能力强的作物，如荞麦、萝卜菜、油菜及豆科植物；用作基肥；在酸性土壤施用。②枸溶性磷肥适用于吸磷能力较强的作物；多作基肥；在酸性土壤、有效磷低的非酸性土壤施用。③水溶性磷肥适用于吸磷能力较差、对磷反应敏感的作物，如甘薯、马铃薯；在苗期、生长前期使用，根外追肥；适于各种土壤。

6. 植物的钾素营养与钾肥

（1）钾的分布与营养功能。植物体内钾含量（K_2O）一般为植株干重的0.3%～5%，是植物体中含量最多的金属元素。淀粉作物、糖料作物、烟草、香蕉等含钾较多；禾谷类作物相对较低。钾在植物体内具有较大的移动性，随植物生长中心转移而转移，即再利用率高；主要分布在代谢最活跃的器官和组织中，如幼芽、幼叶、根尖等。

钾的营养功能：①促进酶的活化，钾是60多种酶的活化剂，能促进多种代谢反应；②促进光能的利用，增强光合作用；③利于植物正常呼吸作用，改善能量代谢；④促进糖代谢；⑤促进氮素吸收和蛋白质的合成；⑥促进植物经济用水；⑦促进有机酸的代谢；⑧增强作物的抗逆性。

（2）钾肥的种类、性质与施用。钾矿资源集中在俄罗斯、加拿大等国。我国钾矿资源极贫乏，至2010年我国已探明的总储量约为10亿t。世界各国生产的钾95%用作肥料。钾肥品种中的氯化钾约占95%，硫酸钾约占5%，硝酸钾、碳酸钾少量。钾肥包括氯化钾、硫酸钾及草木灰，常用钾肥的种类、性质和施用汇总见表4-5。

（3）肥料配合与钾肥肥效。钾肥的效果在氮、磷配合下，才能充分发挥出来。一定磷水平下，氮、钾配施时，植株体内K_2O/N比值增高，而可溶性非蛋白质氮占全氮的比例降低，说明氮、钾配合施用可以促进水稻对氮、钾的吸收及其在体内保持一定的平衡，也促进了氮在体内的转化和蛋白质合成。含有效钾素较多的有机肥料用量高时，可少施或不施化学钾肥。

表4-5 常用钾肥种类及性质汇总

类型	品种	性质	施用
工业钾肥	氯化钾（KCl）	白色、淡黄色细结晶，K_2O 60%，水溶性速效钾肥，化学中性，生理酸性。	宜施于碱性土壤，若施入酸性土壤配合施用石灰。
工业钾肥	硫酸钾（K_2SO_4）	白色、淡黄色结晶，K_2O 50%~52%，水溶性速效钾肥，化学中性，生理酸性。	宜施于碱性土壤，若施入酸性土壤配合施用石灰，比KCl吸湿性小。
农家钾肥	草木灰	以K、Ca为主，其次P，故称K肥，K_2O 5%~10%，呈碱性。	可施用于多种作物，用于基肥、追肥、种肥和根外追肥。

7. 复混肥料

（1）复混肥料的定义与类型。复混肥料是指氮、磷、钾3种养分中，至少有两种养分标明量的由化学方法和（或）掺混方法制成的肥料（GB 15063—2009，2010年6月1日正式实施）。简单来说，是指同时含有氮、磷、钾中两种或两种以上养分的肥料。

复混肥料分为三大类型：一是复合肥料，氮、磷、钾3种养分中，至少有两种养分标明量的仅由化学方法制成的肥料；二是掺混肥料，氮、磷、钾3种养分中，至少有两种养分标明量的由干混方法制成的颗粒状肥料，也称BB肥；三是有机—无机复混肥料，含有一定量有机质的复混肥料。常用复混肥料种类、性质汇总见表4-6。

（2）复混肥料的优缺点。

复混肥料的优点：一是养分较全面，含量高，能比较均衡地、长时间地同时供给作物所需要的多种养分，提高施肥的效果；二是物理性状好，便于施用，既适合机械化施肥，同时也便于人工撒施；三是副成分少，对土壤无不良影响，施用时既可免除某些物质资源的浪费，又可避免某些副成分对土壤性质的不良影响；四是配比多样性，有利于针对性地选择和施用；五是降低成本，节约开支。

复混肥料的缺点：一是不同作物各生育期对养分要求不同，二元复合肥料难以同时满足各类土壤和各种作物的要求；二是各种养分在土壤中移动的规律各不相同，因此复混肥料在养分所处位置和释放速度等方面很难完全符合作物某一时期对养分的特殊需求（难于满足不同养分最佳施肥技术的要求）。

表4-6　常用复混肥料种类及性质汇总

类型	品种	性质	施用
氮磷复合肥	磷酸铵	磷酸一铵和磷酸二铵的混合物，含N 14%~18%，P_2O_5 46%~52%，灰色粉末或灰白颗粒，吸湿性小，水溶性，化学中性。	可作基肥、种肥和追肥，也适合作其他复混肥的原料。
氮磷复合肥	硝酸磷肥	磷酸二钙、磷酸铵和硝酸铵，吸湿性强。	可作基肥、种肥和追肥，宜北方旱地。
氮钾复合肥	硝酸钾	含N 12%~15%，K_2O 45%~60%，白色结晶，易溶于水，吸湿性较小，易燃易爆。	适于忌氯喜钾作物。
磷钾复合肥	磷酸二氢钾	白色结晶，易溶于水，化学酸性。	适宜各种土壤、作物，多作根外喷施。

（二）作物栽培学

1. 作物和作物生产

广义作物是指为人类所栽培利用的植物都统称为作物，包括农作物、果树、蔬菜、花卉、茶、桑、药物等，即为大田作物和园艺作物。狭义作物是指农田大面积栽培的农作物，即大田作物或庄稼，是作物栽培学研究的对象（董树亭和张吉旺，2018）。

作物生产就是栽培农作物，获得农产品，是植物生产的主体及最基础的生产。作物栽培是指以提高农作物产量和改进品质为目的一系列的农事活动。

作物生产的重要性体现在以下3个方面：一是作物生产是人民生活资料的主要来源。我国是人口大国，无论是保证全国人民的口粮，还是改善人民的食物质量，都必须依赖于作物生产的发展。除吃饭外，穿衣在人民基本消费方面也占有重要地位。目前，我国服装原料的80%来源于农业生产，人们对自然纤维的青睐也更凸显作物生产的重要性。二是作物生产是工业原料的重要来源。我国约40%工业原料、70%轻工业原料来源于农业生产。制糖、卷烟、造纸、食品工业的发展依赖于农业生产，特别是经济作物及优质作物的生产状况。三是作物生产在农业中占有较大比重。种植业在农业中的比重及基础地位是不会动摇的。农业的现代化，必须是作物生产的现代化，必须发展作物生产技术。

2. 作物栽培学的任务与研究方法

作物栽培学是研究农作物的栽培理论和栽培技术措施，不断提高作物产量和品质的一门科学。作物栽培学的任务是研究作物生长发育规律和作物产量形成规律及其与环境条件的相互关系，并探讨解决作物高产、稳产、优质、低成本的技术措施和理论依据，以促进我国作物生产事业的发展，为整个农业生产和国民经济高速度发展做出贡献。

作物栽培学的研究方法有：①生物观察法：观察作物生长发育的各个过程。对作物形态观察必须通过肉眼观察和仪器测量。在对作物观察时要注意作物观察与环境观察相结合、静态观察与动态观察相结合、局部观察与整体观察相结合。②生长分析法：其根本观点是作物产量都是以干物质产量来衡量，作物生育过程也以干物质增长过程为中心进行研究。每隔一定天数进行取样烘干称重，看干物质积累变化情况以及相同时期叶面积情况。③发育研究法：侧重于发育器官的观察研究。④生长发育研究法：综合生长分析法和发育研究法而发展起来的方法。

3. 作物的多样性与作物分类

（1）作物的多样性。地球上共有植物39万余种，被人类利用的栽培植物约2 300种，其中食用作物900余种，经济作物1 000余种，饲料绿肥作物约400种。我国目前的栽培作物种类约400种，其中粮食作物30多种，经济作物约70种，果树作物约140种，蔬菜作物110多种，牧草约50种，花卉130余种，绿肥约20种，药用植物50余种。

（2）作物分类。在作物种质资源的研究和利用中，各种作物品种的数量都很多。对品种进行科学的分类是十分重要的。目前，常用作物品种分类系统见表4-7。

表4-7　作物分类系统汇总

分类依据	主要类型
按植物的科、属、种进行分类	双名法命名：第一个字为属名，第二个字为种名，第三个字为命名者的姓氏缩写。
根据作物的生理生态特性分类	温度条件：喜温作物、耐寒作物。 对光周期反应：长日照作物、短日照作物、中性作物、定日作物。 对CO_2同化途径：C3作物、C4作物和CAM作物。
按用途和植物学系统相结合分类	粮食作物：禾谷类作物、豆类作物、薯类作物。 经济作物：纤维类作物、油料作物、糖类作物、嗜好类作物、其他作物。 饲料及绿肥作物：豆科、禾本科、其他科。 药用作物：中草药类。
按农业生产特点分类	按播种期分为：春播作物、夏播作物、秋播作物、冬播作物。 按收获期分为：夏熟作物、秋熟作物。 按栽培季节分为：大春作物、小春作物。 按播种密度和田间管理分为：密植作物、中耕作物。 按耕地种类分为：旱地作物、水田作物。

4. 作物的生长发育

（1）作物生长过程与生育期。无论是作物群体、个体，还是器官、组织乃至细胞，当以时间为横坐标，它们的生长量为纵坐标时，它们的生长发育都遵循一条"S"形曲线的动态过程，即作物的个别器官、整个植株的生育以及作物群体的建成和产量的积累均经历前期较缓慢、中期加快、后期又减缓以至停滞衰落的过程，这个过程遵循"S"形生长曲线。

在作物栽培实践中，把从作物出苗到成熟之间的总天数，即作物的一生，称为作物的全生育期。作物生育期的长短，主要是由作物的遗传特性和所处的环境条件决定的。具体来讲，影响生育期长短的因素，一是品种，同一作物的生育期长短因品种而异，有早、中、晚熟之分；二是温度，一定的高温可加速生育过程，缩短生育期；三是光照，随作物对光周期的反应不同而异；四是栽培措施，栽培措施对生育期也有很大的影响。

（2）作物器官的建成。

①种子萌发：农业生产上的种子含义很广，即作物学所说的种子是泛指用于播种繁殖下一代的播种材料。种子发芽首先决定于自身是否具有发芽能力即生理条件，包括种子的休眠、种子的新陈度、种子的饱满度等。其次是外界条件，包括水分、温度和空气。

②根的生长：作物的根系由初生根、次生根和不定根生长演变而成。作物根系可分为两类，一类是单子叶作物的根，属须根系；另一类是双子叶作物的根，属直根系。影响根系生长的条件包括土壤阻力、土壤水分、土壤养分、土壤氧气、土壤温度。

③茎的生长：单子叶作物的茎，主要靠每个节间基部的居间分生组织的细胞进行分裂和伸长。双子叶作物的茎，主要靠茎尖顶端分生组织的细胞分裂和伸长。影响茎、枝（分蘖）生长的因素包括种植密度、肥料和品种。

④叶的生长：叶起源于茎尖基部的叶原基，在茎尖分化成生殖器官前，可不断分化出叶原基。叶片是作物进行光合作用的最主要器官和蒸腾作用的主要器官（降温、吸收养分、运输动力），且具有直接吸收水分和无机盐溶液的功能。

（3）作物的产量及品质。作物产量是指种植作物在单位土地面积上获得有价值的农产品的数量。通常把作物产量分为生物产量和经济产量。一般情况下，作物的经济产量是生物产量的一部分（生物产量包括经济产量），生物产量是经济产量的基础（经济产量的形成是以生物产量为基础）。没有高的生物产量，也就不可能有高的经济产量，但是有了高的生物产量不等于有了高的经济产量。

作物产量按单位土地面积上的产品数量计算，构成产量的因素是单位面积上的株数和单株产量，即：产量=单株产量×单位面积的株数。作物种类不同，细分其构成产量的因素也有所不同，主要表现在单株产量构成上的差别。

影响产量形成的因素：①内在因素：品种特性如产量性状、耐肥、抗逆性等生长发育特性及幼苗素质、受精结实率等均影响产量形成过程。②环境因素：土壤、温度、光线、肥料、水分、空气、病虫草害的影响较大。③栽培措施：种植密度、群体结构、种植制度、田间管理措施，在某种程度上是取得群体高产优质的主要调控手段。

作物产品的品质是指产品的质量，即其利用质量和经济价值，作物产品依据其对人类的用途可划分为两类：一类是作为人类的食物，另一类是作为工业原料。影响作物品质的因素包括：①遗传因素：作物品质性状受基因控制，因此，不同作物的品质不同。②生态因素：作物品质性状在遗传上一般都是数量性状，容易受环境影响。③栽培措施：种植密度、施肥、灌溉、收获。

5. 作物栽培制度

作物栽培制度是指一个地区或生产单位的作物组成、配置、熟制与种植方式的综合。种植制度是耕作制度的中心环节。它主要解决种什么、种多少、种哪里、怎么种的问题。其基本内容包括作物布局、复种、间混套作及轮作与连作等（胡立勇和丁艳锋，2019）。

（1）作物布局。

①合理作物布局的原则：一是根据社会对农产品的需求，合理布局。社会需求是作物布局的前提。二是根据作物生态适应性合理布局。作物生态适应是作物布局的基础。作物生态适应性是指作物本身生物学特性及其对生态环境条件的要求与当地实际生态环境条件相适应的程度。三是根据自然条件和社会经济技术条件，合理布局。自然条件和社会经济技术条件，是作物布局的重要条件。四是注重经济效益，是作物布局的主要目标和基本要求。良好的经济效益是作物布局主要目标之一，不讲经济效益的农业生产或耕作制度难以久存。五是作物布局是综合因素所决定的，一是从作物布局的内容看，丰富多样；二是从影响作物布局的因素看，影响因素多，而且很复杂；三是从作物布局的目标看，是多目标性。

②作物的生态适应性：作物的生态适应性是指农作物的生物学特性及其对生态条件的要求与当地实际外界环境相适应的程度。作物的生态适应性是对物种遗传变异长期自然选择与人工选择的结果，是作物生长的一种遗传习性。作物的生态适应性主要包括4个方面：一是作物对温度的生态适应性，分为喜温作物和喜凉作物；二是作物对光照的生态适应性，分为日照长短适应性、光照强度适应性；三是作物对水分的生态适应性，分为喜水耐涝型、喜温湿润型、怕旱怕涝型、耐旱怕涝型和耐旱耐涝型；四是作物对土壤的生态适应性，分为对土壤肥力的适应性、对土壤质地的适应性、对土壤酸碱度

及含盐量的适应性。

③作物布局的一般步骤：

一是明确社会对农产品的需求：自给性需要、商品性需要、产品消费量、产品价格、不同产品的消费群体。

二是查清环境条件：自然条件（气候、土壤、地形地貌）、社会经济条件（资金、能源、劳力、机械、市场、农业基础设施、农民素质等）。

三是了解作物生态适应性：作物对气候、土壤等生态适应性。

四是确定作物适宜种植区：最适宜区、适宜区、次适宜区、不适宜区。

五是确定作物生产基地和商品基地：按照资源禀赋和市场条件优势进行基地划分。

六是确定作物类型、品种、种植面积比例：按照种植业结构调整的战略要求划分。

七是确定作物种植田块：按照不同作物的土壤、气候等适应性进行分类。

八是可行性鉴定：从技术、经济、工程等角度对作物布局项目进行调查研究和分析比较，并对项目建成以后可能取得的经济效益和社会环境影响进行科学预测。

（2）复种。复种是指一年内在同一块田地上收获两季或两季以上作物的种植方式。复种指数是指一个生产单位全年内收获的作物面积与其耕地总面积的百分比。一年内种植作物的季数称为熟制度，如一年两熟、一年三熟。复种有利于扩大播种面积和提高单位面积年产量；可以缓和作物争地矛盾；提高抗灾能力、有利于稳产。复种的条件：热量条件是首要条件，因为任何作物生长都需要一定的积温；水分条件有降雨、灌溉和地下水；肥料条件有种类、肥效；劳畜力及机械化条件。

（3）间混套作。间作是将两种或两种以上生育季节相近的作物在同一块田地上同时或同季节成行或成带地相间种植方式。间作与单作相比，是人工复合群体，个体间既有种内关系，又有种间关系。混作是指在同一块田地上，同时或同季在田间缺乏规则排列地种植两种或两种以上作物的种植方式。间作与混作相比，作物共生期长短不同、作物种植排列规则不同。套作是指同一块田地上于前季作物的生育后期在其株行间播种或移栽后一季作物的种植方式。

间混套作效益原理：一是立体而充分利用空间，提高种植密度，增加叶面积，提高光能利用率。二是立体而合理地利用土壤养分和水分。三是扩大边行优势。四是增加抗逆能力，稳产保收。五是充分利用生长季节，延长光合时间。

间套作的技术要点：①选择适宜的作物种类和品种进行搭配。一高一矮、一瘦一肥、一尖一圆、一深一浅、一长一短。②建立合理的田间配置。田间结构配置包括密度、行比、株行距以及幅宽、间距、带宽等。③作物生长发育调控技术（采取相应的栽培措施，减少竞争），适时播种、保证全苗；加强肥水管理；早熟早收。

（4）轮作与连作。轮作是在同一块田地上，有顺序地轮换种植不同作物或轮换不同的复种方式的种植方法。轮作的作用体现在4个方面：轮作能均衡地利用土壤养分；轮作可以改善土壤理化性状，调节土壤肥力；轮作能减轻病虫为害；轮作能减少田间杂草为害。

连作是在同一块田地上，连续或连年种植同一种作物或同一种复种方式的种植方法。连作在农业生产上长期存在的原因：一是可以多种植适宜本地的作物，满足社会需求，获得较高利益；二是作物单一，农民易掌握技术，有利于专业化、商品化生产；三是作物对连作的反应不同，水稻、玉米、麦类、甘蔗等主要作物较耐连作，连作容易引起病虫草为害、养分匮缺、有毒物质积累等最终导致减产。

6. 作物栽培技术措施

作物栽培技术包括整地、播种、施肥、灌溉、排水、病虫草害防治和收获等综合农业技术措施，主要是因地、因时、因种制宜为作物生长发育创造适宜的环境条件，改善和调控作物与环境条件的关系，达到高产、优质、低耗的目的。

（三）蔬菜栽培学

1. 基本概念

蔬菜是指一、二年生及多年生草本植物，具有多汁器官，作为副食品；

还包括一些鲜生的木本植物、食用菌、藻类、蕨类和某些调味品等。蔬菜的食用器官多样，营养丰富，含水量大，不耐储运。蔬菜对人体的作用：蔬菜是维生素的主要来源；是矿物质的来源；是膳食纤维的主要来源；是热能的来源；蔬菜中还含有各种挥发性的芳香物质及有机酸，使蔬菜具有各种特殊的风味，刺激食物或成为佐餐佳品。蔬菜生产方式：一是根据生长环境分为露地栽培和保护地栽培；二是根据用途分为自给性栽培、商业性专业栽培、加工栽培、种子栽培、促成栽培及季节性栽培。

2. 蔬菜分类

（1）植物学分类。以植物形态学、解剖学、细胞学的理论为依据，按照界（regnum）、门（division）、纲（classis）、目（order）、科（family）、属（genus）、种（species）分类。目前，我国蔬菜涉及1界、4门、32科、200多种（亚种、变种）。

（2）食用器官分类。按照食用部分的器官形态，把食用器官相同的蔬菜分为一类，共六大类：根、茎、叶、花、果，而不管它们在分类学上及栽培学上的关系。这里指种子植物，不包括食用菌等特殊种类。①根菜类：直根类、块根类；②茎菜类：肉质茎类、嫩茎类、块茎类、根茎类、球茎类；③叶菜类：普通叶菜类、结球叶菜类、香辛叶菜类、鳞茎类；④花菜类：花器类、花枝类；⑤果菜类：瓠果类、浆果类、荚果类、杂果类；⑥子实体类。

（3）农业生物学分类。综合了以上两种分类法的优缺点，把生物学特性和栽培技术基本相似的蔬菜归为一类，这种方法比较适合生产的要求，此法把蔬菜分成十二大类：①白菜类（小白菜、大白菜、叶用芥菜、甘蓝类）；②根菜类（萝卜、四季萝卜、根用芥菜）；③茄果类（番茄、茄子、辣椒）；④瓜类（黄瓜、冬瓜）；⑤豆类（豇豆、菜豆、毛豆、蚕豆、豌豆）；⑥葱蒜类（洋葱、大葱、大蒜、韭菜）；⑦薯芋类（马铃薯、姜、芋、山药）；⑧绿叶菜类（芹菜、芫荽、苋菜、菠菜、莴苣）；⑨水生蔬菜（莲藕、茭白、荸荠）；⑩多年生蔬菜（金针菜、石刁柏、香椿、竹笋）；⑪食用菌类（草菇、香菇、金针菇、竹荪、猴头、木耳、银耳等）；⑫芽苗菜类（黄豆芽、绿豆芽、豌豆苗、苜蓿芽等）。

3. 蔬菜生长发育与环境条件

（1）蔬菜对温度的要求。蔬菜的生长发育受温度的影响最敏感，每种蔬菜生长发育对温度的要求不同，都有温度的"三基点"，即最低温度、最适温度和最高温度，超出了最高、最低范围，生理活动就会停止，甚至死亡。根据蔬菜种类对温度的要求可分为5类：①耐寒多年生宿根蔬菜，如黄花菜、韭菜等；②耐寒蔬菜，如菠菜、大蒜等；③半耐寒蔬菜，如萝卜、芹菜、豌豆、白菜等；④喜温蔬菜，如黄瓜、番茄、茄子、辣椒等；⑤耐热蔬菜，如冬瓜、南瓜、苦瓜等。

低温春化作用是指低温对蔬菜发育所引起的诱导作用，要求低温促进发育的一般是二年生蔬菜，如根茎类、白菜类、葱蒜类等。它们要经过一段低温过程才能开花结籽。蔬菜通过春化时期不同，大致可分为种子感应型和绿体感应型两种。蔬菜的生长发育都有适应的温度范围，过高、过低都会对蔬菜产生伤害，严重者可致死，如日灼、冻害等，都是高、低温所造成的伤害。对低温采用保护地栽培，选用耐寒品种，加强抗寒锻炼；对高温选用抗高温品种，或采用搭荫棚、遮阳网覆盖等措施。

（2）蔬菜对光照的要求。光照是蔬菜植物进行光合作用的必需条件，不论是光的强度、光的组成及光照时间的长短，对于生长发育都是重要的。

蔬菜种类不同对光照强度的要求也不同，一般分为3类：①强光蔬菜，要求强的光照，才能生长良好，如西瓜、甜瓜、南瓜等；②中等光强蔬菜，仅要求中等强度的光照，如白菜类、葱蒜类等；③弱光性蔬菜，在较弱的光照条件下生长，如菠菜、芹菜、生姜等。

日照强度对蔬菜发育有显著影响，通常把蔬菜对光照的时数反映分为3类：①长日照蔬菜，大于14小时的日照条件下能促进开花结实；②短日照蔬菜，在短于14小时的日照条件下能促进开花结实；③中光性蔬菜，对日照长短要求不严格，在较长或较短的日照下，都能开花结实。

（3）蔬菜对水分的要求。蔬菜产品含水量在90%以上，干物质占不到10%，水是蔬菜植株体内的重要成分，同时水又是体内新陈代谢的溶剂，没有水，一切生命活动都将停止。蔬菜对水的要求依不同种类、不同生育期而异。蔬菜不同生育期对水分的要求：①种子发芽期，要求一定的土壤湿度，利于种子萌发和胚轴伸长；②幼苗期，移栽后要浇水压蔸，保持土壤湿润；

③营养生长盛期和养分积累期，要求土壤含水量达80%～85%，及时满足水分要求，保证植株旺盛生长；④开花期，对土壤水分要求严格；⑤种子成熟期，要求气候干燥，潮湿多雨会有影响。

（4）蔬菜对气体的要求。蔬菜植物进行呼吸作用必须有氧的参与。大气中的氧完全能够满足植株地上部的要求，但土壤中的氧依土壤结构状况、土壤含水量多少而发生变化，进而影响植株地下部，即根系的生长发育。如土壤松散、氧气充足，根系生长良好，侧根和根毛多；如土壤渍水板结、氧气不足，致使种子霉烂或烂根死苗。因此，在栽培上应及时中耕、培土、排水防涝，以改善土壤中氧气状况。

植物光合作用的主要原料之一是二氧化碳。植株地上部的干重中，有45%是碳素，这些碳素都是通过光合作用从大气中取得的。大气中二氧化碳的含量为0.03%，这个浓度远不能满足光合作用的最大要求。在生产上要想方设法增加作物群体内二氧化碳的浓度来增加光合作用强度，进而提高产量。现在蔬菜生产中主要是增施有机肥和加强中耕来增加植物周围空气中的二氧化碳浓度。蔬菜生长期会受到有毒气体的毒害，包括二氧化硫、氯气、乙烯、氨气等。因此，生产中要合理施用化肥、农药，以免产生有毒有害气体。

（5）蔬菜对土壤与营养的要求。

①土壤质地：土壤质地的好坏与蔬菜栽培、成熟性、抗逆性和产量有密切关系。沙壤土排水良好，但保水、保肥能力差，有效矿质营养少，植株易早衰。壤土保水保肥能力较好，有机质丰富，是栽培一般蔬菜最理想的土壤。黏壤土保水保肥能力强，养分丰富，但排水不良，植株发育迟缓。

②土壤溶液浓度与酸碱度：土壤溶液浓度与土壤组成密切相关。含有机质丰富的土壤吸收能力强，土壤溶液浓度低，沙质土恰好相反。施肥时要根据蔬菜种类、生长期、土质及含水量，确定施肥次数、施肥量，避免造成土壤溶液浓度高于植株体内细胞溶液浓度，因反渗透现象致使植物萎蔫死亡。

③不同蔬菜对营养的要求：蔬菜最需的营养元素也是氮、磷、钾，其次为钙、镁、硫、铁等元素，微量元素也需要。不同蔬菜种类对氮、磷、钾三要素的要求是有差别的。叶菜类中的小型叶菜，整个生育期需较多的氮肥；根茎类幼苗期需氮较多，磷、钾较少；果菜类幼苗期需氮较高，磷、钾吸

收少。

4. 蔬菜栽培基本技术

（1）蔬菜种植园的建设。种植园的选择主要依据气候、土壤、水源和社会因素，其中气候为优先考虑的重要条件。种植园的选择必须以较大范围的生态区划为依据，选择园艺植物最适宜生长的气候区域。种植园选择的基本原则：交通便利、接近水源、土壤肥沃、避免"三废"污染。蔬菜种植园防护林规划为蔬菜种植园创造良好的生态环境，需要建设紧密型防护林、疏透型防护林。蔬菜种植园排灌系统规划要建设排灌工程，生产上设计明渠排水，有条件可设计暗渠排水；灌溉系统依据灌溉方式（移动喷灌、固定喷灌、滴灌等）设计相应供水主管道。

（2）土壤耕作与作畦。蔬菜种植园耕作的基本任务包括耕翻、耙地、耢地、镇压、起垄、作畦、中耕。主要作用是改善耕层土壤结构和地面状况，协调土壤中水、肥、气、热等因素，为播种出苗、根系生长创造有利条件。菜田耕作包括深耕、秋耕及春耕等。整地作畦的方式要根据当地的气候、土壤与栽培方式而定。地面覆盖可以抑制地表水分蒸发，控制杂草生长及其水分蒸腾，并可免除中耕。地面覆盖物有塑料薄膜、秸秆、稻草、沙石、牲畜粪便和地面增温剂等。

（3）种子、播种与育苗。

蔬菜种子有4类：一是植物学上的真种子，有性世代中所形成雌雄配子相结合后由胚珠发育成种子；二是属于果实的种子，由胚珠和子房以及花萼部分发育构成；三是营养器官，有鳞茎类大蒜、洋葱，根状茎类生姜、莲藕等；四是真菌的菌丝组织，有蘑菇、平菇、草菇、木耳等。种子在播种前要进行处理，处理主要目的是杀菌、防虫，利于出芽，增强幼苗抗性，主要包括晒种、消毒、浸种和催芽。

蔬菜育苗是指利用农用设施、设备及先进的农业技术，人为的创造适宜的环境条件，提前播种，培育出健壮的秧苗，在气候适宜时期再移栽到大田。从播种至定植之前的育苗过程，称为蔬菜育苗。蔬菜育苗的优点：有利于集中管理，培育壮苗；节省种子；节约土地，增加复种指数；减少病虫为害和自然灾害损失；延长生育期，提早成熟、增加早期产量和总产量；有利于蔬菜集约化生产。蔬菜育苗类型有火窑子育苗、酿热温床育苗、电热温床育苗、塑料大棚育苗、小拱棚冷床育苗。

5. 蔬菜施肥技术

（1）施肥时期。开花前、茎叶迅速生长期，是蔬菜作物最需要和最佳的施肥时期。这一时期根细、新根多、吸收能力强，故施肥的效果最好。果实膨大期（结球期）需肥量也较大。根据不同生育期的营养特点，前期需氮肥较多，而后期需磷、钾肥较多。早春或晚秋施基肥，一般施有机肥，在播种和定植前整地作畦时施入。生长期追肥，以速效肥为主，不要偏施氮肥，要配合施用磷肥和钾肥。

（2）施肥方式。①基肥是蔬菜播种或定植前结合整地施入的肥料，其特点是施用量大、肥效长，不但能为整个生育时期提供养分，还能为蔬菜创造良好的土壤条件。施肥方式主要包括撒施、沟施、穴施。②追肥是在蔬菜生长期间施用的肥料，是对基肥的有效补充。追肥以速效性化肥和充分腐熟的有机肥为主，施用量可根据基肥的多少、蔬菜种类和生长发育时期来确定。追肥方法有地下埋施、地面撒施、随水冲施和叶面喷肥。

（3）菜田灌溉。不同种类的蔬菜需水特性与其根系吸收能力与地上部蒸腾消耗多少有关。蔬菜灌水要考虑的因素有蔬菜的耐涝能力、蔬菜不同生育期的水分要求、土壤的水分状况及天气状况。传统的灌溉方法包括沟灌、畦灌和漫灌等几种形式。一是明水灌溉，投资小、易实施，适用于露地大面积蔬菜生产，但费工费水，主要包括：①喷壶洒水，一种传统方法，简单易行，便于掌握与控制；②沟灌或淹灌，省力、速度快、浪费水，不易控制；③漫灌，在田间不做任何沟埂，灌水时任其在地面漫流。二是暗水灌溉，主要包括：①渗灌，用带小孔的水管埋在地下10cm处，直接将水浇到根系内，耕地时再取出；②膜下暗灌，在地膜下开沟或铺设滴灌管进行灌溉，省水省力。

菜田排水系统由田间排水沟（包括暗管）网及其建筑物和接纳排水的容泄区（河流、湖泊、海洋）等组成，还包括抽水站建筑物。

6. 植物生长调节剂

植物生长调节剂的应用是在20世纪30年代发现生长素以后，陆续发现赤霉素、细胞分裂素、脱落酸和乙烯等，人们通称它们为植物激素。植物激素在植物体内含量极微，难以提取，价格高昂，所以只能用于科学研究。植物生长调节剂的作用主要体现在以下6个方面：一是控制休眠与萌发，抑制鳞茎的萌发，抑制马铃薯块茎萌芽，抑制根菜的萌芽，促进蔬菜种子萌发；二是调节生长，促进生长，防止徒长；三是控制瓜类性别；四是防止花器官脱落；五是控制抽薹开花；六是促进果实发育与成熟，形成无籽果实，促进果实成熟。

三、外部经济理论

（一）外部性理论起源

外部性理论是经济学中的重要理论之一，因为外部性不仅是新古典经济学的重要范畴，也是新制度经济学的重点研究对象。外部性思想最早可以追溯到经济学鼻祖——亚当·斯密在《国富论》中的观点，他认为自然的经济制度（即市场经济）不仅是好的，而且是出于天意的，因为在其中，每个人只想得到自己的利益，但是又好像被一只无形的手牵着去实现一种他根本无意要实现的目的。这可以看作外部性思想的萌芽。外部性（Externality）的概念源于马歇尔（Marshall）1890年发表的巨著《经济学原理》（Principles of Economics），其中厂商生产成本的研究方法为外部性问题的提出奠定了基础。庇古在1920年出版的《福利经济学》一书中首次从福利经济学的角度系统地研究外部性问题，认为外部性实际是边际私人成本与边际社会成本、边际私人收益与边际社会收益不一致，政府应采取适当经济手段来消除这种背离。庇古提出了庇古税（Pigouivaintax），即通过征税和补贴，促进边际私人成本与边际社会成本相一致，实现外部效应的内部化，经济学上称为庇古手段。科斯（Coase）于1937年和1960年分别发表《厂商的性质》和《社会成本问题》两篇论文，奠定科斯定理的研究基础。科斯定理对庇古理论进行批判性继承，发现了交易费用及其与产权安排的关系，提出通过确立产权以消除外部性的思想对解决环境问题具有重要意义。

任何生产经营活动都会对周围环境产生影响，这种影响就是外部性所要研究的问题。当生产或消费对其他人产生附带的成本或效益时，外部效应就发生了。外部经济是指一些人的生产或消费使另一些人受益而又无法向后者收费的现象。具体地说，外部经济效益是一个经济人的行为对另一个人的福利所产生的效果，而这种效果却并没有从货币或市场交易中反映出来。外部性问题可分为两类，其中能给外界或他人带来效益的，就是正的外部性；相反，若是给外界或他人造成损失的（或不利影响的），就是负的外部性。

（二）外部性的含义

外部性的经济学含义可以从以下两个方面去理解。

（1）外部性是指在没有市场交换的情况下，一个生产单位的生产行为（或消费者的消费行为）影响了其他生产单位（或消费者）的生产过程（或生活标准），如果：

$$F_i = f(X_i^1,\ X_i^2,\ X_i^3,\ \cdots,\ X_i^m,\ X_j^n),\ i \neq j$$

则可以说生产者（或消费者）j对生产者（或消费者）i存在外部影响。式中，F_i是生产者i的生产函数或消费者i的效用函数；X_i^m是生产者（或消费者）i的内部影响因素；X_j^n是生产者（或消费者）j对i施加的影响。

（2）外部性是指当某个企业的经济行为（或某人的消费行为），经过非价格手段，直接地、不可避免地影响了其他企业的生产（或其他人的效用），并且成为后者自己所不能加以控制的情况时，对前者来说就存在外部性问题。

外部性是指一个经济主体的行为对另一个经济主体的福利所产生的影响并没有通过市场价格反映出来。通俗地讲就是，当某经济主体在实现自身经济利益最大化的活动中对其他主体产生了影响，而他对这种影响既不付出补偿，也得不到好处时，就产生了外部性。外部性产生的实质是社会边际收益或社会边际成本与私人边际收益或私人边际成本之间存在着差异。当存在外部性时，人们在进行经济活动时所依据的价格，既不能准确地反映社会边际收益也不能准确地反映社会边际成本，由于价格信号失真，据此做出的经济活动决策会使社会资源配置发生扭曲，不能实现帕累托最优。因此，只要存在外部性，资源配置就不是有效的。外部性对私人收益与社会收益、私人成本与社会成本相比较，可以分为外部经济性和外部不经济性。外部经济性是指一种经济行为给外部造成的积极影响，使他人减少成本，增加收益。外部不经济性是指在经济活动中，由于决策者在自己承担的成本之外，带给他人或社会以额外的成本或负担，从而使社会成本大于私人成本的现象（王冰和杨虎涛，2002；陆静超和马放，2002）。

（三）农业技术的外部性

1. 技术的外部性内涵

外部性不仅存在于个体行为之间，也存在于群体行为之间；不仅存在于经济活动中，也存在于非经济活动中。技术作为人类活动的重要组成部分，技术的外部性也大量存在。参照外部性的定义，当一项技术活动对其他主体产生了影响，而该技术活动主体对这种影响既不付出补偿，也得不到好处时，就产生了技术的外部性。用数学语言可表述为：

$$F_A = f\left(X_{1A},\ X_{2A},\ X_{3A},\ \cdots,\ X_{nA},\ T_{mB}\right),\ A \neq B$$

式中，F_A 表示主体 A 的成本—收益函数；X_{1A}，X_{2A}，X_{3A}，$\cdots$，X_{nA} 表示主体 A 为了达到自身的目的进行的活动或动用的资源；T_{mB} 表示技术活动主体 B 对 A 所造成的影响，且 T_{mB} 不受 A 的控制，那么技术活动主体 B 的行为就对主体 A 产生了外部性。其中，B 是技术的外部性的实施者，A 是技术的外部性的承受者。

从根本上讲，技术的外部性也属于技术对人类社会的影响。首先，技术外部性存在的前提条件是人类社会的相关性。随着人类社会的不断进步，我们的生活世界已经被"技术"打上了深深的烙印。技术外部性的实施者和承受者是技术活动的两个主体。技术外部性的产生很大程度上带有一种"强制"性，即技术的外部性的承受者对技术的外部性存在一种预先的未知，是一种被动的承受。其次，技术的复杂性必然会导致技术的不确定性。技术的不确定性是技术的固有属性之一，它既包括技术活动过程的不确定性，也包括技术影响的不确定性，即技术的影响是一个潜在的历史过程。技术的这种不确定性会导致技术活动主体之外的其他主体对技术活动的信息不对称，甚至会导致技术活动主体自身对技术活动部分潜在信息的不可知，这样，技术的外部性就产生了。

2. 农业技术经济外部性特征

农业生产经营活动也是农业技术经济活动过程，具有明显的正外部性，主要原因在于农业是国民经济的基础，是人类的生存之源。农业的稳定和发展不仅给农业经营者和投资者带来利润，而且也给其他非农产业部门提供一个"稳定的基础环境"，如为人们提供生活必需的粮食和农产品，为工业提供生产原材料，为服务业提供良好的外部环境等。由于农业生产为各行各业提供的好处或福利，难以用货币进行准确衡量，也不可能通过一定的价值评估标准来向相关获利部门收取报酬（蒋满元，2005）。因此，由农业生产"外溢"到其他部门的福利，就产生了农业的正外部性。

韦苇等研究认为，农业技术经济的正外部性体现在两个方面：一是农业为人类提供具有直接使用价值的农林产品，其价值可以在市场交换中体现；二是农业生态系统在提供农林产品的同时完成生态系统的服务功能，如美化环境、调节气候、休闲娱乐等（韦苇和杨卫军，2004；王金霞等，2009；张旭东，2013）。农业所提供的生态服务价值（间接使用价值）及留给后代的选择价值和遗赠价值，惠及整个社会，而无须为此付出费用。因此，农业为社会各部门的发展带来额外收益，为国民经济发展做出重要贡献，具有正外部性特点。杨壬飞、王洪会等提出农业生产活动的负外部性现象，体现在不合理的农业耕作方式、农用化学品投入等带来的水资源污染、土壤结构破坏、生物多样性消失等环境问题（杨壬飞等，2003；王洪会和王彦，2012）。农业生产的经济外部性特征，使政府可以采取补贴经济政策，实现外部效应内部化，补偿行为者的损失。

3. 耕地质量保护与提升技术外部性

为了大力推动生态文明建设和农业绿色发展，构建支撑农业绿色发展的技术体系，2018年农业农村部发布《农业绿色发展技术导则（2018—2030年）》（以下简称《导则》）。《导则》中明确当前大力推广的耕地质量提升与保育技术包括机械化深松整地技术、保护性耕作技术、秸秆全量处理利用技术、大田作物生物培肥集成技术、生石灰改良酸性土壤技术、秸秆腐熟还田技术、沼渣沼液综合利用培肥技术、脱硫石膏改良碱土技术、机械化与暗管排碱技术、盐碱地渔农综合利用技术。本研究以作物秸秆还田技术和高效配方施肥技术为例，简述技术对农田生态系统产生直接或间接影响，其作用主要表现在降低环境负外部性和提升系统正外部性两个方面，见表4-8。

表4-8　典型耕地质量保护技术的外部性特征

技术类型	环境影响	
	负外部性↓	正外部性↑
作物秸秆还田技术	减少焚烧引起温室气体排放，抑制土壤中氮、磷、钾的淋溶损失，缓解地表水富营养化，减轻地下水污染。	蓄水保墒，保持水土，改善土壤结构，提高有机质与矿质营养水平，提高土壤微生物活性和功能多样性，提高作物产量。
高效配方施肥技术	减少化肥使用量，降低农田温室效应，减少化肥产生重金属污染，减轻氮肥淋失引起土壤盐渍化及地表水富营养化。	节约生长期能耗，改良土壤酸化性状，改善地表水质，提高农产品品质，提高作物产量，节约生产成本。

四、公共产品理论

（一）公共产品理论内涵

1. 公共产品理论起源

公共产品（Public goods）是西方经济学的基本理论之一，其渊源追溯到300多年前大卫·休谟的"搭便车"和亚当·斯密"守夜人"的思想（大卫·休谟，1983；亚当·斯密，1974）。瑞典学派代表林达尔1991年在《公平税收》一文中正式提出"公共产品"概念及"林达尔均衡"理论，使人们对公共产品的供给水平问题取得一致（萨缪尔森等，2004）。美国经济学家萨缪尔森进行开创性研究，1954年和1955年分别发表《公共支出的纯理论》《公共支出理论图解》两篇文章，不仅准确定义公共产品内涵，而且建立资源在公共产品与私人产品之间最佳配置的一般均衡模型，即"萨缪尔森条件"（Samuelson conditions）（顾笑然，2007）。随着计量分析方法应用于经济学研究"数理时代"的开启，理论、方法、模型的研究体系日趋成熟（沈小波，2008）。奥尔森在其著作《集体行动的逻辑》一书中认为任何物品，如果一个集团中的任何人都能够消费它，它又不能适当地排斥其他人对该产品的消费，该产品即为公共产品，显然奥尔森从个人选择行为分析作为出发点，根据各个集团中人们如何选择自己的行为给出公共产品的定义。此外，布坎南将人们的交换行为作为分析的基本对象，他在《民主财政论》一书中认为任何集团或社团因为任何原因通过集体组织提供的商品或服务，都将被定义为公共产品。他认为提供物品的行为取决于3种提供这种物品方式的成本，分别是纯个体行为提供的纯私人物品，私人自愿组织提供的物品，政府或集体组织提供的公共物品（葛四友，2003）。

2. 公共产品的特征与内涵

公共产品具有3个显著特征：效用不可分割性、消费非竞争性和受益非排他性。首先，效用不可分割性指公共产品是向整个社会提供的，具有共同受益或联合消费的特点。其效用为整个社会的成员共享，而不能将其分割为若干部分，分别归属于某些个人或厂商享用；或者不能按照谁付费、谁受益的原则，限定为之付款的个人或厂商享用。其次，消费非竞争性是指一旦公共产品被提供，增加一个人的消费不会减少其他任何消费者的受益；也不会增加社会成本，其新增消费者使用该产品的边际成本为零。最后，受益非排他性指的是公共产品出现不可能排除任何人对它的不付代价的消费。具体地说包括3层含义：一是任何人都不可能不让别人消费它，即从技术加以排除几乎不可能或排除成本很高；二是任何人自己都不得不消费它，即使有些人可能不情愿，但却无法加以拒绝；三是任何人都可以恰好消费相同的数量（周义程，2009）。其中，受益非排他性很难避免"公地的悲剧"和"搭便车"问题发生。根据西方经济学基本原理和外部性理论的"科斯定理"，主要解决途径是通过公共产品产权制度的变革，明晰环境资源的产权，实现资源的有效配置；同时，加强政府对公共产品的有效供给和公共管制（吕小荣等，2004）。

（二）农业绿色技术公共产品属性

农业绿色生产技术具有准公共产品属性，体现在其消费的局部竞争性和效用的可分割性两方面，即在有限的资金支撑和推广服务范围内，技术生产和消费的"拥挤程度"存在变化，可以消费技术的农户数量有限，每增加一个消费者的边际成本不为零，从而限制了技术在其他农户的消费。因此，"准公共技术"在推广实践中应采取市场机制与政府调节相结合的方式。农业绿色生产技术并不具有市场竞争力，因此技术持续推广在市场失灵和政策失灵下进入瓶颈期。

1. 从技术本身内因分析

（1）绿色技术使用成本偏高，新材料、新工艺、新设备及过多的物质或劳动力投入，增加了技术生产成本而降低了农民的生产利润，降低农民对新技术的应用率。（2）绿色技术应用是科技创新成果的重要体现，但相对复杂的操作流程和现代化管理方式，提高了农民应用技术的门槛和难度，同时降低了农民采纳新技术的意愿。（3）绿色技术对农业生态系统的影响是一个长期过程，技术产生的外溢效应在短期内难以体现，相比于传统生产技术，绿色技术的"性能—价格"比较低，因而不具有市场竞争力。

2. 从技术应用外因分析

（1）农户作为技术实际应用主体，主观上由于文化水平低，环保和产品质量意识不强，加之技术信息的不对称性，使其无法对新技术的有效性和经济合理性做出正确判断，客观上分散农户经营规模小，中青年劳动力匮乏，技术的购买能力不足，故从心理上不愿意采用绿色技术。（2）基层农技推广体系制度不完善，不能在技术推广中提供充足的资金、人员、信息等支持服务，是技术在农户层面推广应用的重要障碍。（3）农业绿色发展生态补偿制度建设处于探索阶段，特别是农业环保生产型补贴政策实施缺乏精准靶向，激励绿色产品供给者内生动力的政策体系仍需完善，导致农户参与环保生产积极性不高。

3. 准公共产品有效供给局部均衡分析

根据公共产品有效供给理论，公共产品供给达到帕累托最优的必要条件是每个个人对公共产品交付的价格（税）要等于公共产品生产的边际成本。由公共产品局部均衡的有效定价原则可知，个人价格总和等于边际成本，即$\sum P_i = MC$（P_i代表个人价格，MC代表边际成本）。公共产品的有效定价原则进一步说明，公共产品是不能靠市场来提供的，每个人对公共产品要求价格是由对公共产品边际价值的评估定价，而不是依赖市场的定价。同理，农业绿色技术具有准公共物品的属性，政府要通过补贴政策手段激励农户采纳技术，那么补贴标准的确定实际上是探讨准公共物品在局部均衡状态下的有效定价问题。依据公共产品有效定价原则，补贴标准不能由市场统一定价，由于每个农户对采纳绿色生产技术带来的边际价值（效用）都会有比较准确的评价，即农户技术采纳的受偿意愿，因此，理论上应该由农户受偿标准来确定技术采纳的补偿标准。

五、生态经济学原理

（一）生态资本理论

生态资本价值理论源于马克思劳动价值理论、效用价值理论、要素价值理论及供求价值理论等主要价值理论的认识。Krutilla（1967）首次将非使用价值（或存在价值）引入主流经济学，认为生态资本的非使用价值是独立于人们对它进行使用的价值，这部分价值要以备将来使用和遗传给后代人（Krutilla，1988）。美国学者梅纳德·胡弗斯密特（Maynard M. Hufschmidt）和约翰·狄克逊（John Dison）出版了代表作《环境、自然资源与开发：经济评价指南》，首次较为系统地阐述环境影响经济评价的理论和方法。皮尔斯于1993年在《世界无末日》中首先提出"生态资本"概念，最基本的特点是将自然资源纳入经济学研究的范围，从更高的层次与更广的角度去考察社会经济的运行与发展（Pearce，1996）。Costanza等（1997）13位科学家对全球生态系统的价值估价做了有益尝试，认为生态资本是在某个时间点上存在物质或信息存量，每种存量形式自主地或与其他存量形式一起产生一种服务流，这种服务流可以增进人类福祉，并对全球生态系统服务功能分17种类型赋值计算，奠定评估的方法和理论基础。

学界认为生态资本就是指人类花费在生态环境建设方面的开支所形成的资本，这种资本就实体形态来说，是自然资源的生态资本存量和人为改造过的生态环境的总称，它可以在未来特定的经济活动中给有关经济行为主体带来利润和收益（方大春，2009）。生态资本建立在自然资源和社会资源基础上，两者缺一不可。自然资源是生态环境质量的物质基础和载体，有了自然资源的基础，才具有生态服务功能。社会资源包括社会意识、观念、机制等，也是构成生态环境质量的要素，因此也属于生态资本。由此看来，生态资本的形成必须同时具备以下4个条件：一是具有资源禀赋特征，生态资本必须是生态环境质量的要素，决定环境的质量和变化；二是具有多功能性，要能够提供生产原材料、生态服务和满足人类精神需求的功能和服务；三是具有稀缺性，能够实现资本价值的转化和增值；四是具有生态产权，生态资本的投入是资本权益主体的投资行为，明晰生态资本的产权则是确定资本权益主体的关键（巩芳等，2009）。

（二）农业生态资本理论

农业生产依靠自然资源禀赋的天然特征决定了农业对自然资源的依赖程度远远高于其他产业。农业第一次将自然资源转化为可以被人类利用的物质和能源，自然资源是生态环境必要的物质载体，而生态环境又是农业生产的基础和源泉。因此，生态环境质量要素是农业生产中最基础、最原始的资本。农业生态资本是指在确保农产品安全、生态安全、资源安全以及提高农业经济效益基础上，在自然因素和人为投资双重作用下，依赖生态系统及其功能产生的农业生态资源和农业生态环境的总和。实际上，农业生态资本是通过自然因素和人为投资双重作用形成的资本，从这个意义上说，农业生态建设投入是生产型支出（严立冬等，2009）。

农业生态资本内涵的理解源于对农业经济系统特征的认识。农业经济系统是农业生态系统与社会经济系统相互融合的生态经济复合系统。农业生态系统向社会经济系统输出各种农产品及服务，以维持社会经济系统的正常运行；农业经济系统不断将劳力、资金、辅助能等输入生态系统，用以补充其消耗的能量、物资等。归纳相关研究成果，严立冬等（2010）研究认为，农业生态资本具有二重性，首先，农业生态资源及环境的自然属性，使其能够生产满足人类需要的农产品，农业生态系统本身具有使用价值和稀缺性，是一种资产；其次，农业生态资本在生态技术的运营下实现保值与增值，应用成本—效益分析理论将其价值内化到农产品和农业生态服务中，理论上可以通过计量功能的变化值来核算农业生态资本的价值。

（三）生态系统服务理论

生态系统服务功能的概念最早出现在20世纪60年代（Costanza et al，1989），生态系统服务功能及价值的研究经过演化和融合，发展成由经济学、生态学等多学科交叉研究的重要学术领域和最有活力的前沿阵地。20世纪90年代以来，以Costanza等对全球生态系统服务功能价值评估为基础，国外基于各种时空尺度的自然资源价值评价在生态系统服务、水资源价值、生产资本、生物多样性保护等领域展开（Pimentel et al.，1995）。生态系统服务（Ecosystem services）概括地说是指人类直接或间接从生态系统得到的利益，主要包括向经济社会系统输入有用物质的能量、接受和转化来自经济社会系统的废弃物，以及直接向人类社会成员提供服务（如洁净空气、清洁水源等）。生态系统服务可以划分为两大类型，一是生态系统产品服务功能，二是生命系统支持服务功能，具体内容见表4-9。

表4-9 生态系统服务功能类型及主要内容

生态系统产品服务功能	生命系统支持服务功能
生态系统产品：自然生态系统所产生的，能为人类带来直接利益的因子。 主要包括：食品、医用药品、加工原料、动力工具、欣赏景观、娱乐材料等。	生命支持系统：地球有机界、人类社会与无机自然界相互作用构成的维持生命的体系。 主要包括：二氧化碳稳定大气、调节气候、对干扰的缓冲、水文调节、水资源供应、土壤熟化、营养元素循环、废弃物处理、传授花粉、生物控制、提供生境、食物生产、原材料供应、休闲娱乐场所等。

资料来源：中国科学院可持续发展战略研究组. 2013中国可持续发展战略报告：未来10年的生态文明之路[M]. 北京：科学出版社，2013.

从经济和社会的角度来看，生命支持系统功能具有如下3个特点。

（1）外部经济效益明显。无论是森林生态系统、水资源生态系统或农业生态系统，大量的理论和实践均已证明，生态系统服务的价值主要表现在其作为生命支持系统的外部价值上，而不是表现在作为生产的内部经济价值上。以生态系统提供的休闲娱乐功能为例，其外部性体现在3个方面：①产品服务功能带来的社会保障方面的价值；②生态服务功能带来的环境改善方面的价值；③旅游服务功能带来的休闲游憩方面的价值。其中，生态服务功能价值和旅游服务功能价值是正外部性的主要部分。

（2）具有公共产品属性。生态系统服务最突出的特征就是不通过市场交换就能够提供公共商品，因此，具有公共产品的3个显著特征，即效用不可分割性、消费非竞争性和受益非排他性。生态系统在许多方面为公众提供了至关重要的生命支持系统服务，如涵养水源、保护土壤、提供游憩、防风固沙、净化大气和保护野生物等。因此，生态系统的生命支持系统服务是一种重要的公共商品。

（3）不属于市场行为。只有私有商品可以进入市场进行交换，具有明确的市场价值，但公共产品没有市场交换，也没有市场价值，任何消费者不愿意独自负担公共产品的费用而让别人共同消费。公共产品受益的非排他性很难避免"公地的悲剧"和"搭便车"问题的发生。特别是与其他公共产品相比，生态系统提供的生命支持服务不仅关系国计民生，更是人类生存和发展不可或缺的要素。如果对生态产品的供需市场不加以引导和规范，任由利益驱使，则贫富差距造成的供给失衡，极易引发社会问题（中国科学院可持续发展战略研究组，2013）。

（四）生态价值理论

生态价值是一种区别于劳动价值的价值系统，大致包括自然资源价值和生态环境价值两个方面。其联系表现为很多直接构成要素的自然资源必须同时具备一定的生态环境质量；其区别在于生态环境价值具有空间不可移性和整体作用性以及一定地域的消费者共享性等质的规定性（司金銮，1996）。"生态价值"主要包括3个方面的含义：①地球上任何生物个体，在生存竞争中都不仅实现着自身的生存利益，而且也创造着其他物种和生命个体的生存条件，任何一个生物物种和个体，对其他物种和个体的生存都具有积极的意义（价值）。②地球上的任何一个物种及其个体的存在，对地球整个生态系统的稳定和平衡都发挥着作用，这是生态价值的另一种体现。③自然界系统整体的稳定平衡是人类存在（生存）的必要条件，因而对人类的生存具有"环境价值"（黄克谦等，2019）。

生态价值理论的提出不仅使价值体系得到充实，而且为建立自然资源与生态环境使用的代价系统，制定环境与发展政策，维护生态平衡提供科学依据。第一，它为实现人类生态需要的不断满足提供理论指导。第二，它为人类发展统计体系提供方法论依据。人类社会整体推进应有一个完整的统计指标体系，只有抓住生态价值这一概念，建立"生产、生活、生态"指标体系，才能为人类社会的生态发展提供技术支撑。第三，它为人类进入"有组织增长"提供整体性协同发展观。第四，它为探索生态产品价值的实现路径提供了理论依据。目前，生态产品的价值主要通过"两只手"来实现：一是政府"有形的手"，二是市场"无形的手"。政府采取的途径主要包括政府的生态建设财政支出、生态补偿转移支付和政府购买3种形式。市场途径是要在产权明晰的基础上，建立生态产品市场交易机制，以实现生态产品外部性的内部化（张英等，2016；刘尧飞和沈杰，2019）。

尽管生态系统服务和自然资本对人类的总价值是无限大的，但是在目前经济社会发展水平上，人们不得不经常在维护自然资本和增加人造资本之间进行取舍，在各种生态系统服务和自然资本的数量和质量组合之间进行选择，在不同的维护和激励政策措施之间进行比较。这种选择和比较的过程，也就是生态系统服务价值的评价过程。系统梳理国内外生态系统服务价值评估方法的研究文献，目前常用的经济学价值评估方法有直接市场价值评估、间接市场价值评估及假想市场价值评估（Hanley & Ruffell，1993；Robinson et al.，2013）。比较三类生态经济学评估方法可知（表4-10），直接市场价值评估法和间接市场价值评估法是国内农业领域生态价值评估常用方法，意愿价值评估方法已成为国外非市场价值评估广泛使用的方法，但在我国农业补偿领域的应用还较少（赵军和杨凯，2007）。

表4-10　常用生态系统服务价值评估方法比较

评估方法	常见类型	适用范围
直接市场价值评估法	市场价值法 影子价格法 替代工程法 机会成本法	用于传统市场上有价格的生态服务或直接受生态环境变化影响的商品，主要针对生态系统提供能源和物质等实物性资源的服务功能评估。
间接市场价值评估法	替代成本法 旅行费用法 享乐价值法	用于没有直接市场价格信息，借助市场上其他商品信息等间接措施获知，用来评估对生态系统服务的支付意愿或舍弃服务的补偿意愿。
假想市场价值评估法	意愿价值评估法	用于缺乏真实市场数据，依靠假想市场引导消费者获得对生态服务的陈述性偏好，从而评估环境物品或生态服务的价值。

六、绿色发展理论

（一）绿色发展理念

2015年10月26—29日在北京召开的中国共产党第十八届中央委员会第五次全体会议上，习近平总书记提出"创新、协调、绿色、开放、共享"五大发展理念，首次将绿色发展作为关系我国发展全局的一个重要理念。习近平总书记绿色发展理念的理论价值体现在两个方面：一是继承和发展了马克思主义生态理论。绿色发展理念是以我国发展实践为基础提出的，是马克思主义中国化的最新理论成果，是社会主义生态文明建设的重要组成部分，是对马克思主义的进一步发展。二是丰富和提升中国特色社会主义理论。绿色发展理念是对中国特色社会主义理论的完善与发展，中国特色社会主义理论在不同阶段有不同的成果，这些理论成果之间是一脉相承的（人民出版社，2015）。

1. 绿色发展理念的内涵

绿色发展理念以人与自然和谐为价值取向，以绿色低碳循环为主要原则，以生态文明建设为基本抓手。绿色发展是在传统发展基础上的一种模式创新，是建立在生态环境容量和资源承载力的约束条件下，将环境保护作为实现可持续发展重要支柱的一种新型发展模式。具体来说包括以下几个要点：一是要将环境资源作为社会经济发展的内在要素；二是要把实现经济、社会和环境的可持续发展作为绿色发展的目标；三是要把经济活动过程和结果的"绿色化""生态化"作为绿色发展的主要内容和途径（李明悦和刘大勇，2019）。

2. 绿色发展理念实践途径

绿色发展理念的实践路径主要体现在以下4个方面：一是提升全民绿色发展意识。树立公民的绿色发展意识，提高公民参与绿色发展实践的意识；加强绿色发展宣传教育工作，运用各种方式宣传绿色发展理念。二是完善生态文明制度体系建设。健全生态法律法规体系，制定相应环境保护法律法规；完善生态环境保护管理制度，包括监管制度、污染防治和生态修复的发展机制，建立并完善生态保护机构。三是加大绿色科技创新投入。加大科研的发展力度，加大人才培养力度，吸引更多的创新人才，促进绿色科技的发展。四是能源资源利用效率。推进生产方式绿色化，从产品原料选择可再生材料，到生产过程使用清洁能源，到最后包装采用绿色材料，均要按照绿色生产标准进行；提倡绿色生活方式，一方面要鼓励低碳生活方式，引领广大群众节约资源；另一方面要培养绿色消费方式，反对过度消费及一切不合理消费行为（人民出版社，2015）。

3. 绿色农业发展科学内涵

习近平总书记在党的十九大报告中指出，要"推动新型工业化、信息化、城镇化、农业现代化同步发展"，走"四化"同步发展道路，是全面建设中国特色社会主义现代化国家、实现中华民族伟大复兴的必然要求。扎实推进"四化"同步发展，农业仍然是最薄弱的环节，要补齐农业现代化的"短腿"，以《乡村振兴战略规划（2018—2022年）》为引领，坚持人与自然和谐共生，走乡村绿色发展之路。绿色农业实质上是一场农业创新、农业技术革命，是绿色发展和生态文明建设新时代的重要发展模式（黄雨，2017）。深入剖析绿色农业的发展内涵，主攻方向包括以下4个方面。

一是以农业生态系统的维护和保育为基础，保障国土生态空间安全。生态安全格局是维护生态过程的安全和健康的关键性格局，即空间意义上的生态底线（生态红线）。在农村城镇化和工业化快速发展过程中，生态过程总是处于劣势，因此，避免农业生态空间被工业化过程侵噬至关重要。加强重要生态区域、主要生态廊道、关键节点的生态基础设施建设，使国土空间生态系统"通经络、强筋骨"，充分发挥系统的整体功能。在快速推进农业产业化过程中，划定生态底线，保证农村区域的生态空间安全也就保住了农业发展的生命线。

二是以农业资源减量化和高效利用为宗旨，确保农业的可持续发展。资源环境约束趋紧依然是现代农业发展亟待破解的难点问题。在绿色发展成为国家战略的宏观背景下，农业经济增长方式面临着由资源消耗型向资源节约型、由传统单一生产型向绿色集约高效型转变。探索区域特色循环农业模式，实现农业可持续发展，一是把农业经济活动纳入自然生态体系整体考虑，强调资源利用效率和自然生态体系平衡；二是按照"投入品→产出品→

废弃物→再生产→新产品"的反馈式流程组织生产，实现资源利用最大化和废弃物排放的最小化。

三是以农业面源污染的防控和治理为途径，推进技术的生态化转型。农业是国民经济的基础，是人类的衣食之源和生存之本。农业现代化发展进程中，全国各地的生产因农药、化肥不合理使用、畜禽粪便排放、农田废弃物处置等，造成大气—水体—土壤—生物的农业立体污染问题。要打好农业面源污染治理攻坚战，在技术层面上应推进农业技术的生态化转型，加强生态技术在农民中的普及，注重有机肥料替代化肥，生物防治替代化学农药，理顺动植物、微生物与环境之间的关系，有效避免或降低化肥和农药对土壤、水源及大气环境的破坏与污染，建设资源、环境、经济效率与生态效益兼顾的可持续发展的复合农业系统。

四是以健康安全生态产品供应为最终目标，实现乡村经济绿色发展。当前，农业和农村经济增速放缓与农民增收渠道变窄的根本原因是农产品质量安全风险隐患仍然存在，农兽药残留超标和产地环境污染问题在个别地区、品种和时段还比较突出。为保证健康安全生态产品的充足供应，应遴选推广绿色环保、节本高效的重大关键共性技术，支持规模种养企业、专业化公司、农民合作社等建设运营农业废弃物处理和资源化设施，探索建立农业绿色发展指标体系，建立有效的激励约束机制，为各地乡村经济绿色发展保驾护航（中共中央和国务院，2018）。

（二）绿色农业发展重大行动

农业部于2017年实施农业绿色发展五大行动。

一是畜禽粪污资源化利用行动。农业部认真贯彻落实习近平总书记重要指示精神，坚持政府支持、企业主体、市场化运作方针，以畜牧大县和规模养殖场为重点，以就地就近用于农村能源和农用有机肥为主要使用方向，按照一年试点、两年铺开、三年大见成效、五年全面完成的目标。首批选择100个畜牧大县整县开展试点，出台规模养殖场废弃物强制性资源化处理制度，严格环境准入，加强过程监管，落实地方责任。力争"十三五"时期，基本解决大规模畜禽养殖场粪污处理和资源化问题。

二是果菜茶有机肥替代化肥行动。大力推进秸秆还田、增施有机肥，测土配方施肥进村入户到田，成效明显。2016年，全国农用化肥自改革开放以来首次接近零增长。考虑到水果、蔬菜、茶叶等园艺作物化肥用量大，约占总用量的40%，农业部启动实施果菜茶有机肥替代化肥行动，在苹果、柑橘、设施蔬菜、茶叶优势产区，选取100个县开展试点示范，实现种养结合、循环发展。力争到2020年，果菜茶优势产区化肥用量减少20%以上，果菜茶核心产区和知名品牌生产基地（园区）化肥用量减少50%以上。

三是东北地区秸秆处理行动。东北地区秸秆总量大，处理办法少，利用率仅为67%，比全国低13个百分点。要大力推进秸秆肥料化、饲料化、燃料化、原料化、基料化利用，加快建立产业化利用机制，不断提升秸秆综合利用水平。2017年，在东北地区60个玉米主产县开展试点，推动出台秸秆还田、收储运、加工利用等补贴政策，探索可复制、可推广的综合利用模式。力争到2020年，东北地区秸秆综合利用率达到80%以上，露天焚烧基本杜绝。

四是农膜回收行动。农膜是第四大农业生产资料。随着使用数量的增加，大量残膜造成了"白色污染"，特别是西北地区用膜量大，治理任务重。要推进加厚地膜使用，落实"以旧换新"补贴政策，建立完善的回收利用体系，推进机械化捡拾。2017年，以甘肃、新疆、内蒙古等为重点区域，以棉花、玉米、马铃薯为重点作物，开展试点示范，整县推进，综合治理，率先实现农膜基本资源化利用。力争到2020年农膜回收利用率达80%以上，有效控制农田"白色污染"。

五是以长江为重点的水生生物保护行动。习近平总书记强调，要把修复长江生态环境摆在压倒性位置，共抓大保护、不搞大开发。为推进以长江为重点的水生生物保护指明了方向。要继续强化休渔禁渔、"绝户网"和涉渔"三无船舶"清理整治，修复沿江近海渔业生态环境。从2017年开始，率先在长江流域水生生物保护区实行全面禁捕，逐步实现长江干流和重要支流全面禁捕，在通江湖泊和其他重要水域实行限额捕捞制度。力争到2020年有效遏制长江流域水生生物资源衰退、水域生态环境恶化和水生生物多样性下降趋势，长江流域水生生物资源得到恢复性增长，实现海洋捕捞总产量与渔业资源总承载力相协调（韩长赋，2017）。

七、生态文明建设理论

生态文明建设是关系人民福祉、关系民族未来的大计。党的十八大以来，党中央直面生态环境面临的严峻形势，高度重视社会主义生态文明建设，坚持绿色发展，把生态文明建设融入经济建设、政治建设、文化建设、社会建设、生态文明建设的"五位一体"建设总体布局，以及"四个全面"战略布局的重要内容。习近平总书记指出，走向生态文明新时代，建设美丽中国，是实现中华民族伟大复兴的中国梦的重要内容。这一重要论述表明，实现中国梦是中国各族人民的共同愿景，生态文明建设是中国梦不可或缺的重要组成部分。生态文明建设事关"两个一百年"奋斗目标的实现和中华民族永续发展，足见生态文明建设的重要作用。生态文明建设的重点任务包括形成绿色发展方式，解决突出环境问题，加大生态系统保护力度，深化生态环保体制机制改革，开展全民绿色行动，积极参与全球环境治理（中共中央文献研究室，2017）。

（一）生态文明思想渊源

生态文明思想的渊源于朴素的生态自然观、绿色的创新发展观、文明的社会历史观和全局的生态价值观（董德福和桑延海，2020）。

第一，朴素的生态自然观。习近平总书记指出，人因自然而生，人与自然是一种共生关系，对自然的伤害最终会伤及人类自身，自然界是人生存和发展的前提（中共中央文献研究室，2017）。人在自然之中不断地实现物质、精神和社会关系的生产，不断地实现自然的人化。不仅自然自身是一个生态系统，而且"自然—人—社会"是一个更大的生态系统。生态文明下的自然、人与社会是一种和谐共生的关系，而生态文明的理论主旨就是要实现自然、人与社会的和谐共生。

第二，绿色的创新发展观。习近平总书记强调"创新、协调、绿色、开放、共享"这五大发展理念相互贯通、相互促进，是一个具有内在联系的集合体。（中国共产党第十八届中央委员会，2015）。创新和协调是实现绿色发展的内在条件。只有创新，才能实现高质量发展，而创新必须要以清洁、高效、生态为导向，协调则保证发展秉持公平和正义的责任与担当。开放和共享是实现绿色发展的外部条件。生态环境是全人类的公共利益，国际社会应该携手共谋生态文明建设。

第三，文明的社会历史观。习近平总书记指出，生态兴则文明兴，生态衰则文明衰，生态环境是人类生存和发展的根基，生态环境变化直接影响文明的兴衰演替（习近平，2019）。自然生态是人类社会文明得以存在的基础，气候、地理环境等都是影响文明进程的因素。自然生态是生产关系存在的先决条件，是生产力发展的基础，生产力的发展不应仅依靠技术的进步、生产工具改进和生产关系调整，更应关注提高人的素质及保护好作为基础的自然生态。

第四，全局的生态价值观。人类社会、文明的进步从根本上体现为人的发展，人的发展又表现在物质文明与精神文明的创造，以及精神文明能够掌控物质文明。人类创造物质财富同时消耗过多自然财富导致严重的环境污染、生态破坏。"两山"理论深刻揭示了社会发展与生态保护和财富增长之间的相互关系，保护生态就是保护自然价值和增值生态资本的过程，保护环境就是保护经济社会发展潜力和后劲的过程，生态环境优势与经济发展优势相互转化、相互促进（杨莉和刘海燕，2019）。

（二）生态文明思想内涵

党的十八大以来，习近平总书记着重强调了生态文明建设的重要地位，系统梳理相关论述和摘编，生态文明思想的内涵体系包含"价值归一、目标专一、任务统一"3个层面，从理念内涵到行动实践构建完善的体系框架（任恒，2018）。

1. 价值归一

良好的生态环境是人类社会发展的基础。经济、社会、环境是国家发展前进的三驾马车，必须同时推进。经济是动力，在关注经济发展的同时，要实现社会、环境的同步协调发展，坚持保护环境与节约资源的基本国策。生态环境是人类生存与发展的基础，一旦环境遭到破坏，社会经济将陷入崩溃的边缘。因此，实现人类自然的和谐相处尤为重要，只有尊重自然、保护自然，采用绿色生产和生活方式，才能实现人—自然—社会的和谐相处，才能为国家稳步发展提供良好的氛围。

良好的生态环境是最公平的公共产品。干净的水资源、清洁的空气及肥沃的土壤等生态资源是涉及公民利益的特殊公共产品。这些来自自然的资源虽与生俱来，却并非取之不尽用之不竭。习近平总书记深刻指出，良好的生态环境是最公平的公共产品，是最普惠的民生福祉（中共中央文献研究室，2014）。生态环境问题产生初期没有得到有效控制，就容易产生系列连锁反应，造成生态系统的失衡。保护生态环境这一最公平的公共产品，不仅要向全社会倡导保护环境的环保理念，更需要政府从人民根本利益出发，采取切实有效的保护措施。

2. 目标专一

生态环境是生产力发展的助推器。自然生产力与社会生产力是相互转换关系。自然财富是原始状态下的自然生产力，物质财富是人类通过劳动向自然界索取创造的社会生产力。物质财富离开自然财富，就会成为无源之水、无本之木，正是自然生产力的"完整性和丰满度决定了生产力总体的容量、空间和潜力"。习近平总书记提出"绿水青山就是金山银山"的理念（中共中央宣传部，2016）。新时期，国家提出建设生态文明、建设美丽中国的战略任务，给子孙留下天蓝、地绿、水净的美好家园。"两山"理论科学说明了潜在的自然生产力和现实的社会生产力之间的相互转换过程，正确协调好两者之间的辩证关系，确立广义财富观并重建社会生产关系实现社会永续发展。

生态环境是民生福祉的重要基石。我国社会主要矛盾已经转化为人民日益增长的美好生活需要和不平衡、不充分的发展之间的矛盾。民生问题的重点已不再是解决人民的温饱问题，人民对生活质量和品质有了更高的要求，追求更加健康、绿色的生活方式与生存环境。然而，现实是自然资源及生态环境正遭到不可逆转的破坏和改变，这种过度的干预行为和影响作用已经威胁到民生安全。生态环境建设关乎人民的切身利益，关乎社会稳定和经济发展，更关乎民族长远发展，造福子孙后代（任恒，2018）。

3. 任务统一

关于生态文明建设的战略任务，十八大报告第八部分提出了"优、节、保、建"四大战略任务（胡锦涛，2012）。

一是优。优化国土空间开发格局。要按照人口资源环境相均衡、经济社会生态效益相统一的原则，控制开发强度，调整空间结构，促进生产空间集约高效、生活空间宜居适度、生态空间山清水秀，给自然留下更多修复空间，给农业留下更多良田，给子孙后代留下天蓝、地绿、水净的美好家园。

二是节。要节约集中利用资源，推动资源利用方式根本转变，加强全过程节约管理，大幅降低能源、水、土地消耗强度，提高利用效率和效益。加强水源地保护和用水总量管理，建设节水型社会。严守耕地保护红线，严格土地用途管制。加强矿产资源合理开发。发展循环经济，促进生产、流通、消费过程的减量化、再利用、资源化。

三是保。加大自然生态系统和环境保护力度。要实施重大生态修复工程，增强生态产品生产能力，推进荒漠化、石漠化、水土流失综合治理。加快水利建设，加强防灾减灾体系建设。坚持预防为主、综合治理，以解决损害群众健康突出环境问题为重点，强化水、大气、土壤等污染防治。

四是建。加强生态文明制度建设。要把资源消耗、环境损害、生态效益纳入经济社会发展评价体系，建立体现生态文明要求的目标体系、考核办法、奖惩机制。建立国土空间开发保护制度，完善最严格的耕地保护制度、水资源管理制度、环境保护制度。深化资源性产品价格和税费改革，建立反映市场供求和资源稀缺程度、体现生态价值和代际补偿的资源有偿使用制度和生态补偿制度。

（三）生态文明制度建设

加快生态文明制度体系建设，是建设美丽中国的必然抉择，是实现"两个一百年"奋斗目标和中华民族伟大复兴中国梦的客观需要，是坚持和完善中国特色社会主义制度的重要任务，意义重大而深远。加强生态文明制度体系建设，必须实行最严格的生态环境保护制度。要把最严格要求体现在生态文明从源头、过程到后果的全过程、各方面。一是注重源头严防，加强基础性、支柱性、总体性的制度体系；二是注重过程严控，加强约束性、管控性、治理性的制度体系；三是注重损害赔偿，加强补偿性的制度体系；四是注重后果严惩，加强评价性、激励性、惩处性的制度体系（许先春，2020）。

2015年9月11日中共中央政治局召开会议，审议通过了《生态文明体制改革总体方案》，对生态文明领域改革进行顶层设计。推进生态文明体制改革首先要树立和落实正确的理念，统一思想，引领行动。要树立尊重自然、顺应自然、保护自然的理念，发展和保护相统一的理念，绿水青山就是金山银山的理念，自然价值和自然资本的理念，空间均衡的理念，山水林田湖是一个生命共同体的理念。推进生态文明体制改革要坚持正确方向，坚持自然资源资产的公有性质，坚持城乡环境治理体系统一，坚持激励和约束并举，坚持主动作为和国际合作相结合，坚持鼓励试点先行和整体协调推进相结合。推进生态文明体制改革要搭好基础性框架，构建产权清晰、多元参与、激励约束并重、系统完整的生态文明制度体系。一是健全自然资源产权制度和用途管制制度。通过对自然生态空间进行统一确权登记，逐步形成归属清晰、权责明确、监管有效的自然资源资产产权制度，并建立空间规划体系，划定生产、生活、生态空间管制界限。二是坚定不移实施主体功能区制度，划定生态保护红线。要把重要生态功能区、生态敏感区以及生物多样性保育区作为禁止开发区域，划定在红线以内，建立起生态安全屏障、人居环境保护屏障和生物多样性保育屏障，从空间上对人类的开发行为提出明确要求。三是实行资源有偿使用制度和生态补偿制度。现已经探索建立了中央森林生态效益补偿基金制度、草原生态补偿制度、水资源和水土保持生态补偿机制、矿山环境治理和生态恢复责任制度、重点生态功能区转移支付制度等（中共中央和国务院，2015）。

参考文献

阿尔弗雷德·马歇尔，2009.经济学原理[M].彭逸林，等，译.北京：人民日报出版社：95-126.

保罗·A·萨缪尔森，威廉·D·诺德豪斯，1992.经济学[M].第12版.高鸿业，等，译.北京：中国发展出版社.

保罗·萨缪尔森，威廉·诺德豪斯，2004.微观经济学[M].第十七版.萧探，译.北京：人民邮电出版社：29.

鲍金红，胡璇，2013.我国现阶段的市场失灵及其与政策干预的关系研究[J].

学术界（7）：182-191.

北京农业大学，2000. 农业化学（总论）[M]. 北京：中国农业出版社.

庇古，2007. 福利经济学[M]. 金镝，译. 北京：华夏出版社：134-163.

曹敏建，2013. 耕作学[M]. 第二版. 北京：中国农业出版社.

陈阜，任天志，2010. 推进我国耕作制度改革发展的思考与建议[C]. 中国农学
    会耕作制度分会学会成立30周年纪念暨2010年学术年会论文集：10-13.

大卫·休谟，1983. 人性论（下卷）[M]. 关文运，译. 北京：商务印书馆：
    578-579.

董德福，桑延海，2020. 新时代生态文化的内涵、建设路径及意义探析——兼
    论习近平生态文明思想[J]. 延边大学学报（社会科学版），53（2）：77-
    84，143.

方大春，2009. 生态资本理论与安徽省生态资本经营[J]. 科技创业月刊（8）：
    4-6.

葛四友，2003. 布坎南与奥尔森的公共选择理论比较分析[J]. 中共福建省委党
    校学报（7）：28-31.

巩芳，常青，盖志毅，等，2009. 基于生态资本化理论的草原生态环境补偿机
    制研究[J]. 干旱区资源与环境，23（12）：167-171.

顾笑然，2007. 公共产品思想溯源与理论述评[J]. 现代经济，6（9）：63-65.

韩长赋，2017-05-11. 大力推进农业绿色发展[EB/OL]. http://jiuban. moa. gov. cn/
    zwllm/zwdt/201705/t20170511_5603586. htm.

胡锦涛，2012-11-08. 胡锦涛在中国共产党第十八次全国代表大会上的报告
    [EB/OL]. http://cpc. people. com. cn/n/2012/1118/c64094-19612151-8. html.

黄克谦，蒋树瑛，陶莉，等，2019. 创新生态产品价值实现机制研究[J]. 开发
    性金融研究（4）：82-88.

黄雨，2017. 绿色农业发展理论与实践创新模式探析[J]. 绿色科技（1）：131-133.

蒋满元，2005. 农业生产经营的外部性问题与农业保护政策选择[J]. 经济问题
    探索（5）：40-43.

李明悦，刘大勇，2019. 习近平绿色发展理念的理论价值及实践路径[J]. 学理
    论（2）：6-8.

刘巽浩，1994. 耕作学[M]. 北京：中国农业出版社.

刘尧飞，沈杰，2019. 新时代生态产品的内涵、特征与价值[J]. 天中学刊，34
　　（1）：77-80.

芦文龙，2010. 技术的外部性探讨[J]. 第三届全国科技哲学暨交叉学科研究生
　　论坛文集：105-108.

陆景陵，胡蔼堂，2003. 植物营养学（上、下册）[M]. 北京：中国农业大学出
　　版社.

陆静超，马放，2002. 外部性理论在环境保护中的运用[J]. 理论探讨（4）：
　　43-44.

陆欣，谢英荷，2018. 土壤肥料学[M]. 第2版. 北京：中国农业大学出版社.

吕小荣，努尔夏提·朱马西，吕小莲，2004. 我国秸秆还田技术现状与发展前
　　景[J]. 现代化农业（9）：41-42.

农业农村部，2018-07-02. 农业农村部关于印发《农业绿色发展技术导则
　　（2018—2030年）》的通知[EB/OL]. http://www. gov. cn/gongbao/content/
　　2018/content_5350058. htm.

人民出版社编，2015. 中国共产党第十八届中央委员会第五次全体会议文件汇
　　编[M]. 北京：人民出版社.

任恒，2018. 习近平生态文明建设思想探微：理论渊源、内涵体系与价值意蕴
　　[J]. 贵州大学学报（社会科学版），36（6）：7-14.

山东农业大学，1999. 蔬菜栽培学各论（北方本）[M]. 北京：中国农业出版社.

沈小波，2008. 环境经济学的理论基础、政策工具及前景[J]. 厦门大学学报
　　（哲学社会科学版）（6）：19-25.

司金銮，1996. 生态价值的理论研究[J]. 经济管理（8）：37-38.

孙炜琳. 2017-11-15. 农业是生态文明建设的重要载体[N]. 中国科学报（5）.

王冰，杨虎涛，2002. 论正外部性内在化的途径与绩效[J]. 东南学术（6）：
　　158-165.

王洪会，王彦，2012. 农业外部性内部化的美国农业保护与支持政策[J]. 长春
　　理工大学学报，25（5）：64-66.

王金霞，张丽娟，黄季焜，等，2009. 黄河流域保护性耕作技术的采用：影响
　　因素的实证研究[J]. 资源科学，31（4）：641-647.

王淑贞，2012. 外部性理论综述[J]. 经济视角（9）：52-53，8.

韦苇, 杨卫军, 2004. 农业的外部性及补偿研究[J]. 西北大学学报: 哲学社会科学版, 34 (1): 148-153.

习近平, 2017-10-18. 决胜全面建成小康社会夺取新时代中国特色社会主义伟大胜利——在中国共产党第十九次全国代表大会上的报告[EB/OL]. http://www.china.com.cn/19da/2017-10/27/content_41805113.htm.

习近平, 2019. 推动我国生态文明建设迈上新台阶[J]. 当代党员 (4): 4-10.

徐建明, 2019. 土壤学[M]. 北京: 中国农业出版社.

许先春, 2020-04-08. 大力推进新时代生态文明制度体系建设[EB/OL]. https://theory.gmw.cn/2020-04/08/content_33722529.htm.

亚当·斯密, 1974. 国民财富的性质与原因的研究 (下卷) [M]. 郭大力, 等, 译. 北京: 商务印书馆: 252-253.

严立冬, 陈光炬, 刘加林, 等, 2010. 生态资本构成要素解析——基于生态经济学文献的综述[J]. 中南财经政法大学学报 (5): 3-9.

严立冬, 张亦工, 邓远建, 2009. 农业生态资本价值评估与定价模型[J]. 中国人口资源与环境, 19 (4): 77-81.

杨莉, 刘海燕, 2019. 习近平"两山理论"的科学内涵及思维能力的分析[J]. 自然辩证法研究, 35 (10): 107-111.

杨壬飞, 吴方卫, 2003. 农业外部效应内部化及其路径选择[J]. 农业技术经济 (1): 6-12.

张旭东, 2013. 论农业的外部性与市场失灵[J]. 生产力研究 (3): 43-45.

张英, 成杰民, 王晓凤, 等, 2016. 生态产品市场化实现路径及二元价格体系[J]. 中国人口·资源与环境 (3): 171-176.

赵军, 杨凯, 2007. 生态系统服务价值评估研究进展[J]. 生态学报, 27 (1): 346-356.

浙江农业大学, 1987. 蔬菜栽培学总论[M]. 北京: 中国农业出版社.

浙江农业大学, 1991. 植物营养与肥料[M]. 北京: 中国农业出版社.

中共中央, 国务院, 2018-01-02. 关于实施乡村振兴战略的意见[EB/OL]. http://www.gov.cn/gongbao/content/2018/content_5266232.htm.

中共中央, 国务院, 2015. 中共中央 国务院印发《生态文明体制改革总体方案》[EB/OL]. http://www.gov.cn/guowuyuan/2015-09/21/content_2936327.

htm. 2015-09-21.

中共中央文献研究室，2014. 习近平关于全面深化改革论述摘编[M]. 北京：中央文献出版社.

中共中央文献研究室，2017. 习近平关于社会主义生态文明建设论述摘编[M]. 北京：中央文献出版社.

中共中央宣传部，2016. 习近平总书记系列重要讲话读本（2016年版）[M]. 北京：学习出版社，人民出版社.

中国共产党第十八届中央委员会，2015-10-29. 中国共产党第十八届中央委员会第五次全体会议公报[EB/OL]. http://china. cnr. cn/gdgg/20151029/t20151029_520328336. shtml.

中国科学院可持续发展战略研究组，2013. 2013中国可持续发展战略报告：未来10年的生态文明之路[M]. 北京：科学出版社.

周义程，2009. 公共产品民主型共计模式的理论建构[M]. 北京：中共社会科学出版社，10.

COSTANZA R，FARBER S，MAXWELL J，1989. The valuation and management of wetland ecosystems[J] . Ecological Economics（1）：335-362.

COSTANZA R，1997. The value of the world's ecosystem services and natural capital[J]. Nature，37：73-90.

HANLEY N D，RUFFELL R J，1993. The contingent valuation of forest characteristics：two experiment[J] . Journal of Agriculture Economy，44（2）：218-229.

KING R T，1966. Wildlife and man[J] . NY Conservationist，20（6）：8-11.

KRUTILLA，1988. Conservation reconsidered，environmental resources and applied welfare economics：essays in honor of John V[J]. Krutilla. Resources for the Future（24）：263-273.

PEARCE D W，1996. 世界无末日——经济学、环境与可持续发展[M]. 北京：中国财经政治出版社.

PIMENTEL D，HARVEY C，RESOSUDARMO P，et al.，1995. Environmental and economic costs of soil erosion and conservation benefits [J]. Science，267：1117-1123.

ROBINSON D A, HOCKLEY N, COOPER D M, et al., 2013. Natural capital and ecosystem services, developing an appropriate soils framework as basis for valuation[J]. Soil Biology& Biochemistry, 57: 1023-1033.

第五章　耕地质量保护与提升技术环境效应

一、耕地质量保护与化肥减施技术

粮食生产根本在耕地。耕地质量保护与提升对于实现农业可持续发展及保障国家粮食安全具有重要作用。目前，我国耕地面积越来越少，为了保证作物产量，农民会施用大量的化肥，而化肥的不合理施用不仅浪费资源，提高农业生产成本，还会导致耕地质量下降，对生态环境产生不利影响。在此背景下，我国在耕地质量提升和化肥减量增效技术方面进行了有效的探索与应用，目的是在不对土壤造成污染的前提下，提高化肥利用率，增加土壤肥力，提高农作物的产量和品质，保障国家粮食安全和农业可持续发展。

实现耕地质量保护和化肥减施的主要技术途径有合理轮作、秸秆还田、施用有机肥、测土配方施肥、采用水肥一体化技术等。其中，秸秆还田和施用有机肥是我国目前大力推进的两种科学的农业生产方式。2015年2月，为解决化肥不合理使用，促进农业可持续发展，农业部制定了《到2020年化肥使用量零增长行动方案》，方案中将推进秸秆养分还田和畜禽粪便资源化利用作为实现化肥减量增效的两项重点措施，要求畜禽粪便养分还田率和农作物秸秆养分还田率从2015年的52%和40%分别提升到2020年的60%和60%。2015年4月，农业部出台了《农业部关于打好农业面源污染防治攻坚战的实施意见》，要求确保到2020年要实现"一控两减三基本"，即控制农业用水总量和农业水环境污染，减少化肥、农药使用量，基本实现畜禽粪污、农膜、农作物秸秆的资源化利用、综合循环再利用和无害化处理。截至2020年底，化肥减量增效行动已顺利实现预期目标，化肥的使用量显著减少而利用率明显提升，促进了种植业高质量发展。为进一步推动农业生产方式全面绿色转型，2021年8月，农业农村部等6部门又联合印发了《"十四五"全国农业绿色发展规划》，要求继续推进秸秆综合利用和有机肥替代。秸秆综合利用和有机肥替代已成为当前农业发展的必然趋势，也是未来的方向。本章将简要介绍这两项技术，并具体阐述技术应用的环境效应。

（一）秸秆还田技术

秸秆是指农作物在收获籽粒、果实及其他可食用部分后剩余的茎、叶等的总称。秸秆还田是指把作物秸秆直接或间接处理后返还土壤的过程。目前，我国已基本形成以肥料化利用为核心的"农业优先、多元利用"的秸秆综合利用格局。水稻、小麦、玉米等作物秸秆会以不同方式返还到田中，还田方式主要包括直接还田和间接还田。

直接还田是比较普遍的一种直接肥料化利用方式，省时省力，在减少化肥投入的同时增加农民的收入。直接还田的方式主要包括高茬还田、覆盖还田、粉碎翻耕还田和焚烧还田等。高茬还田指的是，机械化收割作物后留高茬（麦玉两熟下小麦留茬35~40cm，麦稻轮作下小麦留茬25~30cm、水稻留茬15~20cm），在下季作物播种或移栽前，采用免耕、旋耕或深翻的方式将作物留茬秸秆翻入土壤中。覆盖还田指的是，作物收割后，将秸秆和残茬覆盖于地表或粉碎后覆盖在土壤表层，然后在田面直接播种，该方式可以起到抗旱保墒保水的作用。粉碎翻耕还田指的是，机械化收获作物后，将作物秸秆粉碎撒匀，再用旋耕机将粉碎的秸秆均匀翻耕入土。焚烧还田指的是，在田间焚烧秸秆，焚烧后秸秆中的钾、钙、无机盐及微量元素等在土壤中被植物吸收利用，焚烧过程可杀死虫卵、病原体及草籽等，但焚烧过程会向大气排放废气，造成资源浪费、环境污染和生态破坏等问题，目前已被禁止。

间接还田是将秸秆进行堆沤、过腹、炭化或气化处理后的产物进行还田的过程。间接还田方式主要包括堆肥还田、过腹还田、炭化还田及栽培食用菌后还田等。堆肥还田指的是，将作物秸秆与畜禽粪便、辅料等混合，加入适宜的微生物菌剂进行高温发酵腐熟后作为有机肥料还田。过腹还田指的是，将经过物理、化学、生物等方法处理后的秸秆加入草食牲畜饲料中，再通过发酵技术处理畜禽消耗吸收之后产生的粪便并进行肥料化利用，这是一种基于饲料化和种养结合的秸秆肥料化利用模式。炭化还田指的是，借助"炭化炉"，在高温无氧的条件下将秸秆炭化并制备成生物炭再施入土壤中被植物利用，该技术目前在我国部分地区已开展了推广示范工作。栽培食用菌后还田指的是，以秸秆作为主要原料，制作食用菌栽培基质，食用菌采收后的菌糠经高温堆肥处理进行肥料化利用。

秸秆中含有丰富的营养物质和有机质，对其进行肥料化利用不仅可以减少废弃秸秆对环境的污染，还能补充土壤养分，目前已成为发展循环农业及化肥减施增效的重要途径之一，可以有效助推现代农业绿色健康发展。

（二）有机肥替代化肥技术

广义上的有机肥俗称"农家肥"，包括各种动物、植物残体或代谢物经过一定时间发酵腐熟后形成的一类肥料，包括饼肥（菜籽饼、棉籽饼、豆饼、芝麻饼、茶籽饼等）、堆肥（以各类秸秆、落叶、青草、动植物残体及人、畜粪便为原料，按比例相互混合或与少量泥土混合进行好氧发酵腐熟而成的一种肥料）、厩肥（指猪、牛、马、羊、鸡、鸭等畜禽的粪尿与秸秆垫料堆沤制成的肥料）、沼肥（生物质经沼气池厌氧发酵后产生的沼液及沼渣）、绿肥（为农作物提供肥源、提高土壤肥力的作物）等。狭义上的有机肥是指以各种动物废弃物包括动物粪便、动物加工废弃物和植物残体饼肥类、作物秸秆、落叶、枯枝、草炭等，经过一定的加工工艺，消除其中的有害物质制成的符合国家相关标准（NY 525—2012）及法规的一类肥料。

本章中所讨论的有机肥为广义上的有机肥。当前，我国有机肥资源充足，但有效施用和普及推广率并不高。随着"两减"和"零增长行动"政策的出台，以及对循环农业发展方式的倡导，有机肥替代化肥技术成为提高肥料利用率的有效措施之一。有机肥替代化肥技术即将化肥减量，与有机肥配施。需要说明的是，本章提到的有机肥替代化肥是针对氮素的等量替代。目前，有机肥替代化肥技术模式主要有"有机肥+配方肥"技术模式、"有机肥+配方肥+水肥一体化"技术模式、"自然生草或绿肥+配方肥"技术模式以及"种—养—还"循环技术模式。

有机肥替代化肥技术可以适度减少化肥的用量，目的是在保证作物产量和品质的前提下，改善土壤和作物根际微环境，提高土壤肥力、作物产量及品质，减轻农业污染，促进农业可持续发展。

二、秸秆还田技术的环境效应

我国既是粮食生产大国，也是秸秆资源大国。根据《第二次全国污染源普查公报》公布的数据显示，2017年，我国秸秆产生量为8.05亿t，秸秆可收集资源量6.74亿t，秸秆利用量5.85亿t。秸秆品种主要为水稻、小麦和玉米，三者秸秆占全国秸秆资源总量的85%。近年来，国家出台了多项措施推进秸秆的资源化利用，如《农业部办公厅 财政部办公厅关于开展农作物秸秆综合利用试点 促进耕地质量提升工作的通知》《农业部关于实施农业绿色发展五大行动的通知》等，并提出"多元利用、农用优先"的秸秆资源化利用原则。相关研究表明，秸秆还田是当前农业形势下最优、最现实的农用模式（陈云峰等，2020）。秸秆还田可以增加土壤有机质和养分，提高土壤肥力，减少化肥施用量，为农作物提供良好的生长环境，促进农田生态系统内部的良性循环。同时，秸秆还田也会对农田氮磷流失、氨挥发、温室气体排放等产生影响，进而影响水和大气环境。研究针对3种主要粮食作物（水稻、小麦、玉米）的秸秆还田对农田土壤肥力和径流、氨挥发、温室气体排放的影响进行综合分析，以期为秸秆科学还田提供指导。

（一）秸秆还田对农田土壤肥力及径流的影响

作物秸秆不仅含有丰富的氮、磷、钾等矿质营养元素，还含有纤维素、半纤维素、木质素等富含碳元素的物质。作物秸秆还田后在微生物的作用下会逐步分解，分解速率受秸秆自身特性、气候条件、土壤理化性质和农田管理措施等因素的影响。作物秸秆经过矿化和腐质化两个过程进入农田土壤后会影响土壤的理化性质和土壤微生物，进而影响农田地力以及作物的生长和产量。

目前，秸秆还田对农田土壤肥力影响方面的相关研究结果基本一致，即秸秆还田能够改善土壤结构，增加土壤养分，提升土壤肥力和质量。在影响土壤物理性质方面，大量研究表明，秸秆还田可以增加土壤孔隙度，降低土壤紧实度和土壤容重，改善土壤通气和水分状况，为作物生长提供良好的土壤环境。例如孙媛媛等（2021）以东北稻作区为研究对象开展连续两年的田间定位实验结果表明，与常规施肥处理相比，秸秆还田能显著降低稻田土壤容重6.2%，增加土壤总孔隙度10%左右，而且提高了土壤水稳性团聚体的稳定性，明显改善了土壤的物理性质，协调了土壤水、气、热条件。武志杰等（2002）针对玉米作物连续3年的实验研究得出，较单施化肥处理，秸秆还田能够降低土壤容重3.7%～7.3%，增加土壤总孔隙度5.5%～14.7%，增加田间持水量0.004%～6.0%，改善了土壤通气与水分状况。在影响土壤化学性质方面，秸秆还田会影响土壤的pH值、阳离子交换容量（CEC）和电导率（EC），释放大量营养元素（N、P、K），有利于增加土壤养分，改善土壤肥力和质量。Tang等（1999）的研究结果显示，秸秆还田可在一定程度上调节土壤pH值，使其向中性条件转化。王现锁等（2009）经过在河北省柏乡县长期秸秆还田推广实验研究得到，秸秆还田的地块有机质增加0.23g/kg，速效氮增加8.87mg/kg，速效磷增加3.82mg/kg，速效钾增加17.8mg/kg。汪军等（2010）通过设置稻作一季与稻麦两季秸秆全量还田实验得出，秸秆还田显著增加了土壤有机质含量。秸秆还田除了可以增加土壤有机质外，还有利于改善腐殖质的组成（胡敏酸与富里酸比值），提高有机质质量。针对玉米作物的长期定位实验结果也表明，与不还田相比，秸秆还田可使土壤易氧化态有机质提高10.91%～20.67%，浸提腐殖酸增加1.43%～14.28%，胡敏酸与富里酸的比值提高0.07～0.24，同时提高了结合态腐殖酸的松/紧值，从而改善了有机质的质量。因此，秸秆还田不仅能够增加土壤有机质数量而且还能够提高土壤有机质的质量。

另外，许多研究还探讨了秸秆还田对农田径流氮、磷流失的影响。研究结果显示，秸秆还田可以降低农田径流氮、磷养分的流失，减轻农业面源污染。相关研究主要集中在秸秆还田对稻田径流氮、磷养分流失的影响。朱利群等（2012）通过田间实验研究了自然降雨条件下不同耕作方式和秸秆还田对稻田田面径流水氮、磷养分的影响，结果表明，较秸秆不还田处理，秸秆还田处理能更为有效地减少稻田径流氮、磷养分流失总量，可以分别减少总氮、总磷浓度17.86%～24.48%、5.84%～17.00%。刘红江等（2011）研究表明，麦秸还田和麦秸还田减肥处理均能明显降低水稻季的地表径流水体氮、磷、钾流失量，与常规处理相比，麦秸还田和麦秸还田减肥处理可以减少稻田地表径流水体9.2%～14.6%总氮流失量、10.6%～16.7%总磷流失量以及7.8%～13.4%总钾流失量，不仅有效降低了农田养分的损失，还有利于实现农田生态环境安全和可持续农业生产。朱坚等（2016）在南方典型黄壤双季稻田连续开展了7年的田间观测实验，发现与常规化肥处理相比，秸秆还田可以减少稻田化肥投入，降低稻田径流中氮、磷养分含量，可分别减少12.6%的总氮和9.7%的总磷。此外，也有一些研究关注秸秆还田对旱地养分流失的影响，秸秆覆盖还田减少旱地氮、磷流失主要是因为减少了地表径流水量。徐泰平等（2006）研究结果表明，秸秆还田显著影响雨季紫色土坡耕地土壤侵蚀和产量情况，与单施化肥相比，秸秆还田的泥沙量、地表径流量分别减少了70%～82%、26%～31%，而渗漏径流量增加了30%～52%，秸秆还田显著减少了农田氮、磷的流失，达60%～76%。王静等（2010）研究结果表明，秸秆覆盖比传统耕作方式能有效减少地表径流量及随地表径流迁移的氮、磷流失量，可减少30.47%的产流量和22.88%的产沙量，降低27.42%的氮流失及32.29%的磷流失。

（二）秸秆还田对氨挥发的影响

秸秆还田对水田和旱地氨挥发的影响有所不同。通常认为，秸秆还田可以促进稻田的氨挥发。张刚等（2016）研究发现，等量氮素投入的情况下，秸秆还田配施氮肥处理的氨挥发损失量较不还田处理增加18.2%，分析认为秸秆还田使得稻田氨挥发增加可能与秸秆还田提高土壤脲酶活性和土壤pH值有关。汪军等（2013）比较了不同土壤类型（乌栅土和黄泥土）麦秸全量还田对水稻季氨挥发的影响，结果显示，秸秆还田均显著增加了氮肥的氨挥发损失，麦秸还田下乌栅土和黄泥土稻季氨挥发损失比单施氮肥处理分别增加了19.8%和20.6%，且两种土壤类型下氨挥发速率均与田面水NH_4^+-N浓度和pH值呈正相关关系。赵政鑫等（2022）基于Meta分析结果表明，在水田环境中，秸秆还田对土壤氨挥发具有显著的促进作用，提高率为13.35%，而在非水田环境中，秸秆还田对土壤氨挥发具有显著的抑制作用，抑制率为12.49%。这可能是因为秸秆在水田中阻碍了肥料下渗，使得氨挥发增加；而旱地环境中，秸秆与化肥配施提高了尿素水解速率，缩短氨挥发的时间，减少氨挥发量，同时秸秆减少了肥料与空气的接触面积，降低了地表风速，进而抑制氨挥发。

秸秆还田对旱地氨挥发的影响方面，目前的研究结论不尽相同。针对关中地区小麦—玉米轮作系统土壤氨排放的研究结果显示，在不施肥的情况下，秸秆还田能增加土壤氨挥发量，而当秸秆还田配施化肥时，会显著减少土壤氨挥发量，但是秸秆全量还田和半量还田对氨排放的影响无差异（吕宏菲等，2020）。但基于Meta分析研究全球尺度上秸秆还田对旱地氨挥发的影响发现，秸秆还田会促进旱地氨挥发，增幅为17.0%（Xia et al.，2018）。

（三）秸秆还田对土壤固碳和温室气体排放的影响

秸秆还田是农田碳输入的重要因子。秸秆还田一方面可以通过直接输入有机碳来实现农田固碳，另一方面还可以通过提高土壤团聚体的固碳能力而提升农田固碳。例如李昊昱等（2019）在黄淮海开展的小麦—玉米轮作系统周年秸秆还田对农田土壤固碳的影响研究表明，与秸秆不还田处理相比，秸秆还田可显著提高土壤有机碳含量，提升幅度为4.0%～20.7%，有机碳储量的提升幅度为0.2%～14.7%。同时，秸秆还田对0～30cm土层各粒级团聚体关联土壤有机碳（SOC）和土壤固碳能力具有显著的提升作用。冯晓赟等（2016）针对秸秆还田对中南地区稻田土壤固碳的影响研究也表明，与单施氮肥相比，秸秆还田配施氮肥能够显著增加土壤固碳量，秸秆还田配施化肥处理的固碳量最高达147.74kg/hm^2，比单施氮肥处理平均高出38%。Xu等（2019）分析了从20世纪80年代到21世纪10年代的国土普查及文献数据，发现近30年来我国农田表土（0～20cm）SOC增加了（0.07±0.31）Pg C，平均年固碳速率为（0.013±0.003）Pg C，其中，秸秆还田是其主要因素。逯非等（2010）测算的我国稻田推广秸秆还田的固碳潜力每年为10.48Tg C，对减缓全球变暖的贡献每年为38.43Tg CO_2-eqv。

秸秆还田对农田土壤甲烷排放的影响研究多集中于稻田。许多研究结果表明，秸秆还田对稻田CH_4排放具有促进作用。李帅帅等（2019）基于Meta分析探索了区域尺度上不同农田管理措施对稻田甲烷排放的影响，发现秸秆还田会显著增加稻田CH_4排放量，早稻、晚稻和双季稻CH_4分别增加了73.41%、119.78%和111.67%，这主要是由于秸秆还田后为土壤提供了大量的有机质作为CH_4底物，而且淹水条件下有机物的快速分解会加快稻田氧化还原电位的下降，有利于产CH_4菌的生长和活性，进而促进CH_4的排放。张熙栋等（2021）对稻麦轮作系统的田间观测实验显示，秸秆还田处理较常规施肥处理可以增加12.7%的水稻季CH_4排放。另外，不同的秸秆还田方式也会给稻田甲烷排放带来不同影响。相关研究结果表明，秸秆粉碎还田对水稻季甲烷排放量的增幅为113%，而覆盖还田对水稻季甲烷排放量的增幅为27%。逯非等（2010）测算了全国尺度上秸秆还田的甲烷增排量，在我国稻田推广秸秆还田技术，稻田甲烷排放将从无秸秆还田的5.796Tg/年增加到9.114Tg/年，即秸秆还田会导致甲烷增排3.318Tg/年，会大幅抵消土壤固碳的减排效益。

目前，秸秆还田对农田氧化亚氮排放影响的研究结果不尽一致。在稻田N_2O排放影响方面，一般研究认为秸秆还田会减少稻田N_2O排放。蒋静艳等（2003）研究小麦秸秆还田对稻田N_2O排放的影响结果表明，秸秆还田有助于减少稻田N_2O的排放，且N_2O的排放量与秸秆施用量成反比，实验中，施用4.5t/hm^2秸秆处理的N_2O排放量仅为秸秆不还田或施用2.25t/hm^2秸秆处理的13%。张岳芳等（2009）的大田实验结果也表明，麦秸还田能显著降低稻季土壤N_2O排放总量，同时不同的土壤耕作方式也显著影响N_2O的排放，与麦秸不还田相比，麦秸还田处理在土壤旋耕和翻耕条件下的N_2O排放总量分别减少86.56%和60.23%。在全球尺度上的Meta分析结果也表明，秸秆还田会降低稻田17.3%的N_2O排放（Xia et al.，2018）。秸秆还田降低稻田N_2O排放可能是秸秆还田促进了土壤氮素的微生物固定，使硝化和反硝化作用的底物减少所致。但也有研究结果显示秸秆还田会增加稻田N_2O的排放。冯珺珩等（2019）研究结果显示，秸秆还田处理较秸秆不还田处理可以显著提高稻田土壤N_2O排放量13.1%～45.5%。在旱地N_2O排放影响方面，研究结果也存在差异。有研究表明，秸秆还田会增加土壤N_2O的排放。万小楠等（2022）针对冬小麦—夏玉米轮作体系的研究结果表明，传统单施化肥处理、秸秆还田配合化肥施用处理N_2O排放量分别为1.65～5.36kg/（$hm^2 \cdot$年）和3.08～7.73kg/（$hm^2 \cdot$年），后者比前者高43%～94%。叶桂香等（2017）的研究结果也表明，秸秆还田会促进小麦—玉米农田土壤N_2O的排放，且随着秸秆还田量的增加，周年内N_2O排放总量呈增加的趋势，玉米季高于小麦季，前者的N_2O排放通量和总量分别是后者的2.42～2.62倍和

1.05～1.14倍。但也有研究表明，秸秆还田不会对小麦季的N_2O排放有显著影响，或会降低N_2O的排放量。张岳芳等（2012）的研究结果显示，秸秆还田较秸秆不还田减少稻麦周年N_2O排放总量14%。此外，秸秆还田量和还田方式也会影响N_2O的排放量。在麦稻轮作系统中，秸秆粉碎还田可降低3%～18%小麦季N_2O的排放量，而覆盖还田却可增加15%～39%的N_2O排放量。针对春玉米单作系统的研究结果表明，与单施化肥处理相比，半量秸秆还田增加了7.8%的N_2O排放，而全量秸秆还田降低了2.2%的N_2O排放（杨弘等，2016）。张冉等（2015）基于Meta分析定量分析了我国农田秸秆还田土壤N_2O排放及其影响因素，结果表明，秸秆还田对农田土壤N_2O排放的影响因区域农业资源特点、种植制度、土壤类型和水肥管理等因素不同而有所差异。因此，秸秆还田对稻田和旱地N_2O排放的影响仍需深入研究。

三、有机肥替代化肥技术环境影响

耕地质量提升的核心和关键是提高土壤有机质。大量研究结果都表明，化肥与有机肥配合施用是最好的土壤培肥手段。据测算，目前我国有机肥料基础资源每年约57亿t实物量，其中畜禽粪尿约38亿t（鲜），人粪尿约8亿t（鲜），秸秆约10亿t（风干），绿肥约1亿t（鲜），饼肥约0.2亿t（风干）。有机肥中含有大量的有机质、营养元素、微生物的酶等，可促进土壤中有机氮的分解，但其单独施用不能满足作物对养分的需求，而将化肥和有机肥配合施用会结合两者的优点，既可以培肥地力，持续为作物生长提供养分，又可以解决化肥和有机肥不合理施用带来的污染问题。近年来，我国相继出台了一系列政策来推进有机肥资源化利用。2017年，农业部相继印发了《开展果菜茶有机肥替代化肥行动方案》《畜禽粪污资源化利用行动方案（2017—2020年）》《种养结合循环农业示范工程建设规划（2017—2020年）》。在国家政策的大力支持下，有机肥替代化肥已成为推行农业绿色发展的一项重大措施，是农业发展的必然之路。研究将综合评述有机肥替代化肥技术对农田土壤肥力和氮磷流失、氨挥发及温室气体排放的影响，为技术的推广和应用提供科学信息。

（一）有机肥替代对农田土壤肥力及氮磷流失的影响

大量的研究表明，施用有机肥可以显著提高土壤有机质及养分含量，改善土壤团聚结构，降低土壤容重，提高土壤含水量，对土壤的持水性能和供肥能力具有增强作用。在对土壤有机质及养分含量影响方面，Hossain等（2021）以华北平原典型的小麦—玉米系统为对象，开展有机肥替代化肥对土壤总氮的影响，结果显示，有机肥全量替代化肥较单施化肥可以分别显著提高表土层土壤总氮量、土壤有机碳、颗粒态有机氮、土壤微生物量氮、可溶性有机氮和矿化氮（NO_3^--N和NH_4^+-N）。基于全国尺度的Meta分析结果显示，与不施肥和施用氮、磷、钾肥处理相比，施用有机肥可以分别增加SOC含量0.23～0.26g/（kg·年）和0.18～0.19g/（kg·年）（Ren et al., 2018）。有机肥替代化肥对土壤肥力的影响会受替代比例的影响。张玉军等（2018）基于大田模拟实验研究秸秆、秸秆掺混牛粪替代不同比例化肥后对土壤有机质、活性有机质、碳库管理指数等的影响，结果表明不同有机物替代处理均能提高土壤总有机质含量。与全量施用化肥相比，不同有机物替代化肥处理的土壤有机质含量提高1.82%～14.25%，其中，以秸秆牛粪共同替代30%～40%化肥效果最佳。郭校伟等（2020）探究不同发酵方式猪粪有机肥及有机肥替代化肥的比例对夏玉米氮素吸收及土壤碳、氮含量的影响，结果表明，在等氮条件下与单施化肥相比，50%好氧发酵猪粪+50%化肥氮配施不仅显著提高了夏玉米产量和氮素累积吸收量，还提升了土壤全氮和有机碳含量以及0～40cm土层土壤无机氮含量。单独施用自然堆肥、好氧发酵猪粪及化肥可增加土壤全氮和有机碳含量，有利于土壤培肥。在对土壤理化性质的影响方面，朱海等（2019）研究有机无机配施对滨海盐渍农田土壤盐分及作物氮素利用的影响，结果表明，有机肥的施入提高了土壤有机质含量，改善了土壤结构，降低了土壤容重，同时提高了土壤含水率，增强了土壤的持水性能。袁梦等（2021）研究了有机肥替代部分氮肥对东北稻田土壤的影响，结果表明，有机肥替代处理较常规施肥显著增加了有机碳和速效磷含量、团聚体稳定性以及土壤C∶N，在维持水稻高产的同时，有利于改善土壤理化性质和提高土壤酶活性，是实现氮肥减施和培肥地力的有效技术措施。孙雪等（2021）基于18年野外实验探究长期添加外源有机物料对华北农田土壤团聚体有机碳组分的影响，结果表明，与传统的单独施用化肥处理相比，化肥配施有机粪肥显著提高了全土和团聚体各组分有机碳含量，并且化肥配施有机粪肥处理有利于易氧化有机碳保存在大团聚体中，提高了土壤供肥能力。

在对农田径流及氮、磷流失的影响方面，有机肥替代化肥有利于减少农田活性氮的损失。Guo等（2020）在华北平原开展的有机肥替代对玉米系统活性氮损失的长期定位实验结果表明，有机肥替代可以减少46.2%的NO_3^--N淋溶。根据Xia等（2017）在全球尺度上的Meta分析结果，有机肥替代部分化学氮肥比单施化肥的氮淋溶损失降低28.9%，径流损失降低26.2%。施肥模式及有机肥替代的比例不同也会影响农田径流和氮磷损失。袁浩凌等（2021）在稻田系统开展的不同施肥模式对农田氮磷径流流失的影响实验结果表明，相较于常规施肥模式，有机肥替代会使稻田总氮径流流失量减少12.8%，而总磷径流量增加了26.33%。综合考虑红壤丘陵区稻田的水稻产量及土壤氮素流失量和流失率，推荐有机肥替代30%化肥氮对控制氮素淋失效果较好（焦军霞等，2014）。在宁夏引黄灌区青铜峡稻田，4年的田间定位实验结果表明，有机肥替代化肥可以显著降低氮淋失，且有机肥替代18.75%化肥氮是综合考虑水稻产量和环境安全的最优选择，在不降低水稻产量的条件下，使得0～100cm土层中总氮淋失量比全量化肥处理降低9.3%～23%，且氮素表观损失量降低12%～41.6%（刘汝亮等，2015）。

（二）有机肥替代对氨挥发的影响

有机肥替代化肥的农田氨挥发减排潜力已得到广泛认可。Guo等（2020）在华北平原针对玉米系统开展的有机肥替代对活性氮损失和温室气体排放影响的长期定位实验，实验用猪粪和鸡粪两种有机肥替代50%化肥，结果显示，有机肥替代化肥可以减少NH_3挥发5.61%～22.2%。针对早稻和晚稻季有机肥替代对氨挥发影响的研究表明，单施化肥（尿素）时氨挥发作用造成的肥料氮损失达38%，而有机肥替代50%化肥氮时，早稻和晚稻季氨挥发损失率分别降至18.2%和7.2%（李菊梅等，2005）。在稻麦轮作体系中，有机肥替代50%化肥氮时，NH_3挥发降低约10%。李永华等（2020）通过Meta分析研究全国尺度上有机肥替代化学氮肥对小麦产量的影响及其经济环境效应，结果显示，有机肥替代使小麦生长季的NH_3挥发减少24%、小麦收获期的土壤硝酸盐残留量减少16%，但使小麦生长季的N_2O排放量增加了32%。有机肥替代的比例会影响氨挥发量，通常来说，替代比例越高，对氨挥发的减排潜力越大。张怡彬等（2021）针对华北平原玉米作物开展的长期田间定位实验，探究不同有机肥替代比例下华北平原旱地农田氨挥发的年际减排特征，结果显示，与全量化肥处理相比，半量有机肥氮替代化肥氮处理和全量有机肥氮替代化肥氮处理对氨挥发损失的减排率平均分别可达33.5%和58.7%。

有机肥替代化肥有利于氨减排主要是由于化学氮肥施入土壤后溶解较快，在土壤脲酶的作用下，尿素被水解成NH_4HCO_3，随后迅速转化为NH_4^+-N，一部分被土壤胶体吸附成为吸附态的NH_4^+，另一部分则进入土壤溶液中，使NH_4^+的浓度迅速提高，为氨挥发提供了充足的底物；而有机肥中大量的有机氮组分则需要经过长时间的矿化分解才能参与氨挥发的过程，而且有机质在分解过程中会释放大量有机酸，并形成腐殖质，抑制尿素水解过程中土壤酸碱度的升高，从而显著抑制了土壤氨挥发。同时，有机肥施用能够促进土壤微生物活动，将土壤无机氮固定在有机氮库中，减少了产生氨的无机氮量，进而降低氨挥发损失，最终实现有机替代的氨挥发减排。

（三）有机肥替代对温室气体排放的影响

有机肥替代化肥技术能在一定程度上减少N_2O排放。Kong等（2021）针对小麦—水稻系统开展的有机肥替代化肥对土壤N_2O和NO排放的影响，结果显示，在整个轮作周期，有机肥部分替代化肥可以减少N_2O和NO的年排放量，两者共减少13%～15%。有机肥替代化肥对土壤N_2O排放的影响会随有机肥替代比例的不同而有所变化。侯苗苗等（2018）通过动态监测小麦—玉米轮作体系N_2O排放通量，探究了不同比例的有机氮替代对冬小麦/夏玉米轮作体系作物产量及N_2O排放的影响。结果显示小麦/玉米一个轮作周期不同处理的N_2O排放总量为429.8～2 632.1g/hm^2，且50%M有机氮（50%M）>25%M>NPK>75%M>100%M>CK。随有机氮替代比例的增加，N_2O的排放量呈逐渐减少趋势，特别是有机氮替代75%和100%较单施化肥降低N_2O排放量及排放系数。施用有机肥增加了土壤有机碳含量，与单施化肥相比，增加了土壤C/N，会在一定程度上抑制硝化作用；而且施用有机肥的土壤硝态氮含量较化肥处理低，即减少了反硝化作用的底物浓度，加上有机肥可以为反硝化细菌提供能量，使得N_2O进一步还原为N_2，综合作用的结果导致施用有机肥土壤N_2O排放的降低。然而，也有研究表明，有机肥替代会增加N_2O排放。例如Song等（2020）在淮河流域开展的为期4年的麦稻轮作系统定位实验，研究有机肥替代化肥对N_2O排放的影响，结果显示，有机肥替代化肥处理在第一年显著减少N_2O排放，而从第二年开始，会增加N_2O排放。农田土壤N_2O排放主要是土壤氮素硝化和反硝化作用的结果，而且受施肥、灌溉、耕作、土壤理化性质、气候条件等多种因素影响。鉴于目前的研究结果不尽一致，有必要开展更多的研究探索施用有机肥影响N_2O排放的机理。目前，有机肥替代化肥对CH_4排放影响的研究相对较少，已有研究结果表明，总体上施用有机肥可以增加稻田CH_4的排放，或抑制旱地CH_4的吸收。苗茜等（2020）研究了宁波地区麦稻轮作系统有机肥等氮替代化肥对稻田CH_4排放的影响，结果表明，与全量化肥处理相比，有机肥替代处理的CH_4排放量增加18%～51%，CH_4排放量随有机肥替代比例的增加而增加。Zhang等（2022）对南方水稻季连续3年的田间监测结果显示，50%有机肥替代化肥较单施尿素处理，使得CH_4排放增加了52%～71%。董玉红等（2005）研究了不同的有机肥施用对夏玉米农田土壤CH_4排放通量的影响，土壤CH_4的季节平均通量为-0.006 8～-0.048 4mg/（$m^2 \cdot h$），施用有机肥会抑制土壤对CH_4的吸收，且施有机肥量越高抑制作用越强。

参考文献

陈云峰，夏贤格，杨利，等，2020. 秸秆还田是秸秆资源化利用的现实途径[J]. 中国土壤与肥料（6）：299-307.

程子珍，范先鹏，余延丰，等，2021. 秸秆还田环境效应研究进展[J]. 湖北农业科学，60（23）：5-7，14.

丛宏斌，姚宗路，赵立欣，等，2019. 中国农作物秸秆资源分布及其产业体系与利用路径[J]. 农业工程学报，35（22）：132-140.

董玉红，欧阳竹，2005. 有机肥对农田土壤二氧化碳和甲烷通量的影响[J]. 应用生态学报，16（7）：1303-1307.

冯珺珩，黄金凤，刘天奇，等，2019. 耕作与秸秆还田方式对稻田N₂O排放、水稻氮吸收及产量的影响[J]. 作物学报，45（8）：1250-1259.

冯晓赟，万鹏，李洁，等，2016. 秸秆还田与氮肥配施对中南地区稻田土壤固碳和温室气体排放的影响[J]. 农业资源与环境学报，33（6）：508-517.

龚静静，胡宏祥，朱昌雄，等，2018. 秸秆还田对农田生态环境的影响综述[J]. 江苏农业科学，46（23）：36-40.

郭校伟，潘军晓，张济世，等，2020. 好氧发酵猪粪部分替代化肥提高夏玉米氮素利用率和土壤肥力[J]. 植物营养与肥料学报，26（6）：1025-1034.

侯苗苗，吕凤莲，张弘弢，等，2018. 有机氮替代比例对冬小麦/夏玉米轮作体系作物产量及N₂O排放的影响[J]. 环境科学，39（1）：321-330.

侯朋福，2014. 秸秆还田对稻麦生产力和农田温室气体排放的影响[D]. 南京：南京农业大学.

姜珊，李衍素，王娟娟，2021. 我国秸秆还田技术发展现状[J]. 中国蔬菜（11）27-32.

蒋静艳，黄耀，宗良纲，2003. 水分管理与秸秆施用对稻田CH₄和N₂O排放的影响[J]. 中国环境科学，23（5）：552-556.

李昊昱，孟兆良，庞党伟，等，2019. 周年秸秆还田对农田土壤固碳及冬小麦—夏玉米产量的影响[J]. 作物学报，45（6）：893-903.

李帅帅，张雄智，刘冰洋，等，2019. Meta分析湖南省双季稻田甲烷排放影响因素[J]. 农业工程学报，35（12）：124-132.

李永华，武雪萍，何刚，等，2020. 我国麦田有机肥替代化学氮肥的产量及经济环境效应[J]. 中国农业科学，53（23）：4879-4890.

刘红江，陈留根，周炜，等，2011. 麦秸还田对水稻产量及地表径流NPK流失的影响[J]. 农业环境科学学报，30（7）：1337-1343.

逯非，王效科，韩冰，等，2010. 稻田秸秆还田：土壤固碳与甲烷增排[J]. 应用生态学报，21（1）：99-108.

吕宏菲，马星霞，杨改河，等，2020. 秸秆还田对关中地区麦玉复种体系土壤氨排放的影响[J]. 中国生态农业学报（中英文），28（4）：513-522.

苗茜，黄琼，朱小莉，等，2020. 有机肥等氮替代化肥对稻田CH₄和N₂O排放的影响[J]. 生态环境学报，29（4）：740-747.

牛新胜，巨晓棠，2017. 我国有机肥料资源及利用[J]. 植物营养与肥料学报，23（6）：1462-1479.

孙雪，张玉铭，张丽娟，等，2021. 长期添加外源有机物料对华北农田土壤团聚体有机碳组分的影响[J]. 中国生态农业学报（中英文），29（8）：1384-1396.

孙媛媛，2021. 秸秆不同还田方式对北方稻田土壤理化性质及水稻产量的影响[D]. 沈阳：沈阳农业大学.

万小楠，赵珂悦，吴雄伟，等，2022. 秸秆还田对冬小麦—夏玉米农田土壤固碳、氧化亚氮排放和全球增温潜势的影响[J]. 环境科学，43（1）：569-576.

汪军，王德建，张刚，等，2010. 连续全量秸秆还田与氮肥用量对农田土壤养分的影响[J]. 水土保持学报，24（5）40-44.

王静，郭熙盛，王允青，2010. 自然降雨条件下秸秆还田对巢湖流域旱地氮磷流失的影响[J]. 中国生态农业学报，18（3）：492-495.

王现锁，张胜恋，张增芬，等，2009. 秸秆还田技术及在土壤改良、培肥地力中的作用[J]. 河北农业（10）：22-23.

武志杰，张海军，许广化，2002. 玉米秸秆还田培肥土壤的效果[J]. 应用生态学报（13）：539-542.

夏颖，冯婷婷，吴茂前，等，2021. 秸秆还田技术的演变及其发展趋势[J]. 湖北农业科学，60（21）：16-20.

徐明岗，卢昌艾，张文菊，等，2016. 我国耕地质量状况与提升对策[J]. 中国农业资源与区划，37（7）：8-14.

徐泰平，朱波，汪涛，等，2006. 秸秆还田对紫色土坡耕地养分流失的影响[J]. 水土保持学报，20（1）：30-32，36.

杨弘，何红波，张威，等，2016. 秸秆还田对农田棕壤氧化亚氮排放动态的影响[J]. 土壤通报，47（3）：660-665.

叶桂香，史永晖，王良，等，2017. 秸秆还田的小麦—玉米农田N$_2$O周年排放的量化分析[J]. 植物营养与肥料学报，23（3）：589-596.

袁浩凌，黄思怡，孔小亮，等，2021. 不同施肥模式对早稻季农田氮磷径流流失的影响[J]. 农业现代化研究，42（4）：776-784.

袁梦，邢稳，罗美玲，等，2021. 东北稻田有机肥替代部分氮肥措施下土壤酶群分析[J]. 生态学杂志, 40 (1): 123-130.

张刚, 王德建, 俞元春, 等, 2016. 秸秆全量还田与氮肥用量对水稻产量、氮肥利用率及氮素损失的影响[J]. 植物营养与肥料学报, 22 (4): 877-885.

张冉, 赵鑫, 濮超, 等, 2015. 中国农田秸秆还田土壤N_2O排放及其影响因素的Meta分析[J]. 农业工程学报, 31 (22): 1-6.

张熙栋, 严玲, 周伟, 等, 2021. 稻麦轮作下秸秆不同利用方式还田对稻田甲烷排放的影响[J]. 农业环境科学学报, 40 (3): 685-692.

张怡彬, 李俊改, 王震, 等, 2021. 有机替代下华北平原旱地农田氨挥发的年际减排特征[J]. 植物营养与肥料学报, 27 (1): 1-11.

张玉军, 董士刚, 刘世亮, 等, 2018. 有机物替代部分化肥对土壤活性有机质及碳库管理指数的影响[J]. 河南农业科学, 47 (1): 43-47.

张岳芳, 郑建初, 陈留根, 等, 2009. 麦秸还田与土壤耕作对稻季CH_4和N_2O排放的影响[J]. 生态环境学报, 18 (6): 2334-2338.

赵政鑫, 王晓云, 田雅洁, 等, 2022. 基于Meta分析的不同生产条件下秸秆还田对土壤氨挥发的影响[J]. 环境科学, 43 (3): 1678-1687.

朱海, 杨劲松, 姚荣江, 等, 2019. 有机无机肥配施对滨海盐渍农田土壤盐分及作物氮素利用的影响[J]. 中国生态农业学报 (中英文), 27 (3): 441-450.

朱坚, 纪雄辉, 田发祥, 等, 2016. 秸秆还田对双季稻产量及氮磷径流损失的影响[J]. 环境科学研究, 29 (11): 1626-1634.

朱利群, 夏小江, 胡清宇, 等, 2012. 不同耕作方式与秸秆还田对稻田氮磷养分径流流失的影响[J]. 水土保持学报, 26 (6): 6-10.

GUO S F, PAN J T, ZHAI L M, et al., 2020. The reactive nitrogen loss and GHG emissions from a maize system after a long-term livestock manure incorporation in the North China Plain[J]. Science of the Total Environment, 720: 137558.

KONG D L, JIN Y G, CHEN J, et al., 2021. Nitrogen use efficiency exhibits a trade-off relationship with soil N_2O and NO emissions from wheat-rice rotations receiving manure substitution[J]. Geoderma, 403: 115374.

REN F L, ZHANG X B, LIU J, et al., 2018. A synthetic analysis of livestock manure substitution effects on organic carbon changes in China's arable topsoil[J].

Catena, 171：1-10.

SONG H，WANG J，ZHANG K，et al.，2020. A 4-year field measurement of N$_2$O emissions from a maize-wheat rotation system as influenced by partial organic substitution for synthetic fertilizer[J]. Journal of Environmental Management，263：110384.

Tang C，Yu Q，1999. Impact of chemical composition of legume residues and initial soil pH on pH change of a soil after residue incorporation[J]. Plant and soil，215：29-38.

XIA L L，LAM S K，Wolf B，et al.，2018. Trade-offs between soil carbon sequestration and reactive nitrogen losses under straw return in global agroecosystems[J]. Global change biology，24：5919-5932.

XU L，YU G R，HE N P，2019. Increased soil organic carbon storage in Chinese terrestrial ecosystems from the 1980s to the 2010s[J]. Journal of Geographical Sciences，29（1）：49-66.

ZHANG G B，HUANG Q，SONG K F，et al.，2022. Gaseous emissions and grain-heavy metal contents in rice paddies：A three year partial organic substitution experiment[J]. Science of the Total Environment，826：154106.

第六章　耕地质量保护的生态补偿机制

一、耕地质量保护生态补偿机制研究意义

（一）耕地质量保护是保障国家粮食与生态安全的重要举措，保护技术推广面临现实困境

强化耕地质量保护是保证国家粮食安全，落实"藏粮于地、藏粮于技"战略的关键举措，也是推进农业高质量发展和"双碳"目标的必然要求（王桂霞和杨义风，2021）。生态补偿作为耕地资源保护的一项重要制度，在长期演进中取得阶段性成效，但我国耕地质量整体形势仍不容乐观。我国耕地保护制度已过渡到数量、质量、生态管护的"三位一体"转型期，实践探索中仍存在诸多挑战和问题（刘蒙罴和张安录，2021；刘洪斌等，2021）。其一，农户作为耕地保护的实践主体，受个体禀赋和外部环境限制，自身主体作用发挥不大，而新型经营主体不能取代农户的角色且责任不清；其二，耕地质量保护生态补偿存在补偿标准过低、补偿方式单一的共性问题，不能满足利益相关主体的诉求（段龙龙等，2016）。新时期，要适应耕地保护战略转型发展的总体要求，亟须补齐行为主体和制度环境约束短板，为技术创新发展拓展空间。

（二）耕地质量保护生态补偿政策设计与评价方法尚有不足，补偿标准定价依据亟待完善

耕地资源承载着粮食安全、工业化及城镇化建设用地及生态环境建设等重大功能。耕地资源保护的生态补偿标准研究一直是农业生态补偿领域的研究热点。当前，大部分研究认为耕地资源的生态服务功能价值评估是确定

生态补偿标准的重要依据，价值评估研究主要围绕耕地资源的全价值、外部性价值和生态服务价值测度3个方面进行。一是以耕地资源生态价值评估为定价依据。如何界定耕地资源的全价值量是核心问题，通常认为耕地资源价值包括经济产出价值、生态服务价值及社会保障价值，其中，经济产出价值是一种市场价值，社会承载价值是一种非市场、非外部性价值，生态服务价值则是一种外部性价值（张效军等，2008；蔡运龙和霍雅勤，2006）；并应用收益还原法、替代市场法和意愿评估法估算典型区域耕地资源的总价值（唐建等，2013；高攀等，2019；邹彗等，2020）。二是以耕地资源外部性测度为补偿依据。随着农业资源公共产品的外部性特征被逐步重视，耕地资源外部性价值评估研究也不断深入，已有研究认为耕地资源的外部性是非市场价值的集中体现，既包括了耕地的社会保障和生态服务价值，又包括选择价值、馈赠价值、存在价值等（宋敏和张安录.2009；蔡银莺等，2006）。因此，大多数学者采用意愿价值评估法或选择实验法来测度生产者参与耕地保护的支付意愿（受偿意愿），估计耕地保护的外部性价值，也有少部分案例采用收益还原法或生态价值修正系数法等进行研究（牛海鹏等，2014；张俊峰等，2020；陈竹等，2013）。三是以耕地资源机会成本核算为补偿依据。以成本测度作为补偿标准制定的依据比较普遍，由于成本测度相对收益测度更简单易行且容易接受（徐涛等，2018）；但不能全面评价耕地保护行为的绿色贡献，只能作为补偿标准下限的参考（雍新琴和张安录，2011；柴铎和林梦柔，2018）。由于补偿标准的定价方法视角单一、缺乏系统性，分主体的补偿标准研究滞后，没能根本解决生产经营主体在技术应用中面临的困境（刘蒙罢和张安录，2021；刘洪斌等，2021）。

（三）探索中国特色多元经营主体耕地质量保护生态补偿机制，实现精准测度到精准施策

将生态补偿机制研究置于中国农村经济社会转型和农业现代化发展的视域中加以研判分析，围绕实现多元经营主体利益均衡问题，以耕地质量保护外部性环境贡献为切入点，厘清责任主体之间、定价依据之间及补偿方式之间的关系，精准测度技术产生的生态价值、效用价值及成本价值，构建基于外部效应的"双边界"生态补偿标准定价核算方法，制定分主体的差别化生态补偿机制。研究符合新时期中国特色农业经营体系改革生态补偿制度创新的重大需求，其成果可为建立系统的耕地质量保护生态补偿标准核算方法提供创新思路，为深入指导粮食主产区落实耕地质量保护政策目标提供决策参考。

二、耕地质量保护生态补偿机制研究内容

（一）研究对象

耕地质量保护是为缓解基础地力下降而采取的减少农田污染、培育健康土壤、提升耕地地力的一系列行动措施。根据2014年农业部办公厅印发的《2014年耕地质量保护与提升技术模式》及2015年农业部印发的《耕地质量保护与提升行动方案》的工作要求，结合研究工作基础，本研究将以"秸秆还田技术、农业投入品减量施用技术、有机肥替代化肥技术"3项关键技术为研究对象，开展耕地质量保护技术的生态补偿机制研究。

（二）框架思路

针对目前我国耕地质量保护生态补偿机制研究相关利益的责权定位不清、补偿标准核算方法不系统、补偿制度设计不完善等主要问题，沿着"责任解析→方法构建→政策优化"的研究主线，运用多学科相结合的研究方法开展耕地质量保护生态补偿政策，研究内容设置3个部分，总体思路框架如图6-1所示。

1. 生态补偿机制多元主体的社会责任解析

耕地保护生态补偿的受益主体是补偿主体及补偿资金支付者，即代表公众利益的中央政府及地方各级政府；受偿主体是保护主体及补偿客体，即参与耕地保护的普通农户及新型经营主体。我国农村经济体制改革是一个渐进的过程，家庭经营将在很长时期与规模经营并存，生态补偿政策要综合考虑并妥善处理多主体之间关系才能发挥更大的效能。政府既是生态补偿的主体，又是生态补偿制度的制定者。这种双重身份决定了必须界定不同层级政府的生态补偿事权，把耕地保护生态补偿纳入财政政策之中，通过政策手段落实相关主体的生态补偿责任，才能真正形成政府领域的生态补偿机制，促

进耕地质量保护成为社会各阶层的一种自觉行为。各主体在生态补偿中的行为逻辑与社会责任如表6-1所示。

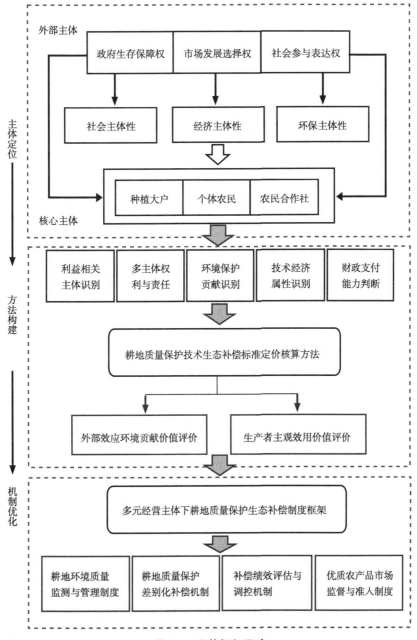

图6-1　总体框架思路

表6-1 各类经营主体在生态补偿机制中的关系与责任

经营主体	关系内涵	行为逻辑	社会责任
普通农户	受偿主体	理性小农,追求个人利益最大化	生存理念绿色化 生产经营绿色化 生活消费绿色化
新型经营主体	受偿主体	理性主体,存在耕地"非农化及非粮化"矛盾冲突	
农业龙头企业	受偿主体	专业组织,具有主动为生态环境保护作贡献的责任	内部核算绿色化 市场调节绿色化 政府调控绿色化
各级政府部门	补偿主体	行政机构,具有生态补偿的事权和政策制定权利	生态环境绿色化 政府行为绿色化 法律法规绿色化 社会经济绿色化

2. 生态补偿标准定价机制与核算方法研究

各利益主体在相互博弈中要通过有效的价值判断工具准确回答"应该补偿多少",以解决技术应用中外部效应问题。"补多少"是补偿标准的核算问题,是补偿政策顺利实施和持续运行的关键。研究从耕地保护的环境贡献视角,提出"双边界"生态补偿标准核算方法,实现技术外部效应精准测度。具体内容如下。

(1)"补什么"?生产者采用保护性耕作技术使农田土壤地力和环境质量得到提升与改善,产生显著的正外部性;生产者直接参与环境保护却被动承受了技术的外部性,其损失了私人边际收益而增加了公众的生态福利,从社会公平角度理应获得合理的补偿。因此,应该对生产者技术应用过程中降低环境负外部性付出的成本及提升环境正外部性损失的收益给予报酬或奖励。

(2)"补多少"?从理论层面分析,补偿标准定价应以技术产生的外部效应价值为依据。耕地保护技术本身具有自然属性和社会属性双重属性。自然属性是技术具有能够改善环境质量的客观规律性,是人类研发、推广技术的基础。社会属性是技术在生产实践中体现的社会需求性和主观偏好，是人类选择、采用技术的根源。因此，补偿标准定价应基于3点考虑：一是技术采用对增加正外部性和降低负外部性两方面的环境贡献价值；二是技术应用中各主体的相关意愿和诉求；三是政府的财政支付能力。鉴于此，研究提出基于外部效应量化的"双边界"生态补偿标准定价原理，定价原理思路框架如图6-2所示。

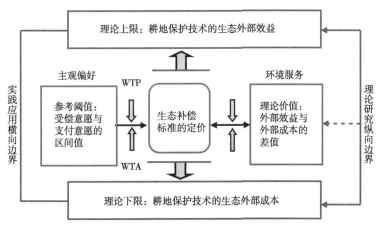

图6-2 农业生态补偿标准定价思路框架

理论研究的纵向边界：以耕地保护技术产生的生态外部效益作为补偿标准的理论上限值，以外部成本为补偿标准的理论下限值，其差值为农业生态补偿标准的理论价值。

实践应用的横向边界：从受偿主体（生产经营者）实践应用层面确定补偿参考阈值，以耕地保护技术采纳的受偿意愿和支付意愿价值区间范围作为参考阈值，根据补偿对象属性确定适宜的评估尺度，以WTP和WTA的比值为修正参数。从补偿主体政策实践层面确定最终补偿标准，以中央政府及地方政府实际财政支付能力为基本遵循和制定补偿标准的重要依据。

（3）"如何算"？从实践层面分析，"双边界"生态补偿标准核算方法的核心是价值评估，具体的核算方法框架如图6-3所示，技术应用外部效应价值包含外部经济价值和行为意愿价值，分别对应着环境贡献价值及效用偏好价值；其中，外部经济价值包括外部效益和外部成本价值，通常采用生态服务价值评估法和成本—效益分析法进行核算，其结果可作为纵向边界的理论上限和下限；行为意愿价值包括支付意愿和受偿意愿价值，通常采用意愿价值评估方法和计量模型统计法量化分析生产者补偿意愿价值，其结果可作为横向边界的重要参考阈值。研究将全面分析主观和客观因素，将协商法和市场法相结合，最终设定针对不同生产主体的科学、合理的补偿标准。

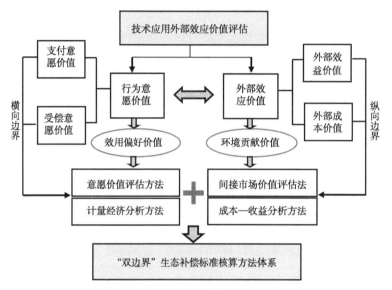

图6-3 "双边界"生态补偿标准核算方法框架

3.多元主体参与的生态补偿机制优化研究

生态补偿的本质要求是为各经营主体获得发展权机会，促进生态红利公平分配。耕地质量保护生态补偿要使多元主体实现利益均衡，就要从顶层设计完善耕地质量生态管理和利益调节。具体设计思路如下。

①界定政府在生态补偿机制中的事权，提高社会主体对政府的信任认同，通过双向激励性引导提高保护主体的责任意识和能力。②引导企业与社会资本参与市场调节，政府应采取适度放权、减少市场介入及财政干预等手段，支持并引导龙头企业和社会资本积极参与耕地质量保护行动。③鼓励新型经营主体发挥带动作用，大力扶持新型经营主体的种粮行为，对带动农户参与耕地质量保护行动的给予资金支持。④帮扶小农户对接农机化大市场，充分考虑农户个体的利益需求，通过直接经济补偿等方式激发耕地质量保护的积极性。

（三）重点难点

1. 激活参与耕地保护多元化主体性路径，明确各主体权利与责任

由于没有充分赋权提升各主体的社会认同感，导致生产者参与耕地保护的积极性不高。因此，重点要强化耕地保护的社会认同和社会主体的信任认同，特别对普通农户和新型经营主体进行充分赋权，提升农民的身份认同使其有意愿、有能力、有权利参与公共事务，实现耕地质量保护的社会主体性。

2. 建立多学科与多视角融合的方法体系，提高技术手段可操作性

由于生态补偿是一门交叉学科，单一视角的评估方法缺乏科学系统性，不能满足精准施策需要。因此，建立统一的多学科融合方法体系是难点之一。从外部效应和行为意愿两个视角，综合运用间接市场价值与假想市场价值评估法，构建"双边界"生态补偿标准核算方法体系，提高技术手段的可操作性。

3. 改进并优化评估指标体系与技术流程，提高研究结果的有效性

由于缺乏统一的评价指标体系和评估尺度，导致研究结果的有效性受到质疑。因此，提高方法的有效性和可信性是难点之二。从技术的多功能视域出发，完善评价指标体系和技术流程，选择支付意愿和受偿意愿两种评估尺度量化分析行为意愿，有效规避方法可能产生的偏差。

如以秸秆还田技术为例确定外部效应价值评估指标及核算方见表6-2。

表6-2　秸秆还田技术外部效应价值评估指标与核算方法

	评价指标	物质量核定方法	价值量计算方法
功能指标	①固碳减排	排放因子法估算固碳量	碳交易价格和影子价格法
	②养分循环	土壤库持留法计算养分含量	影子价格法计算增加养分价值
	③蓄水保墒	蓄水量法计算田间持水量	替代工程法计算蓄水增量价值
效用指标	④支付意愿	意愿价值评估法获取WTP投标值	计量经济模型估算WTP价值
	⑤受偿意愿	意愿价值评估法获取WTA投标值	计量经济模型估算WTA价值

（续表）

	评价指标	物质量核定方法	价值量计算方法
环境指标	⑥减少养分流失	文献分析法计算减少养分流失量	机会成本法计算污染减排的价值
成本指标	⑦额外成本	问卷调查法获得额外生产成本	成本—收益分析方法计算成本
	⑧机会成本	社会调查法了解其他用途收益	市场价值法计算最高用途收益

三、耕地质量保护生态补偿的政策设计

（一）建立耕地质量保护多元经营主体良性互动运行机制

以实现耕地资源及环境可持续发展、提高耕地资源生态资本价值为目标，建立保护主体与受益主体良性互动的运行机制。界定政府在生态补偿机制中的事权，做好引领、调控及保障工作；种植大户和农业合作社充分发挥纽带和桥梁作用，帮扶并组织小农户从事保护性耕作生产；个体农户在各方力量带动下提高环保意识，积极采纳耕地质量保护与提升技术并参与示范项目。具体运行机制框架见图6-4。

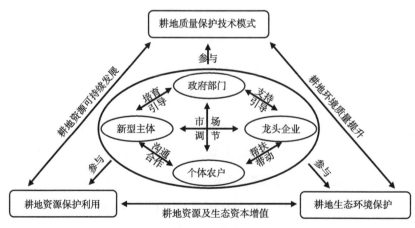

图6-4　耕地质量保护多元主体协同参与机制构建

（二）制定多元主体协同保护的差别化生态补偿方案

一是基于个体农户、种植大户、农民合作社等经营主体意愿价值、外部效应价值和机会成本分析，确定合理的补偿标准；二是选择适合多元经营主体禀赋和经营特征的补偿方式，按照补偿方式的优先序分类型实施补偿工作；三是开展多元经营主体的补偿绩效评估，评估指标可根据耕地质量保护成效验收情况动态调整，以绩效评估结果作为补偿政策持续执行的重要依据。研究以秸秆还田技术为例制定具体生态补偿方案见表6-3。

表6-3　秸秆粉碎还田技术差别化生态补偿方案

受偿主体	生产规模	定价依据	补偿方式	绩效评估指标
个体农户	<50亩	外部效应价值 ●● 行为意愿价值 ● 发展机会成本 ●	现金直补（或与其他合并） 智力补偿（教育或培训） 耕地地力保险	①秸秆留茬高度 ②秸秆还田率 ③单位耕地有机质含量
种植大户	≥50亩	外部效应价值 ●● 行为意愿价值 ●● 发展机会成本 ●	●●●以奖代补（或现金直补） 农机购置补贴 金融信贷担保 智力补偿 耕地地力保险	①秸秆留茬高度 ②秸秆还田率 ③单位耕地产量 ④单位耕地机械投入量 ⑤单位耕地有机质含量
农业合作社	以组织农户的生产规模为准	行为意愿价值 组织运行成本 发展机会成本 额外生产成本	●●●●农机购置补贴 ●●●●基础设施建设补贴 ●●●农机手作业补贴 ●●金融信贷担保 ●●权益补偿 ●●智力补偿 ●耕地地力保险	①秸秆留茬高度 ②秸秆还田率 ③单位耕地产量 ④单位耕地机械投入量 ⑤单位耕地有机质含量 ⑥带动或服务农户数量 ⑦订单农业的综合效益

注：“●”代表补偿方式选择的优先序，数量越多表示优先序等级越高；同一等级内部的补贴方式同等重要。

参考文献

蔡银莺，李晓云，张安录，2006. 耕地资源非市场价值评估初探[J]. 生态经济（学术版）（2）：10-14.

蔡运龙，霍雅勤，2006. 中国耕地价值重建方法与案例研究[J]. 地理学报，61（10）：1084-1092.

柴铎，林梦柔，2018. 基于耕地"全价值"核算的省际横向耕地保护补偿理论与实证[J]. 当代经济科学，40（2）：69-77.

陈竹，鞠登平，张安录，2013. 农地保护的外部效益测算——选择实验法在武汉市的应用[J]. 生态学报，33（10）：3213-3221.

段龙龙，李涛，叶子荣，2016. 中国式耕地质量保护之谜：从市场逻辑到政策规制[J]. 农村经济（4）：27-33.

高攀，梁流涛，刘琳轲，等，2019. 基于虚拟耕地视角的河南省县际耕地生态补偿研究[J]. 农业现代化研究，40（6）：974-983.

郜彗，张祥耀，刘明华，等，2020. 淮河源重点生态功能区生态补偿标准和等级研究[J]. 信阳师范学院学报（自然科版），33（2）：244-249.

刘洪斌，李顺婷，吴梦瑶，等，2021. 耕地数量、质量、生态"三位一体"视角下我国东北黑土地保护现状及其实现路径选择研究[J]. 土壤通报，52（3）：544-552.

刘蒙罢，张安录，2021. 建党百年来中国耕地利用政策变迁的历史逻辑及优化路径[J]. 中国土地科学，35（12）：19-28.

牛海鹏，王文龙，张安录，2014. 基于CVM的耕地保护外部性估算与检验[J]. 中国生态农业学报，22（12）：1498-1508.

宋敏，张安录，2009. 湖北省农地资源正外部性价值量估算——基于对农地社会与生态之功能和价值分类的分析[J]. 长江流域资源与环境，18（4）：314-319.

唐建，沈田华，彭珏，2013. 基于双边界二分式CVM法的耕地生态价值评价——以重庆市为例[J]. 资源科学，35（1）：207-215.

王桂霞，杨义风，2021. 当代中国农村耕地资源保护的实践探索与策略优化——以黑土地保护为中心兼及其他[J]. 河北学刊，41（6）：117-124.

徐涛，赵敏娟，乔丹，等，2018. 外部性视角下的节水灌溉技术补偿标准核算——基于选择实验法[J]. 自然资源学报，33（7）：1116-1128.

雍新琴，张安录，2011. 基于机会成本的耕地保护农户经济补偿标准探讨——以江苏铜山县小张家村为例[J]. 农业现代化研究，32（5）：606-610.

张俊峰，贺三维，张光宏，等，2020. 流域耕地生态盈亏、空间外溢与财政转移——基于长江经济带的实证分析[J]. 农业经济问题（12）：120-132.

张效军，欧名豪，高艳梅，2008. 耕地保护区域补偿机制之价值标准探讨[J]. 中国人口·资源与环境，18（5）：154-160.

第七章　秸秆还田技术应用补偿标准实证研究

秸秆还田技术具有明显的外部效应和公共产品属性，农户参与秸秆还田获得的边际私人收益远远小于边际社会收益，公众无须支付任何代价便得到福利水平提升。根据"庇古手段"和科斯定理，政府应采取补贴手段给农户合理报酬来消除这种背离。农户是技术外部效应的被动承受者，其行为意愿是推动技术发展的内生动力。补偿标准定价既要遵循秸秆还田保护耕地资源的客观规律性，又要调动技术应用者农户的主观能动性，两者有机结合能为补偿标准定价提供更充分依据。本研究基于外部效应量化的"双边界"补偿定价原理，以技术的外部效应价值为理论研究纵向边界，回答"应该补偿多少"的问题；以技术采纳的补偿意愿价值为实践应用的横向边界，回答"希望补偿多少"的问题，为精准测度补偿标准提供科学依据。

一、补偿标准研究方法综述

近年来，秸秆还田技术的生态服务价值评估和采纳行为意愿定量分析已成为生态经济学研究的热点问题。价值评估是补偿标准定价的核心技术和重要依据。目前，关于秸秆还田技术环境服务价值评估的主要方法有"生态能值分析法、意愿价值评估法和成本—收益分析法"3类。随着理论和实证研究地深入，采用多学科方法交叉与融合成为技术评估领域重要发展方向。

生态能值分析法通过编制详细的能量分析表，关注能值的产投比，建立能值综合指标体系量化秸秆还田技术潜在的生态经济价值（Minas et al.，2020；Castellini et al.，2006；周维佳等，2015）。从方法适用范围来看，主要用于秸秆生物质能源经济价值评估和秸秆还田技术模式的环境效应评估。在能源化利用中，秸秆作为沼气生物质能源原料或者化学工业生产原料，生态能值分析法评估秸秆资源的沼气生产潜力和产能效果（Onthong et al.，2017；Samun et al.，2017），量化分析其作为颗粒燃料的经济效益和温室减排等作用（Song et al.，2015；Delivand et al.，2012），以及生物经济潜力和盈利能力（Thorenz et al.，2018；Dassanayake et al.，2012）。在肥料化利用中，大部分研究依据方法特有的能值指标和能值转换优势，评价秸秆还田模式能量投入与产出效率及农田生态环境潜在影响。例如在关中平原地区，对小麦—玉米轮作下9种秸秆还田模式的有机能与无机能产投比进行实验分析，通过综合评价指标判断最优模式（蒋碧等，2012）；在成都平原地区，分析不同秸秆还田模式生态系统的能值投入与产出结构，通过主要能值指标的变化规律筛选优化生产模式（黄春等，2015）；在湖南双季稻区，观测分析不同秸秆还田量和不同秸秆源生物质炭施用模式能值效益，判断秸秆源生物质炭还田是双季稻区最优耕作模式（陈春兰等，2015）。生态能值分析法观测数据真实可靠，要根据不同区域秸秆还田技术模式特点，动态测量生态服务功能物质量并准确核定单位价值量，提高评估结果准确性。

　　成本—收益分析法用于政府决策及管理中，衡量非市场交易的商品或服务价值，判断秸秆还田模式的经济与环保可行性（许光建等，2014）。在秸秆还田的固碳减排环境效应研究中，通过实验与观测方法相结合，综合评价秸秆还田模式减少农田CO_2和NO_2温室气体排放强度（Zhuang et al.，2019；张国等，2014），提升土壤生物炭的固碳量和碳封存的潜力（Zheng et al.，2017；杨乐等，2015；杨旭等，2015），为秸秆资源管理提供科学依据。在秸秆还田的化肥减施与经济效益研究中，全面认识秸秆还田的化肥替代效应（宋大利等，2018），开展不同还田模式生态效益和经济效益观测研究，如在山西、四川、江苏等地研究玉米（水稻）作物秸秆还田、稻麦轮作秸秆还田及生物炭还田模式的增收效益，推荐区域适宜的最优化模式（周怀平等，2013；李娇等，2018；孙小祥等，2017）。在秸秆还田技术成本分析中，由于秸秆还田技术的公共产品属性意味着政府需要承担农业技术市场投资（钱加荣等，2011）；由于技术成本测度比收益测度更易操作和简单，大部分研究开展技术投入产出的经济分析（Lokesh et al.，2019），调查成本和收益的约束条件（Hsu，2021；周应恒等，2016），并基于实际成本提出补贴政策建议。成本—收益方法适用范围广泛，要兼顾公平性考虑与其他生态经济评估法相互补充和验证，为决策服务提供科学依据。

意愿价值评估方法（CVM）是国际社会通用的公共物品价值评估方法（Mitchell et al.，1989；Gebrezgabher et al.，2015），多用于秸秆还田等农业绿色技术采纳行为意愿研究中。一部分研究采用CVM方法分析技术采纳意愿影响因素，探索生产行为驱动机制，为优化政策机制提供建议。在方法上选择Logit、Probit及Tobit二元离散模型，揭示技术采纳行为意愿影响机理。在结果上包含4类影响因素：个体禀赋是影响技术采纳意愿的关键共性因素，包括受教育程度、年龄、经验及家庭收入（Habanyati et al.，2018；吴雪莲等，2016）；资源禀赋中的生产规模、设备条件等是决定技术采纳与否的重要外因（Habanyati et al.，2018；王金霞等，2009）；政策支持是被广泛证明的显著性影响因素，主要包括激励政策、管理政策和规制政策（钱加荣等，2011；漆军等，2016）；技术认知是指对技术的生态和福利认知，也是采纳意愿的重要影响因素（颜廷武等，2017；王晓敏等，2019；张永强等，2020）。另一部分研究评估农户采纳环保生产技术补偿意愿价值。从研究领域看，主要涉及保护性耕作技术（Kurkalova et al.，2006）、农田面源污染防控技术（Atinkut et al.，2020）及农业废弃物资源化利用技术（韦佳培等，2014；何可等，2014）；从评估尺度看，更多的研究以受偿意愿为评价尺度（Zuo et al.，2020；全世文等，2017；余智涵等，2019），受偿意愿能更好体现调查者对环境资源或服务的偏好程度；从引导技术看，大部分研究采用支付卡法（Paul et al.，2017；汪霞等，2012）和开放二分选择式问卷引导核心估值问题（吕悦风等，2019；翁鸿涛等，2017）。由于CVM方法的引入时间尚短，对于规避可能偏差的理论与方法研究欠缺，有效解决假想市场偏差、引导技术选择及评估尺度差异性等问题的技术手段亟待完善（周颖等，2015；2018）。CVM的假想市场特征使其受到质疑，国内缺乏方法有效性改善的系统研究，应规范操作流程，改进调查缺陷并优化模型分析，提高CVM的有效性和可靠性。

二、理论基础与研究假设

（一）秸秆还田外溢效应

秸秆还田是重要的农业绿色生产技术，具有显著外部性特征。一方面秸秆还田解决露天焚烧引起的大气污染，降低了温室气体排放给环境带来的负外部性；另一方面秸秆中有机物和养分回归土壤，改善了土壤理化性状，培肥了土壤，给环境带来的正外部性（崔新卫等，2014）。公众作为这些效用或功能的受益者没有支付任何代价便得到福利水平的提升，秸秆还田具有公共产品特征，成为外溢效益的主要来源。秸秆还田技术的外溢效益价值由生态服务价值和社会保障价值两部分构成（周颖等，2019）。国际社会评估外溢效益价值所采用的主要方法有生态能值分析法、成本—收益分析法、层次分析法及意愿价值评估法4种（Liu et al.，2017；Feiziene et al.，2018）。

（二）计划行为理论分析

技术采纳行为是由复杂决策过程驱动的，学界对农户生产行为的研究已经有所尝试。计划行为理论（Theory of planned behavior，TPB）认为个体行为由行为意愿决定（Ajzen，1991），行为意愿主要由行为态度、主观规范和知觉行为控制表征，这三者之间既相互独立又两两相关（张东丽等，2020）。

行为态度是个体对某特定行为偏好程度的感觉和评估。本研究中行为态度是指农户对秸秆还田技术应用的环保认知、预期效果以及由此形成的行为态度，主要取决于两方面的认知。一是技术应用对环境保护的影响认知，秸秆还田解决焚烧带来的环境污染问题，可以提高土壤肥力，维持农田生态系统新的平衡（周应恒等，2016）。农户的环保意识越强对技术的认可度越高，会形成偏向正面判断的心理感受，对行为态度起到促进作用（唐学玉等，2012）。二是技术应用对个人利益的影响认知，秸秆还田要投入额外的生产成本，农户作为理性经济人更关注成本问题，成本增长引起负面判断的心理感受，并逐渐产生消极的行为态度。

主观规范是指个体对是否采取某特定行为感受到的社会压力，反映了个体行为决策受到他人或团体观点和行动的影响作用。秸秆还田技术应用中农户的主观规范可以理解为来自外部环境及重要他人的压力。一是来自政策环境方面的影响，农民的生产行为极易受到农业政策的干预（曹光乔，2019）。农户在秸秆禁烧政策管制下，感受到来自社会环境的压力，对于规范秸秆处置有了更清楚地认识（李傲群和李学婷，2019）；同时，在秸秆还田补贴政策引导下，主动参与还田的愿望会加强（姚科艳等，2018），实施秸秆还田成为常规生产模式。二是来自重要他人的影响，农业生产活动的社会性决定了个体生产动机不可避免地受到他人的影响。农户在决定是否应用技术前往往先了解或观望周边邻居、亲戚及熟人的做法，问询他人的看法和意见，提高自身对新技术的认知水平，减少技术传播中信息不对称性（王洋和许佳彬，2019；廖沛玲等，2019），以便对行为决策做出正确选择。

知觉行为控制是指个体对某特定行为执行难度和可控能力的感知（张东丽等，2020），体现个体对促进行为执行因素的感知，以及对这些感知促进因素重要程度的估计（王季等，2020）。研究中的知觉行为控制是指农户对参与秸秆还田难易程度的判断，主要包括个体禀赋、资本禀赋和资源禀赋等，具体来说劳动力数量、土地规模、家庭收入是约束性因素（刘明月和陆迁，2013；曾雅婷，2017），文化背景、经验、区位及农业技术服务等逐渐成为秸秆还田推广限制性要素（张星和颜廷武，2021；Gebrezgabher et al.，2015），故将其纳入知觉行为控制指标中。农户认为限制生产行为的外部条件约束性越低，其感知参与秸秆还田的难度就越小，其越相信能控制该生产行为，也就表现出更强烈的还田愿望和主动性。

根据计划行为理论分析，研究假设农户采纳秸秆还田技术行为意愿由3方面因素影响。一是行为态度，由技术认知和成本与收益感知两部分组成，农户对技术的环境保护作用认知水平越高，参与环保的态度就会越积极；对于技术成本投入及预期收益的权衡，决定其心理接受度的倾向。二是主观规范，包括外部政策环境和社会资源两方面，主观规范体现了外部因素对生产行为的导向作用，发挥外因对内因的激励作用是行为研究的核心问题。三是知觉行为控制，由个人能力、资源和机会等可控因素构成，农户认为其具有的感知可控因素越重要越相信能控制秸秆还田生产行为。由此，建立秸秆还田采纳行为意愿影响因素概念框架，见图7-1。

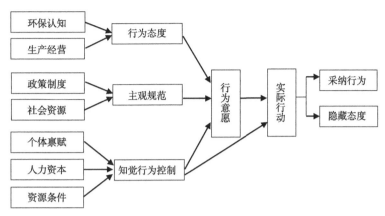

图7-1　秸秆还田采纳行为意愿影响因素概念模型

三、数据来源与研究方法

河北省徐水区位于冀中平原，全区总面积723km²，辖4乡10镇，1个城区办事处，1个开发区管委会，298个行政村。2015年5月正式设立保定市徐水区，为典型的冬小麦/夏玉米一年两熟制；常年各类农作物种植面积约7.2万hm²，粮食作物面积约5.9万hm²，耕地质量平均等级为3.11；秸秆年产量约70.6万t。2018年，秸秆综合利用率87.3%，秸秆未被利用率12.7%；小麦、玉米秸秆粉碎还田比例分别为100%和85%。2019年，全区建有家庭农场986家，农民专业合作社791家、新型经营主体20家。河北省徐水区农业生产条件优越且机械化水平较高，代表冀中平原秸秆还田技术发展的整体水平，且建有长期农户调查固定观测点。

（一）数据来源

课题组于2020年10月在河北省徐水区开展农户问卷调查，调查采用目标抽样与分层抽样相结合的方法，由于研究是为决策服务而非结论性研究，样本量不要求太大，且徐水区多年来农户生产方式变化不大，调查可接受的误差精度不要求太高。调查遵循费用一定条件下精度最高的原则，误差限为3%～5%，用简单随机抽样取概率值为0.5，则对应总体所需样本量为269～747个。本次调查共收集问卷337份，剔除由于受访者年龄较大而无法正确回答问题，以及受访者反复问询别人无法准确表达意愿等无效问卷，共获得有效问卷319份，有效率为94.7%，符合预先样本容量的整体要求故研究具有可信性。

建立政府提供秸秆还田技术补贴的假想市场，采用CVM的支付卡引导技术，获取农户技术采纳支付意愿的选择值和投标值。核心估值问题设计进行3点改进：一是提高受访者对技术的熟悉度，调查人员告知秸秆还田生态环境效应，让农户了解技术应用成本约2 700元/hm²（合180元/亩）。二是建立假想市场获取WTP/WTA投标值，假设政府要实施玉米秸秆还田补贴，因资金有限需个人负担部分费用，询问受访者是否愿意承担。如果愿意（WTP>0或WTA>0），则询问愿意支付最高金额。WTP/WTA投标值包括10个选项，设计选项为占技术应用成本（2 700元/hm²）的比例数，即≤10.9%、11.0%～20.9%、21.0%～30.9%、31.0%～40.9%、41.0%～50.9%、51.0%～60.9%、61.0%～70.9%、71.0%～80.9%、81.0%～90.9%、91.0%～100%。三是引入后续确定性问题，请受访者在支付意愿选择后，继续在"10刻度量化表"上选择实际支付的可能性，数字"1"代表非常不确定，"10"代表非常确定。根据答案修正WTP/WTA选择值，研究设置确定性门槛为"8"，凡是答案"≤8"认为是不愿意，WTP/WTA选择值为零。

（二）模型构建

首先，构建影响因素分析模型。农户是否愿意支付秸秆还田成本费用，取决于行为态度、主观规范及知觉行为控制等诸多因素影响，虽然无法观测到，但是技术采纳行为有"愿意"和"不愿意"两种。针对被解释变量只有两种选择，研究建立Probit二元离散选择模型，模型经过展开变形后的表达式见式（7-1）。

$$Z_i = F^{-1}(p_i) = \beta_0 + \beta_1 X_{1i} + \beta_2 X_{2i} + \cdots + \beta_k X_{ki} + \mu_i \qquad （7-1）$$

式中，被解释变量Z_i表示农户秸秆还田技术支付意愿选择值；X_{ki}为解释变量（k为解释变量个数，$i=1$，2，$\cdots$，n，n为样本容量）；β_0为常数项；β_1，β_2，$\cdots$，β_k表示解释变量系数；p_i为支付意愿选择概率；μ为随机误差项。

其次，构建价值评估模拟模型。农户愿意支付的秸秆还田费用额度，取决于不可预测的多种因素的权衡。根据Cobb-Dauglas生产函数模型，构建WTP投标值与影响因子之间函数关系式，见式（7-2）。

$$WTP = AI^{\beta_1} P^{\beta_2} S^{\beta_3} E^{\beta_4} C^{\beta_5} \tag{7-2}$$

将式（7-2）进行对数形式变换，虚拟变量采用水平值形式直接进入模型，定量变量则以对数形式变换后进行回归分析，得到多元对数回归模型见式（7-3）。

$$\ln WTP = \ln A + \beta_1 \ln(I) + \beta_2 \ln(P) + \beta_3 S + \beta_4 E + \beta_5 C + \mu \tag{7-3}$$

将式（7-3）中的特征变量进一步扩展，得到评估WTP价值量的多元线性对数回归模型，见式（7-4）

$$\ln WTP = \ln A + \beta \ln X_1 + \beta_2 \ln X_2 + \cdots + \beta_k \ln X_k + \mu \tag{7-4}$$

式（7-2）、式（7-3）和式（7-4）中，A为常数项；I为个体禀赋；P为生产经营；S为社会资源；E为环保认知；C为政策项；β_1、β_2、$\cdots$，β_k为回归系数；X_1、X_2、$\cdots$，X_k为影响因子；μ为随机误差项。

四、样本描述性统计分析

（一）变量定义

根据研究假说，选取包含个体禀赋、生产经营、社会资源、环保认知、政策偏好5类16个特征变量作为模型的解释变量。研究对每个变量进行定义赋值和解释说明。在选择的16个特征变量中，定量变量有8个，虚拟变量有8个；定量变量主要为生产经营变量，虚拟变量包含社会资源变量、环保认知变量及政策认知变量等。基于河北省徐水区2020年收集的319份调查问卷数据，运用SPSS 19.0和Excel统计分析软件进行了基本统计变量的描述性统计分析，见表7-1。

表7-1 变量定义赋值及描述性统计

变量类别	符号	变量名称	变量定义及说明	均值	标准差
因变量	Y	支付意愿	0：不愿意；1：愿意	0.93	0.25
个人禀赋	X_1	受访者年龄	受访者实际年龄（岁）	59.76	10.48
	X_2	教育年限	0：文盲；6：小学；9：初中；12：高中；16：大专以上（年）	7.03	3.44
	X_3	劳动力比率	劳动力人口占家庭总人口的比例（%）	0.47	0.22
	X_4	家庭总收入	1：≤1；2：1.1~2.0；3：2.1~3.0；4：3.1~4.0；5：4.1~5.0；6：5.1~6.0；7：6.1~7.0；8：7.1~8.0；9：≥8.1（万元）	4.14	2.57
生产经营	X_5	种子成本	单位面积的种子成本费用（元/亩）	45.59	19.38
	X_6	化肥成本	单位面积的化肥成本费用（元/亩）	138.34	55.82
	X_7	农药成本	单位面积的农药成本费用（元/亩）	52.94	40.57
	X_8	灌溉成本	单位面积的灌溉成本费用（元/亩）	41.59	27.21
	X_9	灌溉次数	夏玉米每年灌溉的次数（次/年）	1.48	0.70
	X_{10}	机械成本	单位面积的机械成本费用（元/亩）	215.85	68.93
社会资源	X_{11}	信息来源	0：不丰富；1：丰富（信息来源两种方式以上）	0.25	0.43
	X_{12}	问题求助	0：不求助；1：求助	0.81	0.39
环保认知	X_{13}	秸秆用途	0：不还田；1：还田	0.86	0.35
	X_{14}	还田好处	1：没好处；2：有好处；3：好处很大	2.47	0.58
政策偏好	X_{15}	参加培训	0：不参加；1：参加	0.04	0.19
	X_{16}	WTP比例	WTP投标值占秸秆还田费用比例（%）	0.34	0.16

（二）特征分析

1. 个体禀赋特征

受访者中男性有136人、女性有183人，分别占样本总体的42.6%和

57.4%。受访者年龄偏大，19～40岁的中青年人占4.4%，41～65岁的中老年人占60.2%，66岁以上的老年人占35.1%（图7-2）。样本总体中家庭平均总人口4.6人，劳动力平均2.0人，外出打工1.5人，劳动力所占比例为46.6%，打工人口所占比例为34.1%。随着北方农村家庭人口数的减少，越来越多的留守中老年人担负起生产重任，年轻人很少愿意在家种地务农。受访者教育程度分布情况，文盲占13.8%、小学及以下占36.7%、初中占37.6%、高中占11.6%、大专及以上占0.3%（图7-3），说明目前河北省冀中平原区农民的文化素质普遍不高，小学及初中文化水平的占74.3%，文盲的比例也很高，这与受访者年龄偏大有关。受访者年均劳动时间为1.2个月，其中劳动时间在1～3个月的占82.2%，4～6个月的占14.1%（图7-4），说明种粮农户普遍劳动时间较短。从家庭总收入水平来看，受访者的平均收入为3.1万～4万元，年均收入在2.1万～3万元的人数最多为23.2%，其他各选项人数比例较为平均，年均收入不足1万元的农户占样本总体的18.2%（图7-5），说明河北粮食主产区农民的家庭收入水平依然较低，农民增收困难是农业发展面临的主要问题。

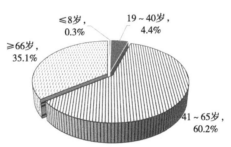

图7-2 受访者年龄结构分布比例

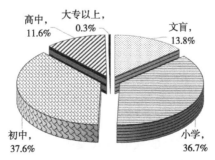

图7-3 受访者受教育年限分布情况

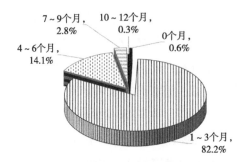

图7-4　受访者年均劳动时间分配

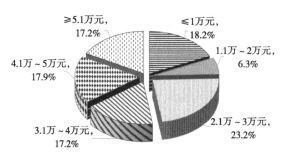

图7-5　受访者家庭总收入水平

2. 社会资源特征

社会资源是指农户在农业生产和农村生活过程中拥有和建立的能够为生产提供服务的无形资源。这种无形资源是通过人们生产过程中的相互交往、沟通和社会活动实现的，简单地说就是个人所拥有的一种社会关系。调查问卷设计3个有针对性的问题来获取社会资源特征变量数据。①农户生产信息的获取方式，问卷设计5种信息获取方式，即看电视、看手机、看报纸、周边邻居、技术员，受访者选择2种以上信息获取方式的认为信息来源丰富，否则为不丰富。②生产中遇到问题是否求助他人，包括邻居、亲戚、村干部、技术员4类，受访者会根据实际生产情况进行选择，如果遇到问题自己解决，则选择不求助。③生产中遇到问题是否会采纳别人的建议，包括肯定采纳、可能采纳、不采纳、肯定不采纳和自己解决5个选项，受访者除了选择"肯定采纳"被认为是"采纳"，其他选项都认为是"不采纳"。

从图7-6可知，农业信息的获取方式及来源渠道总体来看不丰富，仅有24.8%的受访者可以通过2种或以上的方式获取生产信息，而75.2%的人都只是通过一种途径了解生产信息。受访者中有80.9%的人在生产中遇到问题愿意主动求助于他人，说明大多数农户都愿意与他人进行沟通和交流，能够借助社会关系解决实际问题；另外，有68.7%的受访者能够主动采纳别人的建议，不愿意采纳别人意见的占31.3%，说明调查区域内的农户思想观念比较开放，进步意识在逐步增强。

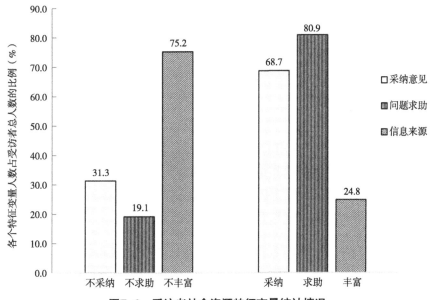

图7-6　受访者社会资源特征变量统计情况

3. 生产成本特征

农户种植玉米的生产成本主要包括种子成本、化肥成本、农药成本、灌溉成本和机械成本5项。运用SPSS 19.0和Excel统计分析得到，农户玉米种植生产单位面积的平均成本为（按照我国农户常用的计量单位"亩"计算，1亩≈0.067hm^2）：种子成本45.6元/亩、化肥成本138.3元/亩、农药成本52.9元/亩、灌溉成本41.6元/亩、机械成本215.8元/亩，总生产成本为494.3元/亩。玉米种植亩均各项成本占总成本的比例由高到低为：机械成本占43.5%，化肥成本占28.1%，农药成本占10.5%，种子成本占9.6%，灌溉成本占8.4%（图7-7）。从表7-2、表7-3可见，2020年徐水区玉米种植生产成本投入情况，机械化服务成本和化肥成本都有所下降，但总体所占比例依然较高，其中机械成本比例减少表明河北省冀中平原区的农业机械化服务水平逐年提高，粮食种植已经全部实现了机械化和规模化生产，化肥的投入量也在逐步减少。农药成本在总成本投入中所占比例增长近2倍，说明玉米种植过程中的病虫害比较严重，防控措施不得力；灌溉成本也有小幅增长，这与华北平原气候干旱、水资源短缺密切相关。从玉米种植总的生产成本来看，两年期间成本上涨了11.1%，每亩地的成本已经接近500元。农户的机械化服务成本投入由收割、粉碎、旋耕、播种和运输5项成本费用构成。在本次调查的319位受访者中有2位农户玉米种植的机械化成本为零，均为人工收割，其余的317位受访者均采用机械化收割方式。机械化收割各项成本费用的均值为：收割成本67.4元/亩、粉碎成本41.8元/亩、旋耕成本60.2元/亩、机播成本26.2元/亩、运输成本20.2元/亩，机械化总成本215.9元/亩。从表7-3可见，玉米种植机械化服务费用构成及占比没有明显变化，作为秸秆还田技术应用的两项重要技术成本，即机械粉碎成本和旋耕成本之和分别占机械化总成本的52.2%和47.3%（图7-8），说明徐水地区实施机械化秸秆粉碎还田技术的最大的支出是秸秆粉碎和旋耕的成本费用。

表7-2 2018年和2020年徐水区玉米生产成本占总成本比例

时间	机械成本（%）	化肥成本（%）	农药成本（%）	种子成本（%）	灌溉成本（%）	总生产成本（元/亩）
2018年7月	47.5	29.1	5.5	9.9	7.6	445.1
2020年10月	43.7	28.0	10.7	9.2	8.4	494.2

表7-3 2018年和2020年徐水区玉米机械化成本构成及占比　　　单位：元/亩

时间	收割成本	粉碎成本	旋耕成本	播种成本	运输成本	总生产成本
2018年7月	62.1	56.1	57.9	26	16.5	218.6
	28.4%	25.7%	26.5%	11.9%	7.6%	
2020年10月	67.4	41.8	60.2	26.2	20.2	215.8
	31.2%	19.4%	27.9%	12.1%	9.4%	

图7-7　玉米生产成本所占比例

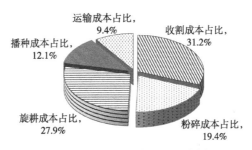

图7-8　机收各项成本所占比例

4. 环保认知特征

本研究调查受访者对采纳技术环境保护作用的认知是通过4个问题设计实现的。一是询问农户秸秆还田有哪些好处？答案包括减少化肥施用、增加土壤肥力、节约人工、维护环境整洁及没好处5个选项。二是询问农户玉米秸秆的用途，包括还田和不还田两大类。三是询问农户参加科技培训的情况，包括不参加和较少参加两个选项。四是询问农户对化肥和农药的投入量是否过量，包括用量过大、有些大、正常、偏小和不知道5个选项。从图7-9可见，绝大多数农户都没有参加过科技培训，仅有3.8%的农户参加过少数几次科技培训；大部分农户玉米秸秆还田利用，仅有14.1%的受访者秸秆没有还田；有95.9%的农户认为秸秆还田有好处，其中50.8%的受访者认为秸秆还田好处很大，说明大多数农户对秸秆还田技术的环境保护作用还是有一定的认识，认为秸秆还田可以有效提高土壤肥力，并减少化肥的施用量。从图7-10可知，农民的安全生产意识仍有待提高，分别有63.6%和63.3%的受访者认为化肥和农药用量正常，仅有2.5%和2.2%的农户觉得化肥和农药用量过大了，需要控制投入量。特别需要注意的是分别有16.9%的受访者不知道化肥和农药是否过量，对于化学投入品的用量并没有经验性和常识性的认识，也从一个侧面反映出当前对农户的科普教育和技术培训工作差距较大，没有形成一个常态化、规范化的科普教育服务体系，农户文化素质偏低使得提高环保意识的任务依然艰巨。

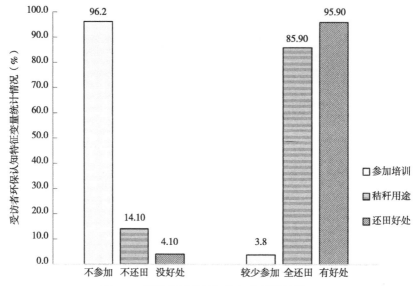

图7-9　受访者环保认知特征变量统计情况

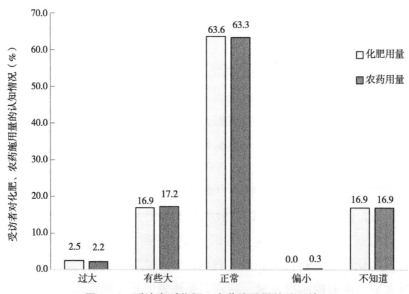

图7-10　受访者对化肥、农药施用量的认知情况

5. 补偿价值分析

农户采纳秸秆还田技术的支付意愿（WTP）和受偿意愿（WTA）是CVM核心估值问题，研究将全面统计分析WTP和WTA的引导估值结果，并以支付意愿（WTP）作为评估尺度，进一步进行模型回归统计分析。首先，建立政府提供玉米秸秆还田补贴的假想市场，告知农户凡是积极参与玉米秸秆还田技术的将获得政府提供的补助；其次，设定秸秆还田费用为收割费用、粉碎费用与旋耕费用之和，根据调查经验统计结果告知农户玉米秸秆还田费用大约180元/亩，让农户更加熟悉并清楚秸秆还田技术的生产成本投入情况；最后，通过引导技术获取农户采纳秸秆还田技术的支付意愿和受偿意愿选择值及投标值，投标值选项分为16个等级，支付卡问题设计如图7-11所示。

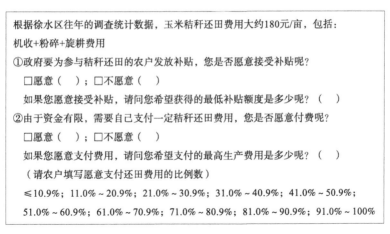

根据徐水区往年的调查统计数据，玉米秸秆还田费用大约180元/亩，包括：
机收+粉碎+旋耕费用
①政府要为参与秸秆还田的农户发放补贴，您是否愿意接受补贴呢？
　□愿意（　）；□不愿意（　）
　如果您愿意接受补贴，请问您希望获得的最低补贴额度是多少呢？（　　）
②由于资金有限，需要自己支付一定秸秆还田费用，您是否愿意付费呢？
　□愿意（　）；□不愿意（　）
　如果您愿意支付费用，请问您希望支付的最高生产费用是多少呢？（　　）
　（请农户填写愿意支付还田费用的比例数）
　≤10.9%；11.0%~20.9%；21.0%~30.9%；31.0%~40.9%；41.0%~50.9%；
　51.0%~60.9%；61.0%~70.9%；71.0%~80.9%；81.0%~90.9%；91.0%~100%

图7-11　受访者采纳秸秆还田技术支付意愿调查卡片

基于319份调查数据的统计分析，有93.4%的受访者愿意支付秸秆还田费用，有6.6%的人表示不愿意支付还田费用。受偿意愿和支付意愿的投标值频率、百分比分布和区间分布图见表7-4、图7-12和图7-13，受偿意愿样本均值为115.14元/亩（1 727.1元/hm²），农户作为理性经济人希望获得的补偿越多越好，因而受偿意愿的最高峰为大于191元/亩，占16.3%；选择91.0~110.9元/亩等级水平的人次之，占16.0%。支付意愿样本均值为58.60元/亩（879元/亩），支付意愿投标值选择比例最高的等级水平为81.0~90.9元/亩，占18.2%；选择21.0~30.9元/亩的人数比例为16.0%，仅次于上一等级的人数。支付意愿与受偿意愿的选择概率差异直接导致六级概率分布曲线的差异。根据样本均值估计WTA/WTP的比值为1.96，说明WTA与WTP两种评价尺度存在明显差异性。

表7-4　玉米秸秆还田费用WTA与WTP的投标值频率及百分比分布

序号	投标值 [元/ (户·亩)]	WTA（n=319）			WTP（n=319）		
		频率 （人）	有效百分比 （%）	累积 （%）	频率 （人）	有效百分比 （%）	累积 （%）
1	0	3	0.94	0.94	3	0.94	0.94
2	1.0 ~ 9.9	0		0.00	14	4.39	5.33
3	10.0 ~ 20.9	1	0.31	1.25	29	9.09	14.42
4	21.0 ~ 30.9	19	5.96	7.21	51	15.99	30.41
5	31.0 ~ 40.9	6	1.88	9.09	28	8.78	39.18
6	41.0 ~ 50.9	18	5.64	14.73	28	8.78	47.96
7	51.0 ~ 60.9	17	5.33	20.06	25	7.84	55.80
8	61.0 ~ 70.9	4	1.25	21.32	11	3.45	59.25
9	71.0 ~ 80.9	9	2.82	24.14	11	3.45	62.70
10	81.0 ~ 90.9	48	15.05	39.18	58	18.18	80.88
11	91.0 ~ 110.9	51	15.99	55.17	40	12.54	93.42
12	111.0 ~ 130.9	21	6.58	61.76	7	2.19	95.61
13	131.0 ~ 150.9	20	6.27	68.03	10	3.13	98.75
14	151.0 ~ 170.9	19	5.96	73.98	4	1.25	100.00
15	171.0 ~ 190.9	31	9.72	83.70	0	0	0
16	≥191	52	16.30	100.00	0	0	0

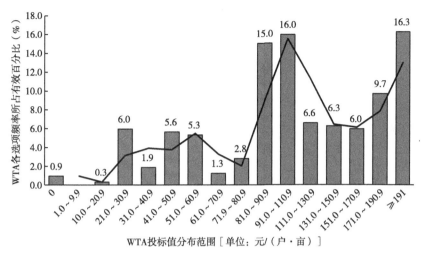

图7-12　受偿意愿投标值分布

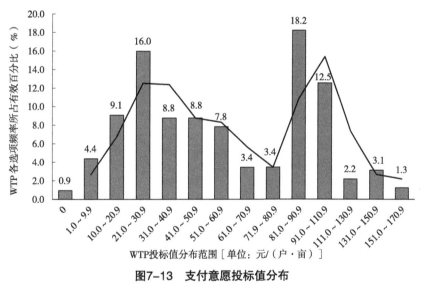

图7-13　支付意愿投标值分布

五、支付意愿影响因素

研究以农户采纳秸秆还田技术支付意愿选择值为被解释变量，选择二元Probit模型和Eviews 9.0统计软件开展支付意愿影响因素回归分析。模型整体显著性检验结果，检验统计量LR对应概率值为0，模型整体具有统计意义；拟合优度检验指数（Hosmer-Lemeshow）概率大于0.05，模型拟合精度较好。根据表7-5统计结果可知，通过显著性检验的解释变量有6个，其中劳动力比率、种子成本、问题求助3个因素显著负向影响支付意愿；农药成本、还田好处、意愿占比3个因素显著正向影响支付意愿。

表7-5　基于Probit回归模型的估计结果

变量类别	变量符号	系数估计	标准误	Z统计量	概率
常数项	C	0.151	1.034	0.146	0.884
个体禀赋	X_1EDC：教育年限	0.004	0.005	0.724	0.469
	X_2LAB：劳动力比率	-2.072**	0.810	-2.559	0.011
	X_3INC：家庭总收入	0.009	0.009	1.008	0.314
生产经营	X_4SEE：种子成本	-0.018*	0.011	-1.625	0.104
	X_5FER：化肥成本	0.002	0.004	0.430	0.668
	X_6PES：农药成本	0.010*	0.006	1.712	0.087
	X_7IRR：灌溉成本	-0.004	0.007	-0.614	0.539
	X_8TIM：灌溉次数	-0.228	0.348	-0.656	0.512
	X_9MEC：机械成本	-0.002	0.003	-0.866	0.387
社会资源	X_{10}INF：信息来源	0.036	0.458	0.077	0.938
	X_{11}HEL：问题求助	-1.066*	0.570	-1.868	0.062
环保认知	X_{12}BEN：还田好处	0.583*	0.346	1.684	0.092
政策偏好	X_{13}TRN：参加培训	0.269	1.001	0.269	0.788
	X_{14}PRO：意愿占比	12.707***	2.895	4.389	0.000

注：***、**和*分别表示在1%、5%和10%显著性水平上通过检验。

（1）个体禀赋特征变量中劳动力比率负向影响支付意愿且通过1%水平的显著性检验。劳动力比例是家庭务农人口占家庭总人口的比例数，劳动力比率越高的家庭从事农业生产的人数越多，劳动力越多越倾向于玉米生产的人工收割。由于人工收割节约成本还减少资源浪费，故劳动力比率高的农户不愿意机械收割和秸秆还田。目前，以老年人为主要劳动力的农村家庭人口少，多数60岁以上的农民无法胜任耗时、费力的生产劳动，一定程度阻碍了新技术的推广应用。

（2）生产经营特征变量中种子成本和农药成本影响作用明显且方向相反。种子成本通过10%水平的显著性检验并负向影响支付意愿。从表7-2和图7-7可知，玉米生产成本构成中种子生产成本所占比例并不高，并且一直稳定在不足10%的投入水平。农户选择玉米品种质量好坏直接关系到成本和产量情况。凡是种子投入费用较高的农户，认为种子是决定粮食产量的重要因素，其他的生产成本不重要，对秸秆还田采纳意愿并不高；而在种子方面投入较少，则会在其他方面增加投入以保证产量。农药成本显著正向影响秸秆还田的支付意愿。徐水地区玉米生产农药成本2020年投入比例比2018年增长了近2倍。国家实施化肥、农药"双减"技术以来，高毒害的农药产品逐渐被淘汰，市场上更多的销售生物农药。生物农药推广应用可以改善农药残留、水污染、抗药性等粮食安全与生态环境问题，生物农药市场价格一般高于化学农药的价格。玉米生产过程中农药成本投入越高的农户越重视玉米生产，为了保证粮食产品安全愿意增加额外的生产投入，因此对秸秆还田技术应用表现出较强的支付意愿。

（3）社会资源特征变量中问题求助通过5%的显著性检验，且负向影响秸秆还田的支付意愿。根据被解释变量之间的相关性分析可知，受访者年龄与问题求助两个变量间存在较弱的负相关性，即凡是不愿意向别人求助的受访者年龄均偏大，由于本身思想固化、信息不畅通，所以更愿意凭经验解决生产中遇到的问题。玉米秸秆机械化粉碎还田技术是近年来徐水区主推的环保技术，年龄偏大的农户受精力和体力限制无法实现人工收割，只能选择机械化收割及秸秆还田利用。所以，遇到问题不求助他人的农户更愿意采纳秸秆还田技术，而那些有问题求助的农户思想较为活跃，对于秸秆资源的合理处置及生产成本都有更清晰地考虑，对秸秆还田表现出一些消极的态度。

（4）环保认知特征变量中受访者对秸秆还田好处的认知显著正向影响支付意愿。调查农户对秸秆还田环境保护作用的认知，主要是从外部性作用了解农户采纳技术的行为态度。农户若从心理感知到秸秆还田技术的环境保护作用，就会增强其技术采纳行为信念，表现出参与环保生产更强的主动性。从模型回归结果来看，还田作用变量的概率值小于10%的显著水平，其影响方向也符合先验判断。作为一个显著影响因子，凡是认为秸秆还田有好处且作用明显的农户，更愿意采纳秸秆还田技术。

（5）政策偏好特征变量中支付意愿占比在1%的水平上显著正向影响支付意愿，且影响强度最大。调查农户愿意支付秸秆还田的最高费用，是想获取农户投入技术成本的心理价位，也是请农户对秸秆还田技术的环境服务价值做出定价。从表7-5中可知，支付意愿价值占还田费用的比例越高，其对秸秆还田技术的支付意愿就越强烈。可见，支付意愿占比指标体现了农户对秸秆还田技术的接受程度及对补偿政策的偏好，在遵守秸秆禁烧政策的同时，愿意主动参与耕地资源保护行动。

六、支付意愿拟合值估计

1. 模型构建

确定秸秆还田技术补偿标准是技术价值评估的难点问题，也是完善补偿定价机制的核心问题。本研究在定量分析支付意愿影响因素基础上，进一步测算支付意愿的价值，为补偿标准提供定价依据。运用多元对数线性模型回归分析，将支付意愿（YTWTP）投标值作为被解释变量，剔除表7-5中"意愿占比"以消除对评估结果可能产生的影响，将支付意愿的选择值（YXWTP）作为新增变量与表7-5中前13个变量一起作为解释变量，进行多元对数线性模型分析。具体计算步骤如下。

（1）变量对数形式变换。采取学术界公认的变换经验法则，虚拟变量采用水平值形式，直接进入模型；定量变量则采取对数的形式，将其转换成对数形式后再进行模型的回归分析。

（2）构建多元对数线性模型。以支付意愿WTP投标值作为被解释变量，以筛选的14个变量作为解释变量，构建WTP拟合值与影响因素之间的多元线性模型。基于前述研究方法，将14个解释变量代入方程式（7-1）中，得到模型表达式（7-5）：

$$\ln YTWTP = \ln A + \beta_1 \ln X_1 EDC + \beta_2 \ln X_2 LAB + \beta_3 \ln X_3 INC + \beta_4 \ln X_4 SEE +$$
$$\beta_5 \ln X_5 FER + \beta_6 \ln X_6 PES + \beta_7 \ln X_7 IRR + \beta_8 \ln X_8 TIM + \beta_9 \ln X_9 MEC + \beta_{10} X_{10} INF +$$
$$\beta_{11} X_{11} HEL + \beta_{12} X_{12} BEN + \beta_{13} X_{13} TRN + \beta_{14} YXWTP + \mu \qquad (7-5)$$

（3）模型参数估计与检验。运用Eviews统计分析软件的普通最小二乘法对线性回归模型进行OLS估计，开展模型残差的Q检验、LM检验及异方差检验，依据模型检验结果对检验方法进行修正，最终获得模型解释变量的估计参数。

2. 分析结果

基于上述研究方法对模型（式7-5）进行OLS估计，第一次回归分析结果没有通过自相关LM检验，所以进行自相关的修正。原回归模型的DW取值为1.517 683，以ρ为自相关系数，其取值为1-DW/2，计算得到ρ取值为0.241 2，表明模型存在自相关性。因此，运用广义最小二乘法进行自相关的修正。

（1）运用广义差分变换生成新序列，新序列见式（7-6）

$$GlnYTWTP=lnYTWTP-0.241\ 2\times lnYTWTP^{(-1)} \qquad (7-6)$$

同理，生成所有定量变量的广义差分序列：$GlnX_1EDC$、$GlnX_2LAB$、$GlnX_3INC$、$GlnX_4SEE$、$GlnX_5FER$、$GlnX_6PES$、$GlnX_7IRR$、$GlnX_8TIM$、$GlnX_9MEC$

（2）利用生成的广义差分系列对原模型进行OLS估计，模型回归分析的最终结果如表7-6所示。

表7-6　基于OLS的WTP多元对数线性回归模型估计结果

变量	系数估计	标准误	Z统计量	概率
C	−1.442	0.596	−2.419	0.017
$GlnX_1EDC$	−0.011	0.029	−0.400	0.690
$GlnX_2LAB$	0.201***	0.075	2.694	0.008
$GlnX_3INC$	0.015	0.026	0.559	0.577
$GlnX_4SEE$	0.109	0.117	0.929	0.354
$GlnX_5FER$	−0.161*	0.094	−1.714	0.088
$GlnX_6PES$	−0.116*	0.072	−1.613	0.108
$GlnX_7IRR$	0.022	0.081	0.268	0.789
$GlnX_8TIM$	−0.030	0.120	−0.248	0.805

（续表）

变量	系数估计	标准误	Z统计量	概率
$G\ln X_9 \text{MEC}$	1.123***	0.092	12.155	0.000
$X_{10}\text{INF}$	−0.092	0.092	−1.002	0.318
$X_{11}\text{HEL}$	−0.059	0.098	−0.600	0.549
$X_{12}\text{BEN}$	−0.171***	0.062	−2.744	0.007
$X_{13}\text{TRN}$	0.073	0.207	0.353	0.725
YXWTP	1.120***	0.153	7.304	0.000
R^2	0.540	被解释变量均值		2.934
调整的R^2	0.507	被解释变量标准差		0.685
F统计量	16.509	德滨-沃森统计量		1.991
F统计量的概率	0.000	Wald检验F统计量		20.787
Wald检验F统计量概率	0.000			

从表7-6可见，模型回归结果DW统计量由原先的1.517 7变成了1.990 5。DW统计量值越接近2表明自相关程度越弱，说明通过广义最小二乘法进一步削弱了模型的自相关问题。同时，对改进模型进一步开展残差自相关LM检验和异方差检验，其检验结果F统计量和怀特检验统计量NR^2的概率值均明显大于0.05显著性水平，因此接受怀特检验原假设，认为改进方程的残差序列不存在自相关和异方差，新的改进模型估计的参数是最优线性无偏估计量，可以将广义最小二乘法估计的参数值代入改进模型中进行拟合值的估算。

（3）建立WTP拟合值估计模型，并进行价值估算。根据表7-6的分析结果，将劳动力比率（$G\ln X_2 \text{LAB}$）、化肥成本（$G\ln X_5 \text{FER}$）、农药成本（$G\ln X_6 \text{PES}$）、机械成本（$G\ln X_9 \text{MEC}$）、还田好处（$X_{12}\text{BEN}$）及WTP选择值（YXWTP）6个变量引入对数模型中，建立WTP拟合值的模型方程式（7-7）。

$$G\ln \text{YTWTP} = -1.442 + 0.201 G\ln X_2 \text{LAB} - 0.161 G\ln X_5 \text{FER} - 0.116 G\ln X_6 \text{PES} +$$
$$1.123 G\ln X_9 \text{MEC} - 0.171 X_{12}\text{BEN} + 1.120 \text{YXWTP} + \mu \qquad (7\text{-}7)$$

运用Excel分析软件，根据式（7-7）计算得到支付意愿（YTWTP）拟合估计值，见式（7-8）。

$$E(\overline{\mathrm{WTP}}) = \sum_{i=1}^{n} b_{ci} P_{ci} = 37.47 元/亩 = 562.05 元/hm^2 \qquad (7-8)$$

式中，$E(\overline{\mathrm{WTP}})$为支付意愿的期望值（平均值）；$b_{ci}$是由对数模型估计得到的第$i$个观测值的WTP估计值；$P_{ci}$是模型估计得到的第$i$个观测值的WTP估计值的概率。

研究结果表明，从河北省徐水区农户的主观偏好出发，在政府提供秸秆还田补贴的前提下，农户愿意支付562.05元/hm²（37.47元/亩）的还田费用。秸秆还田的实际成本为秸秆粉碎和第一次旋耕的费用之和，据计算秸秆还田的实际生产成本为71.93元/亩（1 078.95元/hm²），则支付意愿价值与生产成本之间的差值为516.9元/hm²。

近年来，全国已有多个省（市）实行秸秆还田补贴政策，相应的补贴标准为，2020年黑龙江省玉米秸秆全量翻埋还田作业补贴省级标准为600元/hm²；2019—2025年吉林省秸秆覆盖还田保护性耕作作业补贴标准为450元/hm²；2018年山东省广饶市大王镇玉米秸秆还田补助标准为750元/hm²；2020年江苏省宝应县夏季小麦秸秆机械化还田作业的补助标准为375元/hm²。全国各地针对普通农户粮食作物秸秆还田的补贴标准范围是375～750元/hm²。参考这一标准，研究计算得到的516.9元/hm²可作为河北省冀中平原区实施玉米秸秆还田技术生态补偿的理论上限。

七、研究结论与政策建议

（一）研究结论

基于河北省徐水区319份问卷调查数据分析结果，当地玉米秸秆粉碎还田技术已经得到普及，有85.9%的受访者家庭生产实现秸秆全量还田，有93.4%的受访者表达了肯定的支付意愿。研究得到以下3点重要结论。

（1）定量提出影响农户采纳秸秆还田技术支付意愿的决定因素，并对其影响强度进行排序。秸秆还田技术采纳支付意愿正向影响因素按照强度由大到小为意愿占比、还田好处及农药成本；负向影响因子按照强度由大到小为劳动力比率、问题求助及种子成本。意愿占比和问题求助都属于外部因素并显著影响农户秸秆还田技术采纳行为，印证了主观规范因素对农户生产行为的导向作用；劳动力比率是家庭禀赋条件，是知觉行为控制因素，对农户参与秸秆还田行为有显著的负向影响；种子成本和农药成本是农户较为关注的生产经营因素，与环保认知一起决定了农户参与环保生产的行为态度，也显著影响农户行为意愿。研究结论与研究假设预期判断相符合。

（2）准确测度农户采纳秸秆还田技术支付意愿价值，为补偿政策制定提供科学依据。河北省徐水区农户采纳秸秆还田技术支付意愿的价值为562.05元/hm^2，农户参与玉米秸秆还田的实际生产成本为1 078.95元/hm^2，两者的差值为516.9元/hm^2，此标准可作为给予普通农户实施玉米秸秆还田的补贴标准理论上限。

（3）探索改进关键技术手段提高CVM方法有效性，为农业生态补偿应用积累经验。对问卷设计、变量选择、核心问题引导及后续确定性问题等关键技术环节进行了改进，规避方法可能产生的偏差。本研究仅选择支付意愿一种评估尺度，如何解决支付意愿与受偿意愿两种评估尺度的差异性问题，确保补偿标准评估结果的准确性和可信性是亟待深入研究的重要内容。

（二）政策建议

结合笔者多年来在河北省徐水区开展农村社会调查的工作实践，依据上述实证研究取得的重要结论，针对当前徐水区玉米秸秆还田技术推广中存在的补偿机制不完善和社会化服务体系不健全等问题，提出以下3点政策建议。

（1）坚持因地制宜和精准施策。按照"谁还田、谁受益，谁还田、补给谁"的原则，进一步优化并规范补贴政策制度。补贴对象为徐水区所有拥有耕地承包权的种地农民，享受补贴的农民耕地种植玉米且必须应用机械化秸秆粉碎还田技术措施，秸秆翻埋土中，提高土壤地力。耕地面积以农村集体土地承包经营权证登记面积为基础。建议按照研究得到理论补贴标准70%定价，即实际补偿标准为360元/hm^2（24元/亩），建议给予参与任务的相关人员6元/hm^{2}的劳务报酬奖励。要求市、县、乡、村各级农业部门要准确测算、现场调查、规范流程。

（2）强化工作创新和落实管理。落实各乡镇的补贴工作管理组织机构，建议委托当地农技推广部门或农村集体经济组织等服务机构负责。各县（市、区）农业主管部门确定具体负责的农技推广部门或农民专业合作社，建议单独设立"补贴服务中心"，授予其补贴项目组织及管理的职责，并与之签订补贴任务委托协议。村委会组织代表农户与补贴服务中心签订作业合同，确保农户正常实施秸秆还田作业后领到补贴，同时监督补贴服务中心及时开展田间作业检查核实工作。补贴服务中心在各村委会协助下对辖区内耕地承包经营权登记面积按户调查核实，对已改变耕地用途或撂荒不能享受补贴的耕地面积进行确认，做好农户基本信息的核对工作。

（3）健全农业社会化服务体系。一是培育新型农业经营主体，鼓励发展适度规模经营。突出抓好培育家庭农场和农民合作社两类新型农业经营主体，落实扶持小农户发展政策。重点培育一批设施完备、功能齐全、特色明显的示范合作社；推进合作社规范化管理，建立健全各项综合性管理制度，发挥对小农户的带动作用。二是加大农机服务组织的扶持力度。为农机合作社购置急需的大中型农业机械提供政策倾斜，结合主要农作物全程机械化示范项目、高标准农田建设项目等，为农机社会化服务组织提供项目资金扶持。为农机手提供作业价格、机械供需、天气情况等信息服务，指导农机化作业，引导跨区作业服务有序开展。三是完善老龄化家庭农机服务政策，为年龄在65岁及以上、总人口3人以下的家庭提供更优惠的农机化服务政策，为农户联系装备先进的农机专业合作社，提供收割、粉碎、旋耕、播种及运输的"一条龙"式服务。同时，对于帮扶老龄化家庭实现机械化收割的农机专业合作社，在项目、资金、奖励等方面予以优先考虑和政策支持。

参考文献

曹光乔，周力，毛慧，2019. 农业技术补贴对服务效率和作业质量的影响——以秸秆机械化还田技术补贴为例[J]. 华中农业大学学报（社会科学版）（2）：55-62，165-166.

陈春兰，侯海军，秦红灵，等，2016. 南方双季稻区生物质炭还田模式生态效益评价[J]. 农业资源与环境学报（1）：80-91.

崔新卫，张杨珠，吴金水，等，2014. 秸秆还田对土壤质量与作物生长的影响研究进展[J]. 土壤通报，45（6）：1527-1532.

何可，张俊飚，丰军辉，2014. 基于条件价值评估法（CVM）的农业废弃物污染防控非市场价值研究[J]. 长江流域资源与环境，23（2）：213-219.

黄春，邓良基，杨娟，等，2015. 成都平原不同秸秆还田模式下稻麦轮作农田系统能值分析[J]. 水土保持通报（2）：336-343.

蒋碧，李明，吴喜慧，等，2012. 关中平原农田生态系统不同秸秆还田模式的能值分析[J]. 干旱地区农业研究（6）：178-185.

李傲群，李学婷，2019. 基于计划行为理论的农户农业废弃物循环利用意愿与行为研究——以农作物秸秆循环利用为例[J]. 干旱区资源与环境，33（12）：33-40.

李娇，田冬，黄容，等，2018. 秸秆及生物炭还田对油菜/玉米轮作系统碳平衡和生态效益的影响[J]. 环境科学（9）：4338-4347.

廖沛玲，李晓静，毕梦琳，等，2019. 家庭禀赋、认知偏好与农户退耕成果管护——基于陕甘宁554户调研数据[J]. 干旱区资源与环境，33（5）：47-53.

刘明月，陆迁，2013. 农户秸秆还田意愿的影响因素分析[J]. 山东农业大学学报（社会科学版），15（2）：34-38，117.

吕悦风，谢丽，孙华，等，2019. 基于化肥施用控制的稻田生态补偿标准研究——以南京市溧水区为例[J]. 生态学报，39（1）：63-72.

漆军，朱利群，陈利根，等，2016. 苏、浙、皖农户秸秆处理行为分析[J]. 资源科学，38（6）：1099-1108.

钱加荣，穆月英，陈阜，等，2011. 我国农业技术补贴政策及其实施效果研究——以秸秆还田补贴为例[J]. 中国农业大学学报，16（2）：165-171.

全世文，刘媛媛，2017. 农业废弃物资源化利用：补偿方式会影响补偿标准吗？[J]. 中国农村经济（4）：13-29.

宋大利，侯胜鹏，王秀斌，等，2018. 中国秸秆养分资源数量及替代化肥潜力[J]. 植物营养与肥料学报，24（1）：1-21.

孙小祥，常志州，靳红梅，等，2017. 太湖地区不同秸秆还田方式对作物产量与经济效益的影响[J]. 江苏农业学报（1）：94-99.

唐学玉，张海鹏，李世平，2012. 农业面源污染防控的经济价值——基于安全农产品生产户视角的支付意愿分析[J].中国农村经济（3）：53-67.

汪霞，南忠仁，郭奇，等，2012.干旱区绿洲农田土壤污染生态补偿标准测算——以白银、金昌市郊农业区为例[J].干旱区资源与环境，26（12）：46-52.

王季，耿健男，肖宇佳，2020.从意愿到行为：基于计划行为理论的学术创业行为整合模型[J].外国经济与管理，42（7）：64-81.

王金霞，张丽娟，黄季焜，等，2009.黄河流域保护性耕作技术的采用：影响因素的实证研究[J].资源科学，31（4）：641-647.

王晓敏，颜廷武，2019.技术感知对农户采纳秸秆还田技术自觉性意愿的影响研究[J].农业现代化研究，40（6）：964-973.

王洋，许佳彬，2019.农户禀赋对农业技术服务需求的影响[J].改革（5）：114-125.

韦佳培，李树明，邓正华，等，2014.农户对资源性农业废弃物经济价值的认知及支付意愿研究[J].生态经济（6）：126-130.

翁鸿涛，艾迪歌，2017.基于CVM意愿调查的农业生态环境补偿研究——以甘肃静宁县为例[J].兰州大学学报（社会科学版），45（6）：139-146.

吴雪莲，张俊彪，何可，等，2016.农户水稻秸秆还田技术采纳意愿及其驱动路径分析[J].资源科学，38（11）：2117-2126.

许光建，魏义方，2014.成本收益分析方法的国际应用及对我国的启示[J].价格理论与实践（4）：19-21.

颜廷武，张童朝，何可，等，2017.作物秸秆还田利用的农民决策行为研究——基于皖鲁等七省的调查[J].农业经济问题，38（4）：39-48.

杨乐，邓辉，李国学，等，2015.新疆绿洲区秸秆燃烧污染物释放量及固碳减排潜力[J].农业环境科学学报，34（5）：988-993.

杨旭，兰宇，孟军，等，2015.秸秆不同还田方式对旱地棕壤CO_2排放和土壤碳库管理指数的影响[J].生态学杂志，34（3）：805-809.

姚科艳，陈利根，刘珍珍，2018.农户禀赋、政策因素及作物类型对秸秆还田技术采纳决策的影响[J].农业技术经济（12）：64-75.

余智涵，苏世伟，2019.基于条件价值评估法的江苏省农户秸秆还田受偿意愿研究[J].资源开发与市场，35（7）：896-902.

张东丽，汪文雄，王子洋，等，2020. 农地整治权属调整中农户认知对行为响应的作用机制——基于改进TPB及多群组SEM[J]. 中国人口·资源与环境，30（2）：32-40.

张国，逯非，王效科，2014. 保护性耕作对温室气体排放和经济成本的影响——以山东滕州和兖州为例[J]. 山东农业科学，46（5）：34-37.

张星，颜廷武，2021. 劳动力转移背景下农业技术服务对农户秸秆还田行为的影响分析——以湖北省为例[J]. 中国农业大学学报，26（1）：196-207.

张永强，田媛，王珧，2020. 农户认知视角下保护性耕作技术采纳行为研究——以东北黑土区黑龙江省为例[J]. 农业现代化研究，41（2）：275-284.

曾雅婷，JIN Y H，吕亚荣，2017. 农户劳动力禀赋、农地规模与农机社会化服务采纳行为分析——来自豫鲁冀的证据[J]. 农业现代化研究，38（6）：955-962.

周怀平，解文艳，关春林，等，2013. 长期秸秆还田对旱地玉米产量、效益及水分利用的影响[J]. 植物营养与肥料学报（2）：321-330.

周维佳，廖望科，陈春艳，2015. 基于国际视野的中国生态经济研究方法进展综述[J]. 中国人口·资源与环境（S1）：300-304.

周颖，周清波，王立刚，等，2019. 秸秆还田技术的外溢效益价值评估研究综述[J]. 生态经济，35（8）：128-135.

周颖，周清波，周旭英，等，2015. 意愿价值评估法应用于农业生态补偿研究进展[J]. 生态学报，35（24）：7955-7964.

周应恒，胡凌啸，杨金阳，2016. 秸秆焚烧治理的困境解析及破解思路——以江苏省为例[J]. 生态经济，32（5）：175-179.

AJZEN I，1991. The theory of planned behavior[J]. Organizational Behavior and Human Decision Processes，50（2）：179-211.

CASTELLINI C，BASTIANONI S，GRANAI C，et al.，2006. Sustainability of poultry production using the emergy approach：comparison of conventional and organic rearing systems[J]. Agriculture，Ecosystems and Environment，114（2-4）：343-350.

DASSANAYAKE G D M，KUMAR A，2012. Techno-economic assessment of triticale straw for power generation[J]. Applied Energy，98：236-245.

DELIVAND M K, BARZ M, GHEEWALA S H, et al., 2012. Environmental and socio-economic feasibility assessment of rice straw conversion to power and ethanol in Thailand[J]. Journal of Cleaner Production, 37: 29-41.

FEIZIENE D, FEIZA V, KARKLINS A, et al., 2018. After-effects of long-term tillage and residue management on topsoil state in Boreal conditions[J]. European Journal of Agronomy, 94: 12-24.

GEBREZGABHER S A, MEUWISSEN M P M, KRUSEMAN G, et al., 2015. Factors influencing adoption of manure separation technology in the Netherlands[J]. Journal of Environmental Management, 150: 1-8.

GEBREZGABHER S A, MEUWISSEN M P M, KRUSEMAN G, et al., 2015. Factors influencing adoption of manure separation technology in the Netherlands[J]. Journal of Environmental Management, 150: 1-8.

HABANYATI E J, NYANGA P H, UMAR B B, 2018. Factors contributing to disadoption of conservation agriculture among smallholder farmers in Petauke, Zambia[J]. Kasetsart Journal of Social Sciences（5）: 1-6.

HSU E, 2021. Cost-benefit analysis for recycling of agricultural wastes in Taiwan[J]. Waste Management, 120: 424-432.

KURKALOVA L, KLING C, ZHAO J H, 2006. The subsidy for adopting conservation tillage: estimation from observed behavior[J]. Canadian Journal of Agricultural Economics, 54（2）: 247-267.

LIU Z, WANG D Y, NING T Y, et al., 2017. Sustainability assessment of straw utilization circulation modes based on the emergetic ecological footprint[J]. Ecological Indicators, 75: 1-7.

LOKESH K, WEST C, KUYLENSTIERNA J C, 2019. Economic and agronomic impact assessment of wheat straw based alkyl polyglucoside produced using green chemical approaches[J]. Journal of Cleaner Production, 209: 283-296.

MINAS A M, MANDER S, MCLACHLAN C, 2020. How can we engage farmers in bioenergy development? Building a social innovation strategy for rice straw bioenergy in the Philippines and Vietnam[J]. Energy Research & Social Science, 70: 1-17.

MITCHELL R C, CARSON R T, 1989. Using surveys to value public goods: the contingent valuation method[M]. New York: RFF Press.

ONTHONG U, JUNTARACHAT N, 2017. Evaluation of biogas production potential from raw and processed agricultural wastes[J]. Energy Procedia, 138: 205-210.

PAUL J, SIERRA J, CAUSERET F, et al., 2017. Factors affecting the adoption of compost use by farmers in small tropical Caribbean islands[J]. Journal of Cleaner Production, 142: 1387-1396.

SAMUN I, SAEED R, ABBAS M, et al., 2017. Assessment of bioenergy production from solid waste[J]. Energy Procedia, 142: 655-660.

SONG J N, YANG W, HIGANO Y, et al., 2015. Dynamic integrated assessment of bioenergy technologies for energy production utilizing agricultural residues: an input-output approach[J]. Applied Energy, 158: 178-189.

THORENZ A, WIETSCHEL L, STINDT D, et al., 2018. Assessment of agroforestry residue potential for the bioeconomy in the European Union[J]. Journal of Cleaner Production, 176: 348-359.

ZHENG J F, HAN J M, LIU Z W, et al., 2017. Biochar compound fertilizer increases nitrogen productivity and economic benefits but decreases carbon emission of maize production[J]. Agriculture, Ecosystems & Environment, 241: 70-78.

ZHUANG M H, ZHANG J, LAM S K, et al., 2019. Management practices to improve economic benefit and decrease greenhouse gas intensity in a green onion-winter wheat relay intercropping system in the North China Plain[J]. Journal of Cleaner Production, 208: 709-715.

ZUO A, HOU L L, HUANG Z Y, 2020. How does farmers' current usage of crop straws influence the willingness-to-accept price to sell? [J] Energy Economics, 86: 1-8.

第八章　农业投入品减量化利用的补偿机制研究

农业投入品是指在农业和农产品生产过程中使用或添加的物质，主要包括生物投入品、化学投入品和农业设施设备三大类。生物投入品主要包括种子、苗木、微生物制剂（包括疫苗）、天敌生物和转基因种苗等。化学投入品主要包括农兽药（包括生物源农药）、植物生长调节剂、动物激素、抗生素、保鲜剂等。农业设施设备主要包括农机具、农膜、温室大棚、灌溉设施、养殖设施、环境调节设施等（高远新，2019）。

农业是国民经济的基础产业，农用生产资料产品是农业生产的基础和保障。从刀耕火种的原始农业到机械化的现代农业，种子、肥料、饲料一直是生产发展不可或缺的基础原料，而农药、兽药、渔药依然是当前防治有害生物、动植物疫病和农产品贮藏保鲜的主要手段（金发忠，2013）。据国家统计局2015年12月公布的全国粮食生产数据显示，2015年全国粮食总产量62 143.5万t（12 428.7亿斤），比2014年增加1 440.8万t（288.2亿斤），增长2.4%，粮食产量实现"十二连增"。辉煌成绩的背后良种、肥料、农药等物质要素投入的贡献功不可没，但同时我们也清楚地看到，这些农业投入品大量使用的同时，又直接或间接给农产品质量安全带来了风险隐患。由此可见，农业投入品是把"双刃剑"，它既能大幅度提高农业生产率，提高人们的生活福祉，又会影响农业生态产品质量安全，从而降低人们的生态福祉。

一、农业投入品减量利用基本原理

（一）农业生态系统辅助能原理

农业生态系统是经过人工驯化的生态系统，人们通过投入人力、畜力、燃料、电能、机械和肥（饲）料、农（兽）药、农用薄膜、良种等，辅助生态系统以太阳能为起点的食物链能量转化，成为生态系统的人工辅助能，见图8-1。

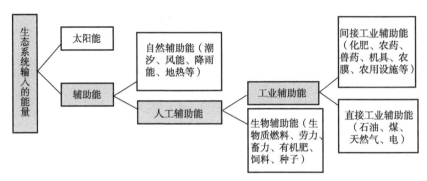

图8-1 农业生态系统能量输入的分类

辅助能输入在生态系统中发挥着重要作用。从能量转化角度看，农业生态系统实质就是人类通过输入辅助能，利用动植物的生物学特性，固定、转化太阳辐射能，使之成为动植物产品中的化学潜能。人工辅助能既是人们调控生态系统的手段，也是农业生态系统（人工生态系统）得以维持和实现的基本前提。事实上，辅助能通过改善农业生态系统中的一些限制因子，改善农业生态系统机能，从而提高农业生产力。

从20世纪40—80年代，人类农业发展经历了第一次和第二次绿色革命。这一时期，科技的进步及工业辅助能投入（化肥、农药、灌溉、农业机械化和农业产业化）实现了现代"石油农业"的高速发展。这一阶段，科技对提高土地生产率的贡献达81%，农业增产中应用良种、化学物质和灌溉等辅助能所占的比例为3∶4∶2。从1960—1990年，世界化肥产量增长4.5倍，农药销售量增长28倍，世界粮食增产的40%得益于化肥、农药的投入。从世界各国和我国不同发展水平的比较可知，辅助能投入水平与农业产量水平是密切相关的，辅助能投入已成为农业增产不可或缺的条件（骆世明，2012）。

（二）农业生态系统限制因子原理

限制因子原理包括利比希最小因子定律和谢尔福德耐受性定律两大基础

定律。

最小因子定律是德国农业化学家Liebig于1840年首次提出的，其主要内容是：生物的生长发育是受它们需要的综合环境因子中那个数量最小的因子所控制；当限制因子增加时，开始增产效果很大，继续下去则效果渐减；法则应用必须考虑因子间的关系，如果一种营养物质的数量很多或容易吸收，就会影响到数量短缺的那种营养物质的利用率；该定律只有在严格稳定状态下，即在物质和能量的输入和输出处于平衡状态时，才能应用。

耐受性定律是美国生态学家Shelford于1913年首次提出，主要内容是：生物的生长发育同时受它们对环境因子的耐性限度（不足或过多）所控制，每一种生物对不同生态因子的耐受范围存在着差异；生物在整个个体发育过程中，对环境因子的耐受限度是不同的，不同的物种对同一生态因子的耐受性也是不同的；生物对某一生态因子处于非最适状态下时，对其他生态因子的耐受限度也下降（曹林奎，2011）。

（三）初级生产的能量平衡关系原理

初级生产是指自养生物利用无机环境中的能量进行同化作用，在生态系统中首次把环境的能量转化成有机体化学能，并储存起来的过程。绿色植物是最为重要的自养生物，也是农业生态系统的初级生产者。绿色植物光合作用固定太阳能生产有机物的过程，是最主要的初级生产，也是生态系统能流的基础。

根据热力学定律，初级生产是一个使生态系统熵不断减少，有序性不断提高的过程，该过程始终伴随着能量的输入。植物的初级生产是一个复杂的生理生化过程，受植物自身及所处生态环境条件的双重制约。因此，不同的植物、不同的生态系统类型，其初级生产的能量效率有较大差异，也就是说初级生产力具有时空分异的特点。

农业生态系统的初级生产主要包括农田、草原和林地生产，其中农田生态系统特别是种植业系统的初级生产力是保障粮食安全、社会稳定和工业发展的基础。因此，确保农业生态系统初级生产力的稳定是农业及农村工作的重中之重。人类农业发展从"传统农业→石油农业→现代农业"，作物生产大致经历了低产阶段、中产到高产阶段、高产到超高产阶段3个产量变化阶段。初级生产力的改善是通过解除内部和外部两方面制约因素而实现的，一是解除生物遗传特性决定的内部制约，通过选育高光效的抗逆性强的优良品种，稳定和提高农业生态系统的初级生产力；二是改善农业生产的资源环境条件，解除水分、养分等限制性因子，优化人工辅助能投入组合，适时适量合理施用化肥、农药、生长调节剂等及开展病虫草害综合防治，建立可持续农业生产技术体系（李晶宜，1998）。

二、我国化肥、农药减施政策实践

（一）我国化肥及农药使用现状

1. 化肥使用现状

我国是化肥使用大国，化肥使用量占全球化肥用量的1/3，国内农作物用量为328.5kg/hm²，远高于世界平均水平的120kg/hm²，是美国的2.6倍，欧盟的2.5倍（崔元培等，2021）。过量的化肥施用带来大量的氮、磷等养分流失，是导致农业面源污染严重的直接原因。我国每年农业施入土壤的氮肥损失为124.8kg/hm²，磷肥损失为38.8kg/hm²（谢邵文，2019）。近60%的磷肥用于蔬菜和水果等经济作物，导致磷元素流失比例更高。未被作物吸收利用的营养元素大量滞留于土壤当中，随着农田、菜田的经营而流失到水体中，从而造成地表水资源的富营养化。

根据国家统计局发布及相关权威机构公布的数据，分析我国1996—2017年这21年来的农用化肥使用量情况，见图8-2。我国农用化肥经历了长期过量施用过程，在确保农业产量增长的同时也带来了严重的环境问题；2015年农用化肥使用量达到最高峰为6 022.6万t，之后便逐年下降到2017年为5 859.4万t。

我国地区间的化肥使用量不均衡。从地区经济发展水平来看，东部地区、长江下游地区、城近郊等经济发达，且以蔬菜、水果等经济作物种植为主的地区施肥量偏高。据统计，施用农用化肥最多的省份是河南省，其次为山东省和河北省（表8-1）。从农作物种植结构变化来看，随着种植结构以粮食作物为主转向以经济作物为主，单位土地面积的化肥使用量也在不断增加。农作物施肥品种以复混肥为主，磷肥、钾肥所占比例较小，见表8-2。

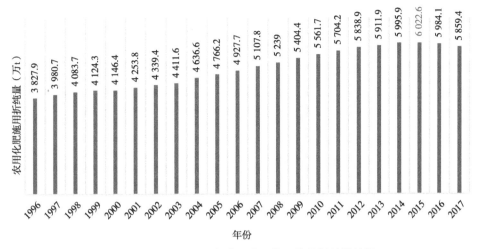

图8-2　1996—2017年我国农用化肥施用折纯量统计

表8-1　2018年主要省份化肥施用量（折纯量）　　　　（单位：万t）

类型	湖北	湖南	山东	河北	河南	江苏	浙江	安徽	陕西	辽宁
化肥	295.82	242.61	420.35	312.40	692.79	292.45	77.76	311.80	229.64	145.02
氮肥	113.07	94.06	130.67	114.47	201.67	145.59	40.15	95.60	88.85	54.83
磷肥	46.00	25.51	42.13	23.94	96.35	33.97	8.59	28.20	17.94	9.98
钾肥	29.07	41.64	35.64	23.97	57.44	17.23	6.10	27.90	24.13	11.83
复合肥	107.68	81.40	211.91	150.02	337.34	95.66	22.93	160.10	98.72	68.38

注：资料来源于《中国统计年鉴2019》。

表8-2　2018年主要农作物单位面积化肥投入量　　　　（单位：kg/亩）

化肥类型	稻谷	小麦	玉米	苹果	橘子	蔬菜平均
化肥折纯量	22.55	27.41	24.78	55.31	43.72	42.28
氮肥折纯量	7.35	8.01	7.08	9.48	2.80	8.86
磷肥折纯量	0.48	0.36	0.28	0.38	0.65	1.35
钾肥折纯量	1.18	0.00	0.18	1.10	0.09	1.30
复合肥折纯量	13.54	19.05	17.23	44.35	40.17	30.95

注：资料来源于《全国农产品成本受益资料汇编2019》。

2. 农药使用现状

农药主要包括杀菌剂、杀虫剂和除草剂三大类，使用农药是防治病虫害的重要措施。从20世纪90年代至今，随着农药使用量不断增加，各类农产品农残留超标的比例更是居高不下。1996年，我国农药使用量为114.08万t，到2008年上升到173万t，2014年达到了180.69万t，几乎翻了1倍（李志明，2018）。

我国的农药利用率低于欧美发达国家，平均每公顷的用药量高于发达国家。根据权威研究资料，我国每年的农药使用量在30万t（折百）左右，但农药的有效利用率仅为39.8%，而发达国家能达到60%～70%。主要原因是我国农药使用过程中基本不考虑特殊性，采取通用普施的做法，造成农药利用率低的同时也带来了农残超标、面源污染、施药人员健康风险等危害（潘兴鲁等，2020）。农药使用量较大的省份主要集中在农业大省和经济大省。根据统计年鉴数据，对我国主要省份的农药使用量情况进行分析，见表8-3。由表8-3可知，2014年、2015年主要省份的农药使用量达到最高峰。2018年各省的农药使用量降到了8年来的最低点，降幅排前3位的省份分别是湖北省25.95%、河北省25.90%、山东省21.18%。

表8-3 2011—2018年主要省份农药施用量 （单位：万t）

地区	2011年	2012年	2013年	2014年	2015年	2016年	2017年	2018年	降幅(%)
湖北	13.95	13.95	12.72	12.61	12.07	11.74	10.96	10.33	25.95
湖南	12.04	12.30	12.43	12.24	12.24	11.87	11.60	11.42	5.15
山东	16.48	16.20	15.84	15.64	15.10	14.86	14.07	12.99	21.18
河南	12.87	12.83	13.01	12.99	12.87	12.71	12.07	11.36	11.73
安徽	11.75	11.67	11.78	11.40	11.10	10.57	9.94	9.42	19.83
江苏	8.65	8.37	8.12	7.95	7.81	7.62	7.32	6.96	19.54
河北	8.30	8.48	8.67	8.63	8.33	8.17	7.76	6.15	25.90
辽宁	5.65	5.91	6.00	6.03	5.99	5.63	5.75	5.51	2.48
山西	2.84	2.98	3.05	3.10	3.10	3.06	2.88	2.65	6.69
陕西	1.30	1.30	1.30	1.28	1.31	1.32	1.33	1.26	3.08

注：资料来源于《中国统计年鉴2019》。

我国的农药使用量居高不下的原因是多方面的。一是要保证粮食产量连年增长,缓解长期以来农副产品供需平衡的矛盾,就要避免大面积病虫害和草害的发生,使用农药是最有效和便捷的方法手段,由此导致农药使用量并未呈现下降趋势。二是我国现代农业分散生产与规模生产将会长期并存,小农户作为生产经营主体其文化水平低,学习合理的施药技术需要自己投入实践和成本,这对农户来说是不经济的,从而限制了生物农药的普及和推广。三是现已研制的农药新品种或新设备由于见效慢、成本高,不具有市场竞争力,也没有形成企业有效对接农药需求市场的保护及激励机制,导致新技术和新品种的推广陷入瓶颈。

(二)投入品过量的生态环境问题

按照农业生态系统的限制因子原理,辅助能的投入存在适时和适量的问题。不恰当的辅助能投入,往往会事倍功半或适得其反。长期依赖高辅助能的投入,使得"石油农业"的弊端凸显,并产生了严重的生态环境问题,主要表现如下。

1. 不可持续风险存在

一是无机能投入增加并不一定带来产出增加。在无机能投入量相对较低的阶段,增加无机能投入,农业产出和能量投入效率都明显增加;但无机能投入较高阶段,继续增加无机能投入其能量效率有降低趋势。二是大量过量投入化肥、农药,不但增加了生产成本,使农业更多地依赖补贴,也加速了各种农业资源的消耗,特别是在化石能源日益紧张的形态下,以"石油"(工业辅助能)换"粮食"的发展模式是不可持续的。

2. 食品安全问题

农业投入品是控制农产品质量安全的源头。化肥和农药使用不当,一方面降低了土壤生产、调节和自净等功能,导致耕地质量下降,土壤板结、酸化和重金属超标等问题(史绪梅,2012);另一方面有害化学物质残留通过食物链造成畜、禽、鱼质量下降,成为食品的直接污染源,有时甚至成为影响社会稳定的重要因素。兽药的不合理使用而导致的兽药残留是兽药对畜产品质量安全影响的最直接因素,主要包括兽药的超剂量使用、不遵守兽药休药期规定和非法使用违禁药物等（李艳艳等，2016）。

3. 大气污染问题

大气的氮污染物中化肥是很重要的一方面。尽管全球产氮量和固氮量的不平衡主要是由工业固氮量的日益增长引起的，但应用于农业生态系统的氮肥有超过一半以上是通过N_2、N_2O和硝态氮的形式离开该系统，这也增加了大气中氮氧化物浓度，从而加重了温室效应、臭氧层破坏和酸雨。我国农业生产中的农业源二氧化碳排放当量与全球比较，水稻种植及能源消耗等方面的二氧化碳排放当量明显高于全球平均水平，说明水稻等粮食作物种植过程的化学品过量投入及农业机械化耗能，依然是引起大气污染和温室气体排放的主要原因。

4. 水质恶化问题

由于大量使用化肥、农药，造成地表水和地下水的污染，大量江河湖海发生富营养化，特别是饮用水污染，不仅危及水生动植物的生长，更危及人体的健康。

5. 土壤退化问题

化肥、农药均能抑制土壤动物和微生物的繁殖及其他正常功能。偏施化肥还会造成营养元素的比例失调，影响农作物的生长。过量施用化肥还可能造成土壤的板结和酸化，破坏土壤的理化性状，直接降低土壤质量。

6. 生物多样性减少

现代农业由于片面追求工业辅助能投入，尽管给农业生产带来了高产和高效率，但是也给人类和生态环境带来危害，自然生境的退化、掠夺式开发、环境污染加剧、外来物种入侵等人为原因引起农区生物多样性减少，农业生态系统服务功能逐渐削弱。

（三）化肥、农药减施技术扶持政策

化肥和农药是现代农业发展的重要生产资料，但过量施用和不合理使用也给产地环境带来生态隐患。要实现农业绿色发展，亟须严格化肥和农药等农业投入品的生产和使用管理。为了优化施肥结构、改进施肥方式、提高

肥料利用率，2015年起农业部强化以政策手段推进化肥、农药减施增效技术，并在"十三五"期末取得显著成效。

1. 化肥、农药减施政策及行动方案

从2015—2018年，国家密集出台一系列重要的政策文件，推动化肥和农药的减量化使用，在制度层面上为投入品减量化使用提供重要保障。研究梳理了这一时期出台的重大政策及行动方案，见图8-3，具体内容如下。

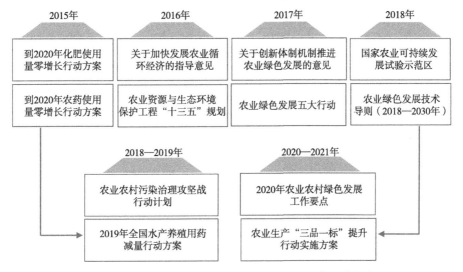

图8-3　我国主要农业投入品减量使用有关政策行动方案

2015年2月，农业部就出台《到2020年化肥使用量零增长行动方案》和《到2020年农药使用量零增长行动方案》（简称"双零增长行动方案"）。

（1）化肥使用零增长行动方案。到2020年，初步建立科学施肥管理和技术体系，科学施肥水平明显提升。2015—2019年，逐步将化肥使用量年增长率控制在1%以内；力争到2020年，主要农作物化肥使用量实现零增长。以"精（精准）、调（调整）、改（改进）、替（替代）"为技术路径，分东北地区、黄淮海地区、长江中下游地区、华南地区、西南地区和西北地区6个重点区域，分重点技术、施肥方式、新技术应用、资源利用、地力提升5项重点任务整体推进。

（2）农药使用零增长行动方案。到2020年，初步建立资源节约型、环境友好型病虫害可持续治理技术体系，科学用药水平明显提升，单位防治面积农药使用量控制在近3年平均水平以下，力争实现农药使用总量零增长。以"控（控制）、替（替代）、精（精准）、统（统治）"为技术路径，在重点区域实施"一构建，三推进"的重点任务。

全国各地积极响应化肥、农药"双减"行动方案。化肥减施的成效显著，到2017年底，我国化肥使用量提前3年实现零增长目标，水稻、玉米、小麦三大粮食作物化肥使用率达到37.8%，比2015年提高2.6个百分点，相当于减少尿素用量130万t，减少生产投入26亿元，减少氮排放60万t或者说节约130万t燃煤。农药使用量逐年减少，到2017年底，我国农药使用量已连续3年负增长，提前3年实现农药使用量零增长的目标，农药利用率达到38.5%，比2015年提高2.2个百分点，相当于减少农药使用量3万t，减少生产投入12亿元（《农业绿色发展概论》编写组，2019）。

2. 农业循环经济发展扶持政策计划

2016年2月，国家发改委印发《关于加快发展农业循环经济的指导意见》，提出我国农业循环经济发展的目标是到2020年，建立起适应农业循环经济发展要求的政策支撑体系，基本构建起循环型农业产业体系；建设和推广一批具有示范引领作用的农业、林业和工农复合型的循环经济示范园、示范基地、示范工程、示范企业和先进适用技术，凝练一批可借鉴、可复制、可推广的农业循环经济发展典型模式。

我国农业循环经济的重点领域和主要任务包括推进资源利用节约化、生产过程清洁化、产业链接循环化及农林废弃物处理资源化4个方面。推进资源利用节约化的重要任务之一就是引导农业投入品科学施用，实施"到2020年化肥使用量零增长行动"，优化配置肥料资源，合理调整施肥结构，大力推进有机肥生产和使用，扩大测土配方施肥规模，推广化肥机械深施、种肥同播、适期施肥、水肥一体化等技术，提高化肥利用率；科学配制饲料，提高饲料利用效率等。

2016年12月30日，农业部印发《农业资源与生态环境保护工程规划（2016—2020年）》，确定了加强耕地质量建设与保护、推进农业投入品减量使用、开展农业废弃物资源化利用等8项重点任务；划定了东北黑土区、南方耕地污染区、京津冀地下水超采区等7个重点区域。可见，农业投入品的节约和减量使用是农业绿色发展的重大国家战略。

3. 国家农业绿色发展政策意见与行动

2017年9月，中共中央办公厅、国务院办公厅印发了《关于创新体制机制推进农业绿色发展的意见》（以下简称《意见》）。《意见》从4个方面规划了到2020年和2030年的农业绿色发展目标。到2020年，主要农作物化肥、农药使用量实现零增长，化肥、农药利用率达到40%，农膜回收率达到80%；到2030年，化肥、农药利用率进一步提升，农业废弃物全面实现资源化利用。此外，要加强产地环境保护与治理，健全农业投入品减量使用制度，完善废旧地膜和包装废弃物等回收处理制度。

2017年，农业部启动实施农业绿色发展五大行动，包括畜禽粪污资源化利用行动、果菜茶有机肥替代化肥行动、东北地区秸秆处理行动、农膜回收行动和以长江为重点的水生生物保护行动。五大行动中的有机肥替代化肥和秸秆处理行动都是针对农业投入品节约利用的行动计划。农业部制定了《开展果菜茶有机肥替代化肥行动方案》，选择100个果菜茶重点县并拿出10个亿作为补贴，开展有机肥替代化肥示范，在苹果、柑橘、设施蔬菜和茶叶优势区域推广相应技术模式。

4. 农业绿色发展先行区与技术导则

2018年11月，农业农村部、国家发展改革委、科技部、财政部等八大部委联合印发《国家农业可持续发展试验示范区（农业绿色发展先行区）管理办法（试行）的通知》，要求各试验示范区要落实《农业绿色发展技术导则（2018—2030年）》要求，开展农业绿色发展科技创新，开展以绿色生产为重点的科技联合攻关，加快成熟适用绿色技术和绿色品种的示范、推广和应用。重点任务明确提出，科学使用化肥、农药、兽药，推行有机肥替代化肥、统防统治和绿色防控，推进农业投入品减量增效，实现化肥、农药、兽药使用量零增长、负增长。

2017年12月底，国家公布了第一批国家农业可持续发展试验示范区暨农业绿色发展试点先行区名单（共40个），2019年底又公布了第二批国家农业绿色发展先行区名单（共41个），努力将先行区建设成为绿色技术试验区、绿色制度创新区、绿色发展观测点，为面上农业的绿色发展转型升级发挥引领作用。

2018年，农业农村部全面落实《关于创新体制机制推进农业绿色发展的意见》有关部署，着力构建支撑农业绿色发展的技术体系，编写印发了《农业绿色发展技术导则（2018—2030年）》。其重要任务，一是研制绿色投入品，包括环保高效肥料、农业药物与生物制剂，推广应用高效低成本控释肥料和新型生物农药；二是研发绿色生产技术，包括化肥、农药减施增效技术，推广应用高效配方施肥技术、有机养分替代化肥技术、新型肥料施肥技术、作物有害生物高效低风险绿色防控技术等。

5. 农业面源污染攻坚战行动计划

2018年生态环境部、农业农村部联合出台了《农业农村污染治理攻坚战行动计划》，该计划进一步明确了治理行动的主要任务之一是"有效防控种植业污染"，具体任务是持续推进化肥、农药减量增效，包括深入推进测土配方施肥和农作物病虫害统防统治与全程绿色防控，提高农民科学施肥用药意识和技能，推动化肥、农药使用量实现负增长；集成推广化肥机械深施、种肥同播、水肥一体等绿色高效技术，应用生态调控、生物防治等绿色防控技术。2019年3月农业农村部印发《2019年全国水产养殖用药减量行动方案》，方案的工作目标是通过各地实施水产养殖用药减量行动，参与行动养殖企业使用兽药总量同比平均减少5%以上，使用抗生素类兽药平均减少20%以上，在全国形成一批可复制、操作性强的用药减量化技术模式。

6. 农业生产"三品一标"行动方案

2021年3月，农业农村部印发《农业生产"三品一标"提升行动实施方案》，提出从2021年开始，启动实施农业生产"三品一标"（品种培优、品质提升、品牌打造和标准化生产）提升行动，更高层次、更深领域推进农业绿色发展，实现农业投入品减量化、生产清洁化、废弃物资源化、产业模式生态化。方案中"加快推进品质提升"是工作的重中之重，推广绿色投入品、推广安全绿色兽药是提升农产品品质的重要技术途径。目前，我国推广的绿色投入品包括生物有机肥、缓释肥料、水溶性肥料、高效叶面肥、高效低毒低残留农药、生物农药等。

三、农户化肥、农药减施补偿意愿研究

（一）数据来源与模型构建

1. 研究方法

本研究采用社会调查方法和意愿价值评估方法（CVM）相结合的研究方法，分两步开展关于粮食作物投入品减施的补偿意愿实证研究。第一步，运用问卷调查方法获取受访者关于化肥、农药减量化使用的意愿；第二步，建立政府提供化肥减量施用补贴及生物农药补贴两个假想市场，运用意愿价值评估方法获取受访者希望获得的补偿方式和补偿额度。调查问卷的具体选项设计见图8-4。

问题1：国家鼓励减施化肥并给予补偿奖励，如果您愿意请问最希望获得哪种奖励方式？
　　　　请您在4个答案中选择，并继续回答补偿额度问题（按照每袋复合肥120元计算）

◆给予粮食减产补贴	□可能减产量实际价格　□可能减产量1.5倍价格 □可能减产量2倍价格　□其他倍价格
◆给予复合肥实物补贴	□1亩补贴半袋肥　　　□1亩补贴1袋肥 □3亩补贴2袋肥　　　□其他袋肥
◆降低复合肥售价补贴	□10元　□20元　□30元　□40元 □50元　□60元　□70元
◆提高小麦收购价补贴	□10%　□15%　□20%　□25%　□30% □35%　□40%　□45%　□50%

问题2：国家鼓励使用生物农药，您最愿意接受哪种奖励方式？请您在2个答案中选择，
　　　　并继续回答补偿额度问题（按照每瓶农药30元计算）

◆直接发给现金补贴	□5元　□6元　□7元　□8元　□9元　□10元 □11元　□12元　□13元　□14元　□15元
◆直接发给生物农药	□1亩地1瓶　　□2亩地1瓶 □3亩地1瓶　　□其他瓶

图8-4　农户减少化肥和农药使用量补偿意愿调查问题设计

2. 数据来源

课题组于2021年9月12—26日在河北省徐水区开展农户问卷调查工作。本次调查采取面对面访谈的形式，其中收集普通农户调查问卷245份，有效问卷242份，有效率为98.8%；种养大户调查问卷55份。

3. 模型构建

本研究开展农户化肥、农药减施意愿及补偿意愿的影响因素研究，摸清农户行为意愿影响因子的强度和方向，为科学引导规范农户生产行为提供理论依据。农户是否愿意减少化肥和农药的施用量，取决于行为态度、主观规范及知觉行为控制等诸多因素影响，生产行为有"愿意"和"不愿意"两种。针对被解释变量只有两种选择，研究建立Probit二元离散选择模型，见式（8-1）。

$$Z_i = F^{-1}(p_i) = \beta_0 + \beta_1 X_{1i} + \beta_2 X_{2i} + \cdots + \beta_k X_{ki} + \mu_i \qquad （8\text{-}1）$$

本研究选取的被解释变量有两个，一是化肥、农药减施的意愿，二是化肥、农药减施的补偿意愿。选取的解释变量包含四类11个特征变量，见表8-4。

表8-4　变量的定义赋值

变量类别	变量	变量名称	变量定义说明
被解释变量	Y_1	减施意愿	0：不愿意；1：愿意
	Y_2	补偿意愿	0：不愿意；1：愿意
个体禀赋	X_1	实际年龄	受访者的实际年龄
	X_2	教育年限	0：文盲；6：小学；9：初中；12：高中；16：大专以上
	X_3	劳动力比率	劳动力占家庭总人口的比例（%）
	X_4	职业类型	1：全职农民；2：兼职农民；3：全职打工
生产经营	X_5	耕地面积	受访者实际耕地面积（亩）
	X_6	化肥比例	粮食种植化肥成本投入占总生产成本的比例（%）
	X_7	农药比例	粮食种植农药成本投入占总生产成本的比例（%）
	X_8	种粮纯收入	粮食种植年均纯收入（元/年）

（续表）

变量类别	变量	变量名称	变量定义说明
社会资源	X_9	问题求助	生产遇到问题是否求助别人 0：不求助；1：求助
环保认知	X_{10}	化肥用量	化肥投入量评价 1：不清楚；2：正常；3：用量大
	X_{11}	农药用量	农药投入量评价 1：不清楚；2：正常；3：用量大

（二）样本描述性统计分析

1. 个体生产经营特征

调查的242位受访者的平均年龄57岁，受教育年限为8年，平均耕地面积5.1亩，劳动力占家庭人口的比例为49.7%。问卷设计了农民职业类型这一特征变量，凡是农业收入占家庭收入90%（含）以上的为全职农民，10%～80%为兼职农民，小于10%的为全职打工，调查结果显示（图8-5），样本中有54.1%的农户为全职打工、43.4%的农户是兼职农民，仅有2.5%的人为全职农民。徐水区粮食种植为冬小麦/夏玉米的耕作模式，粮食生产成本包括种子成本、化肥成本、农药成本、灌溉成本和机械成本，其所占总成本投入的比例分别为14.2%、34.7%、6.6%、9.6%和34.9%（图8-6）。可见，化肥和机械成本是生产投入的最主要部分，平均占农户家庭生产成本的69.6%。受访者粮食生产的年均纯收入为9 029.7元/年，人均纯收入为2 154.5元/（人·年）。

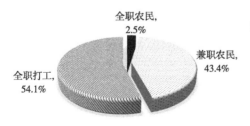

图8-5　受访者职业类型分布情况

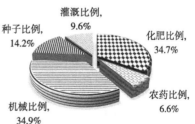

图8-6　农业生产成本构成及所占比例

2. 社会资源变量特征

社会资源特征变量包括信息来源和问题求助两个，其中信息来源是调查受访者获取生产信息的方式和渠道是否丰富，问题求助是要了解受访者生产中遇到问题是否求助别人，由此判断其生产行为是否容易受他人影响。从图8-7结果可知，大部分受访者获取农业生产信息的渠道比较单一，以从周边邻居或电视中了解为主；但是几乎全部受访者在生产中遇到问题时，都会经常向别人请教，说明现代农民已经不再保守地从事农业生产，更多采纳与吸收他人意见。

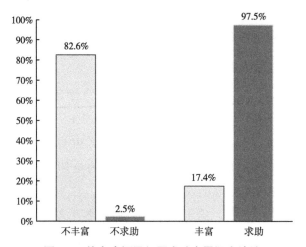

图8-7　信息来源及问题求助变量调查统计

3. 环保认知变量特征

围绕农业投入品减量化利用核心内容，环保认知变量的引入是要了解3方面重要内容，一是农户对目前生产投入的化肥及农药用量多少的主观判断；二是农户减少化肥和农药使用量的主观意愿；三是农户不愿意减少化肥和农药使用量的主要原因。调查问卷通过4个问题的设计获得研究所需的数据信息。

（1）农业主要投入品用量认知情况。根据调查结果（图8-8）可知，有1/2以上的受访者认为目前的化肥和农药用量是正常的，有不足1/4的受访者认为化肥、农药用量大，另外不足1/4的受访者认为自己不清楚无法进行判断。由此说明，农户对化肥和农药的过量使用问题仍然没有清楚地认识，大部分认为使用量是正常的，不存在过量的问题，因此还会按照常规生产方式进行施肥和打药。

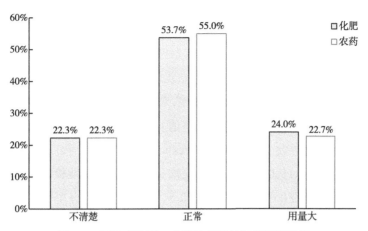

图8-8　受访者化肥、农药使用量认知的调查统计

（2）农业投入品减施意愿及原因分析。在调查的242位受访者中，愿意减少化肥和农药使用量的仅有62人，占25.6%，不愿意减少使用量的有180人，占74.4%。受访者不愿意减少化肥使用量最主要是担心减少化肥可能会降低产量，有70.7%的人选择这条原因，还有极少部分人认为化肥用量稳定不愿意减少，占2.9%，以及看别人的情况再决定，占1.7%（图8-9）。受访者不愿意减少农药使用量的最重要原因是认为杂草和虫子太多不能少用的占72.7%，不愿意改变常年用药习惯的占0.8%，观望别人情况不愿意少用农药的占0.8%（图8-10）。由此可见，担心由于养分供应不足及草害和病虫害引起粮食产量降低是农户不愿意减少投入品使用的最根本原因。

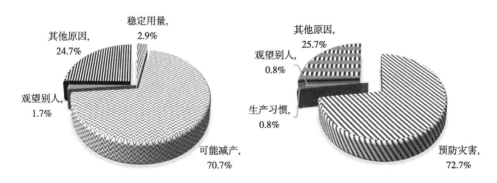

图8-9　不愿意减少化肥用量的原因　　图8-10　不愿意减少农药用量的原因

（三）化肥、农药减施补偿意愿影响因素

研究分别以农户化肥、农药减施意愿（Y_1）及采取化肥、农药减施的补偿意愿（Y_2）为被解释变量，选择二元Probit模型和Eviews9.0统计软件开展补偿意愿影响因素定量分析，分析结果见表8-5和表8-6。模型整体显著性检验结果，检验统计量LR对应概率值均小于0.05，模型整体具有统计意义；拟合优度检验指数（Hosmer-Lemeshow）概率均大于0.05，模型拟合精度较好。采用Eviews9.0相关系数检验法进行多重共线性检验，所有解释变量的相关系数值均在0～0.591，小于0.8，说明方程所有解释变量之间不存在多重共线性，具体分析如下。

表8-5　基于Probit回归模型投入品减施意愿估计结果

变量类别	变量	系数估计	标准误	Z-统计量	概率
常数项	C	0.084 429	1.541 655	0.054 765	0.956 3
个体禀赋	X_1：实际年龄	−0.008 745	0.011 097	−0.788 010	0.430 7
	X_2：教育年限	0.052 802	0.060 358	0.874 810	0.381 7
	X_3：劳动力比率	−0.330 561	0.570 160	−0.579 769	0.562 1
	X_4：职业类型	1.974 671**	0.813 339	2.427 857	0.015 2
生产经营	X_5：耕地面积	−0.089 030	0.061 535	−1.446 817	0.147 9
	X_6：化肥比例	−1.082 043	2.087 830	−0.518 262	0.604 3
	X_7：农药比例	20.653 93***	5.147 121	−4.012 715	0.000 1
	X_8：种粮纯收入	2.43E−05	5.61E−05	0.433 515	0.664 6
社会资源	X_9：问题求助	−1.151 933**	0.550 573	−2.092 244	0.036 4
环保认知	X_{10}：化肥用量	1.442 972*	0.738 840	1.953 024	0.050 8
	X_{11}：农药用量	−0.281 992	0.731 667	−0.385 411	0.699 9

注：***、**和*分别表示在1%、5%和10%显著性水平上通过检验。

表8-6 基于Probit回归模型投入品减施补偿意愿估计结果

变量类别	变量	系数估计	标准误	Z统计量	概率
常数项	C	1.763 039	2.201 782	0.800 733	0.423 3
个体禀赋	X_1：实际年龄	0.017 738	0.013 270	1.336 695	0.181 3
	X_2：教育年限	−0.040 348	0.079 027	−0.510 564	0.609 7
	X_3：劳动力比率	1.675 064*	0.974 036	1.719 714	0.085 5
	X_4：职业类型	2.227 885**	1.034 594	−2.153 391	0.031 3
生产经营	X_5：耕地面积	−0.020 352	0.041 994	−0.484 647	0.627 9
	X_6：化肥比例	−7.623 553*	4.137 078	−1.842 739	0.065 4
	X_7：农药比例	22.917 45**	9.389 771	2.440 682	0.014 7
	X_8：种粮纯收入	−4.33E−05	5.15E−05	−0.840 702	0.400 5
社会资源	X_9：问题求助	0.685 882	0.539 837	1.270 536	0.203 9
环保认知	X_{10}：化肥用量	0.407 483	0.391 335	1.041 266	0.297 8
	X_{11}：农药用量	−0.296 316	0.509 429	−0.581 662	0.560 8

注：***、**和*分别表示在1%、5%和10%显著性水平上通过检验。

1. 投入品减施意愿影响因素分析

根据表8-5的统计结果可知，通过显著性检验的变量有4个，其中农户职业类型和化肥用量评价显著正向影响化肥、农药减施意愿，农药占总成本比例和问题求助两个变量显著负向影响减施意愿。具体分析结果如下。

（1）个体禀赋特征变量中的职业类型变量显著正向影响减施意愿。全职农民的家庭收入来源90%为农业收入，全职打工者的家庭收入中农业收入不足10%。结果显示，越是全职农民越不愿意减少化肥、农药使用量，越是打工者越愿意减少使用量。说明全职农民对化肥、农药的用量比较重视，在长期以辅助能大量投入保证产量生产方式下并不愿意减少投入量。

（2）生产经营特征变量中的农药投入占总成本比例显著负向影响减施意愿，且通过1%显著性水平检验。农药投入量占生产成本比例越大说明农户越重视农业生产，希望通过大量的用药防治已经或可能发生的病虫害和草害，并确保粮食产量，因此并不愿意减少农药的投入量。反之，农药投入量占生产成本比例越小说明农户对农业生产不太重视，希望减少农药用量意愿较高。

（3）社会资源特征变量中的问题求助变量显著负向影响减施意愿，且通过5%显著性水平检验。问题求助是要了解农户生产中遇到问题是否主动求助别人，其在组织生产过程中是否接受别人建议来改变自己的生产行为。农户遇到问题求助他人，而大多数农户都不愿意减少化肥、农药使用量，在他人意见的影响下，越愿意求助他人的农户越不愿意减施化肥和农药，反之亦然。

（4）环保认知变量中的化肥用量评价显著正向影响减施意愿，且通过10%显著性水平检验。调查农户对于化肥使用量的认知，主要是从外部性作用了解农户化肥减施的行为态度。农户若从心理感知到化肥使用量的大小，就会增强其改变生产方式的行为信念，表现出参与减施行动的主动性。结果说明，认为化肥使用量越大的农户环保意识越强就越愿意减少化肥的使用量。

2. 投入品减施补偿意愿影响因素分析

根据表8-6的统计结果可知，通过显著性检验的变量有4个，其中劳动力比率和农药占总成本比例显著正向影响化肥、农药减施的补偿意愿，职业类型和化肥占总成本比例两个变量显著负向影响补偿意愿。具体分析结果如下。

（1）个体禀赋特征变量中劳动力比率和职业类型显著影响农户化肥农药减施的补偿意愿，且影响方向相反。劳动力比率的影响方向为正，劳动力比率越高的家庭从事农业生产的人数越多，对农业生产重视程度越高，也就越愿意获得生产补贴。职业类型显著负向影响补偿意愿，且通过5%显著性检验。结果表明，全职农民更愿意获得化肥、农药减施补偿，全职打工者的补偿意愿却并不高。

（2）生产经营特征变量中化肥和农药占总成本比例均显著影响化肥、农药减施补偿意愿，且影响方向相反。农户粮食生产中化肥占总成本比例越高表明越重视辅助能投入，农户认为化肥是产量的重要保障，对减施化肥的补贴不愿意接受。相比农药占生产成本比例较小且价格低廉，农药占生产成本越高说明农户对农业生产重视程度越高越不愿意减少农药用量，希望通过补贴弥补可能的损失。

总之，劳动力比率、职业类型、化肥所占比例、农药所占比例、问题求助和化肥用量是影响农户投入品减施和补偿意愿的关键因素。劳动力比例和职业类型是知觉行为控制变量，家庭劳动力充足和全职从事农业生产的条件下，农户对农业生产高度重视不愿意因投入品减少而降低产量，对生产性补贴表现出强烈愿望，不同职业对政策偏好不同。投入品成本和环保认知属于行为态度的控制变量，化肥投入是一把"双刃剑"，一方面农户认为目前化肥使用过量应该减少用量，另一方面又担心减少施肥会造成减产反而不愿意接受投入品减施的补贴政策。农药投入是农户是否采取投入品减施行为的风向标，用药量越大的农户越重视产量影响越不愿意减少农药使用量，由于农药价格较低故愿意获得相应的补偿。

（四）化肥、农药减施补偿意愿价值评估

基于前述研究方法，在农户调查过程中建立国家给予农户化肥、农药减施补贴奖励的假想市场，引导获取农户补偿意愿及补偿方式的选择值，以及补偿额度的投标值。本研究问卷设计鼓励农户化肥减施的补偿方式包括可能减产补贴、肥料实物补贴、市场销售补贴和粮食收购补贴4种方式；鼓励农户使用生物农药的补偿方式有现金直补和药品直补两种方式。

1. 化肥减施的补偿方式及补偿额度

根据调查问卷数据，在242位受访者中愿意接受化肥减施补贴的占94.6%，不愿意接受的仅占5.4%，关于补偿方式和补偿额度的统计结果见图8-11、图8-12。

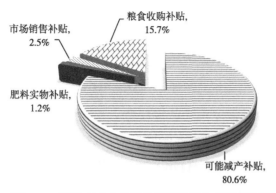

图8-11　受访者减少化肥施用量补偿方式调查统计

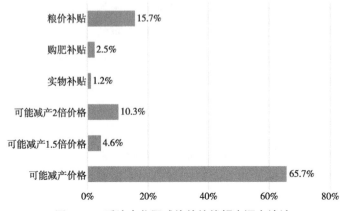

图8-12 受访者化肥减施的补偿额度调查统计

（1）化肥补偿方式。农户最希望获得的补偿方式是直接给予粮食减产的补贴，有80.6%的人选择了这种补贴方式；还有15.7%的人希望提高粮食的收购价格，希望增加收益来抵消可能的损失。另外，选择复合肥实物补贴和市场销售补贴方式的人数较少，可以不作为主要推广的补贴方式。

（2）化肥补偿额度。首先，在242份样本中有65.7%的受访者希望按照可能减产量的实际价格获得相应的补贴。研究认为可能的减产价格计算公式如下：

可能减产实际价格=（常规施肥产量-不施化肥产量）×当年市场收购价格

其次，有15.7%的受访者希望通过提高粮食收购价弥补减施化肥可能造成的损失，根据38份样本观测值及其概率值估计得到受访者希望粮食收购价格提高比例的期望值（平均值）为38.2%。2021年研究区域小麦收购市场均价为1.12元/亩，玉米为1.06元/亩，则农户希望获得的小麦收购补贴价格为1.55元/亩，玉米为1.46元/亩。

最后，有10.3%的受访者希望按照可能减产量2倍价格获得补贴。

2. 生物农药的补偿方式及补偿额度

农户使用生物农药补贴方式及补偿额度的统计结果如图8-13所示。

在调查的242份样本中，有176人希望获得现金补偿，占总人数的72.7%，有66人希望获得实物补偿，占37.5%。调查的受访者希望获得生物农药的补偿额度所占比例见图8-13，其中希望每瓶生物农药获得15元补贴的人数最多，占总人数的32.2%，希望每亩地发放1瓶生物农药的人数其次，占25.2%。根据调查统计，农户希望获得生物农药现金补贴的期望值为11.6元/瓶，希望获得实物补贴的期望值为每亩1.1瓶（假设按照生物农药30元/瓶计算）。

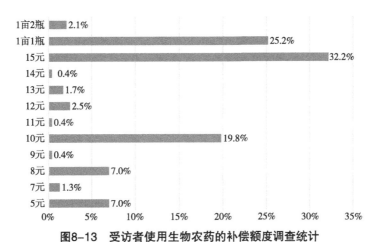

图8-13　受访者使用生物农药的补偿额度调查统计

四、种植大户化肥、农药减施补偿意愿研究

（一）样本描述性统计分析

课题组于2021年9月12—26日在河北省徐水区开展种养大户的问卷调查工作，受访者分布在10个乡镇的41个行政村。本次调查共走访种养大户55户，收集有效问卷55份。从表8-7分析可知，种养大户的平均年龄49.7岁，受教育年限大约9年；受访大户的平均耕地面积为315.55亩，其中种植面积最小的56亩，最大的达到1 100亩。受访的55位种植大户年均粮食收入占家庭总收入的比例为79.6%，是真正的全职农民，其中生产物质性成本投入中化肥成本所占比例最高为41.8%、种子成本占24.5%、灌溉成本占16.8%、机械成本占12.7%、农药最少为4.2%（图8-14）。小麦种植的亩均纯收入为785.81元/亩。受访者对化肥、农药用量的评价结果（图8-15），有54.5%的人认为化肥用量是正常的，20%的人认为用量大，仅有5.5%的人认为用量偏

小；有74.5%的人认为农药用量是正常的，12.7%的人认为农药用量大，有1.8%的人认为农药用量偏小。由此可见，大部分农户还未充分意识到粮食种植过程化肥、农药的过量使用问题。

表8-7　种养大户定量指标的统计分析情况

统计指标	极小值	极大值	均值	标准差
实际年龄	34	63	49.73	7.223
受教育年限	0	12	8.62	2.313
耕地面积（亩）	56	1 100	315.55	232.754
粮食收入占比（%）	30.00%	100%	79.64%	0.194
化肥成本占比（%）	36.36%	49.85%	41.76%	0.032
农药成本占比（%）	1.70%	7.22%	4.20%	0.014
小麦纯收入（元/亩）	226.60	1 183.50	785.81	184.916

注：粮食收入占比是指受访者全面种植小麦、玉米的收入总和占家庭总收入的比例；化肥成本占比是指在小麦种植所投入的化肥成本占总生产成本投入的比例；农药成本占比是指在小麦种植所投入的农药成本占总生产成本投入的比例；小麦纯收入是指受访者当年种植小麦所获得大的亩均纯收入。

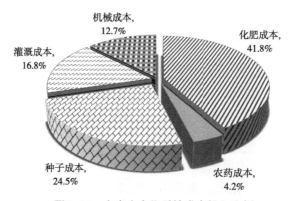

图8-14　小麦生产物质性成本投入比例

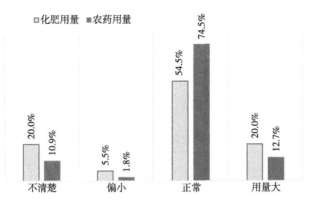

图8-15　种养大户关于化肥、农药用量评价

（二）化肥、农药减施补偿意愿

在所调查的55户种养大户中，愿意减少化肥、农药使用量的占85.5%，不愿意的占14.5%。研究假设政府为减少化肥、农药使用的农户提供补贴，所有受访者均愿意接受补贴，其愿意获得的补贴方式如图8-16所示，有70.9%的种养大户希望获得减产补贴，补贴额度是可能减产的实际价格；有12.7%的农户希望获得实物肥料补贴，补贴额度为1亩地补1袋（按照每袋复合肥120元、50kg计算）；另外有10.9%的农户希望获得农机购置补贴，补贴比例希望提高32%。关于生物农药补贴希望现金补贴的有28人占50.9%，补贴额度为12元/瓶；希望获得实物补贴的有27人占49.1%，补贴额度为1亩地1瓶。

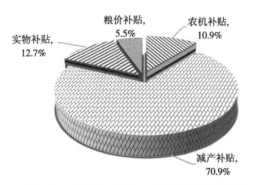

图8-16　种养大户化肥、农药减施补偿方式

五、研究结论与补偿标准

本研究针对粮食种植化肥、农药减施技术开展普通农户和种植大户的问卷调查，运用意愿价值评估法和计量模型统计方法，以技术应用补偿意愿估计值为补偿标准定价依据，制定如下补偿标准，见表8-8。

表8-8　徐水区农户化肥、农药减施技术补偿参考标准

调查地点	受偿主体	技术类型	补偿方式及补偿标准
徐水区	普通农户（242户）	化肥减量使用	●●●减产现金补偿→可能减产实际价格 ●●○粮食收购价补偿→粮食收购价格提高38.2% ●○○肥料实物补偿→不作为主推补偿方式
		生物农药使用	●●现金直接补偿→每瓶农药补偿11.6元 ●○药品实物补偿→每亩地补贴1.1瓶
	种植大户（55户）	化肥减量使用	●●●减产现金补偿→可能减产实际价格 ●●○肥料的实物补偿→每亩地补贴1袋复合肥 ●○○农机购置补偿→购置补贴比例提高32%
		生物农药使用	●○现金直接补偿→每瓶农药补偿12元 ●○药品实物补偿→每亩地补贴1瓶

（一）普通农户化肥、农药减施补偿标准

基于242份调查样本数据的统计分析表明，普通农户由于担心减少施肥会造成减产故对于化肥减施补偿政策并不积极。普通农户最希望获得粮食减产的现金补贴，补偿标准为可能减产量实际价格，其次是粮食收购价补偿，补偿标准为当年市场收购价提高38.2%。普通农户使用农药量越大越希望获得使用生物农药的现金补偿，补偿标准为11.6元/瓶。

（二）种植大户化肥、农药减施补偿标准

基于55份调查样本数据的分析表明，首先种植大户最希望获得的化肥减施补偿方式是粮食减产的现金补贴，补偿标准为可能减产量的实际价格；其次是肥料实物补贴，补偿标准为每亩地补贴1袋复合肥；最后为农机购置补贴，希望每台机械的补贴比例提高32%。种植大户部分希望获得生物农药现金补偿为12元/瓶，另一部分希望实物补偿为1亩地1瓶。

参考文献

曹林奎，2011. 农业生态学原理[M]. 上海：上海交通大学出版社.

陈燕霞，2017. 农业投入品污染问题及其治理浅议[J]. 南方农业，11（1）：23-24.

崔元培，魏子鲲，王建忠，等，2021. "双减"背景下化肥、农药施用现状与发展路径[J]. 北方园艺（9）：164-173.

高远新，2019. 农业投入品对农产品质量影响探讨与对策[J]. 新农业（1）：36.

金发忠，2013. 关于严格农产品生产源头安全性评价与管控的思考[J]. 农产品质量与安全（3）：5-8.

李晶宜，1998. 中国农业资源的可持续利用[J]. 中国人口·资源与环境，8（4）：11-15.

李艳艳，宋雷生，2016. 畜牧投入品对畜产品质量安全的影响及对策[J]. 科学种养（3）：367-368.

李志明，吉庆勋，杨曼利，等，2019. 我国农田土壤污染现状及防治对策[J]. 河南农业（8）：46-49.

骆世明，2012. 农业生态学[M]. 北京：中国农业出版社.

潘兴鲁，董丰收，刘新刚，等，2020. 中国农药七十年发展与应用回顾[J]. 现代农药，19（1）：1-5，23.

石敏俊，2017-10-17. 中国经济绿色发展的理论内涵[N]. 光明日报（11）.

史绪梅，2012. 谈农用地膜的危害及防治建议[J]. 科技创新与应用（1）：210.

谢邵文，杨芬，冯含笑，等，2019. 中国化肥农药施用总体特征及减施效果分析[J]. 环境污染与防治，41（4）：490-495.

余欣荣，2021-01-25. 人民日报：科学认识和推进农业绿色发展[EB/OL]. http://opinion.people.com.cn/n1/2021/0125/c1003-32010081.html.

第九章 有机肥替代化肥技术环境效应与补偿标准

有机肥替代化肥技术是国家《农业绿色发展技术导则（2018—2030年）》的主推技术，其主要技术模式包括有机废弃物堆肥还田模式、果园生草模式、设施菜地秸秆生物反应堆模式和商品有机肥模式。本章案例分析将以设施蔬菜栽培有机肥替代化肥技术为研究对象，综合实验、调查、模型等手段，构建资源—环境—经济有机结合的补偿标准核算方法。研究一方面采取实验观测方法和手段，准确核定有机肥替代化肥技术作用于菜田引起土壤环境效应功能量的动态变化，进一步核算功能的价值量；另一方面运用农户调查方法，定量评估技术采纳的补偿意愿价值，从而基于多种研究方法的评估结果确定设施蔬菜有机肥替代化肥技术的补偿标准，为当地补偿政策优化提供参考建议。

一、研究区域设施农业概况

藁城区地处河北省西南部，省会石家庄市东侧，是典型的山前倾斜平原地貌。藁城区是国家农业生产大县，为国家级现代农业示范区、全国粮食生产先进县标兵、优势农产品产业带建设示范县、无公害蔬菜生产示范基地。2017年，藁城区被列为全国设施蔬菜有机肥替代化肥示范县。近年来，藁城区瓜菜播种面积保持在52万亩，其中设施蔬菜播种面积29万亩，总产量250万t左右。为确保蔬菜产品质量安全，藁城区以标准化示范村建设为抓手，通过增施有机肥或生物有机肥，降低化肥和农药用量，禁止使用剧毒、高毒、高残留农药的管理模式，辐射带动全区无公害蔬菜生产，同时全区还深入实施了"品种优质化、生产标准化、布局区域化、服务社会化、经营产业化、销售品牌化、市场准入制、质量追溯召回制、责任追究制",质量放心的"六化、三制、一放心"工程,加强蔬菜生产全程监控,确保生产出的蔬菜符合产品质量标准。

藁城区政府加大蔬菜产业政策扶持力度,2013年以来市场列支专项资金,用于蔬菜示范村已建标准园提档升级和新建蔬菜生产设施补贴,省蔬菜产业示范县建设资金重点用于对蔬菜新品种引进示范(园区)、集约化育苗、节水灌溉、防虫网等技术示范推广补助等。近年来,藁城区委、区政府制定了扶持蔬菜产业的补贴政策,主要包括区财政每年列支30万元,对当年引进的蔬菜等高端品种、发展面积达到500亩及以上的,经农业农村局、财政局验收后,给予排名前3名的新品种推广单位,每单位奖补10万元种苗培育补贴;鼓励发展"一村一品"特色产业,对发展蔬菜面积占总耕地面积60%以上的蔬菜专业村,给予2万元奖励;对完成高效新型节能日光温室50亩或新型大棚100亩或新型中小棚200亩或粮食生产专业村新发展露地蔬菜300亩的村,分别给予村委会2万元的奖励;为落实河北省确定的10项蔬菜生产技术,区财政每年列支30万元,重点支持示范基地和科技示范户,以物化补贴方式落实补助。

二、有机肥替代化肥技术环境效应研究

(一)实验设计与测定方法

1.实验目的

开展设施蔬菜有机肥替代化肥技术田间定位实验,准确核定土壤营养物质(N、P、K)及有机质和土壤硝态氮的储存量,探索不同施肥技术模式对菜田土壤肥力、蔬菜产量的影响作用及环境效应。

2.供试材料

供试品种:供试番茄品种为金棚8号B型。

供试肥料:本次实验所选取的供试肥料品种为基施N、P_2O_5、K_2O分别为尿素(46.2-0-0)、重过磷酸钙(0-46-0)、硫酸钾(0-0-50);基施有机肥为商品有机肥,有机质>45%;微生物菌剂为根力多微生物菌剂,有效活菌数≥10.0亿/mL;水溶肥为河北省农林科学院自主研发肥料,名为"肥

尔得2号""肥尔得4号"。

供试土壤：实验地位于藁城区岗上镇杜村乡缘禾苗种植服务专业合作社，番茄种植采用钢架结构的日光温室，种植年限10年。供试土壤类型以褐土为主，质地为壤土。

3. 实验设计

实验设计3个处理，分别为CK、T1和T2，每个处理设3次重复（表9-1）。

表9-1　实验处理设置

编号	代码	处理设置
处理1	CK（农户习惯施肥）	N：532kg/hm², P₂O₅：516kg/hm², K₂O：712kg/hm²
处理2	T1（配方肥+有机肥）	N：308kg/hm², P₂O₅：264kg/hm², K₂O：562kg/hm²，有机肥：10t/hm²
处理3	T2（配方肥+有机肥+微生物菌剂）	N：308kg/hm², P₂O₅：264kg/hm², K₂O：562kg/hm²，有机肥：10t/hm²，微生物菌剂：150kg/hm²

实验小区：长宽分别为8m×6m，小区面积48m²。番茄采用高垄栽培方式，一畦双行，大小行栽培，大行距80cm、小行距60cm，株距35～40cm，小区之间用1m塑料薄膜隔开，防止处理间肥水侧渗相互影响。

施肥方式：采用尿素、重过磷酸钙、硫酸钾和商品有机肥作为底肥，水溶肥则作为追肥。底肥和追肥的养分分配比例：35%的N基施，65%的N追施；50%的P₂O₅基施，50%的P₂O₅追施；25%的K₂O基施，75%的K₂O追施。实验追肥为7次，每次追肥灌溉约460m³/hm²，最后一次追肥灌水230m³/hm²。

实验处理不同阶段养分投入量见表9-2。

4. 测定指标

（1）土壤样品及其测定方法。拉秧后，采集土壤样品，每个小区以1m的半径范围为样点用土钻采集0～30cm、30～60cm、60～90cm的土壤，每个处理每次取3钻土，并将样品装入乙烯自封袋封口并做标记，带回实验室进行处理，一部分鲜土去除土壤中肉眼可见的动植物残体和石块后，直接称

表9-2　实验处理不同阶段养分投入量

| 处理 | 底肥（kg/hm²） | | | 追肥（kg/hm²） | | | 总量（kg/hm²） | | | 微生物菌剂（kg/hm²） | |
	N	P₂O₅	K₂O	N	P₂O₅	K₂O	N	P₂O₅	K₂O	基施	追施
CK	185	241	171	347	275	550	532	516	721	—	—
T1	182	114	424.5	126	149.5	137.5	308	264	562	—	—
T2	182	114	424.5	126	149.5	137.5	308	264	562	150	—

量并用1mol/L的KCl溶液进行浸提，土水比为1∶10，浸提后的浸提液用自动分析仪（AutoAnalyzer 3，德国布朗卢比公司）测定硝态氮；其余鲜土放置阴凉通风处自然风干后，粉碎研磨并分别过1mm、0.25mm筛，参照《土壤农化分析》测定其中的全氮、速效钾、有效磷和有机质。

（2）植株生长指标测定。2021年8月3日开始定植，用卷尺测量番茄植株的株高，每隔10d测量1次，每个处理随机选择10株样品植株，精度为0.1cm。

（3）产量统计与经济效益。番茄生长中后期，调查各个处理小区种植密度。在每个处理中选取两株有代表性的番茄，记录并计算其从开始采收至拉秧后的单株果实数、单果重、单株产量以及单位产量（kg/hm²）。记录各种化肥投入、灌溉水费和人工等成本，番茄的市场价格选取近3年当地平均市场价格，即2.4元/kg。

（二）施肥模式对土壤养分的影响

尽管本研究的实验年限较短，且土壤中养分含量变化较慢，导致各处理之间的土壤养分均无显著性差异，但由图9-1至图9-4可知，与定植前相比，3种施肥处理都均对土壤中的养分具有轻微的改善作用。

1. 有机质

在0~30cm土层中，T1、T2处理有机质含量相较于CK分别高出5.24%和

9.52%；在30～60cm土层中，T1处理的有机质含量相较于CK处理高出3.8%，而T2处理中有机质含量则较CK低10.42%；在60～90cm土层中，T1处理的有机质含量最高，分别高于T2处理和CK处理有机质含量的16.04%和24.47%。

2. 全氮

在0～30cm土层中，T2处理中的全氮含量最高，分别较T1、CK处理中的全氮含量高出10.55%和9.77%；在30～60cm土层中，T1、CK处理中的全氮含量分别比T2处理中的全氮含量高出4.95%和4.50%；在60～90cm土层中，CK处理中的全碳含量最低，分别较T1、T2处理低19.03%和14.80%。

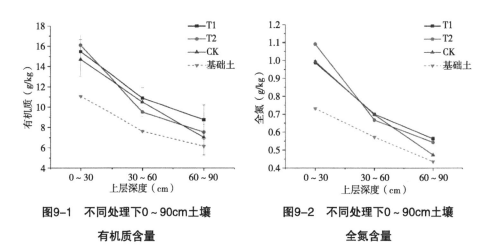

图9-1　不同处理下0～90cm土壤　　　图9-2　不同处理下0～90cm土壤
　　　　有机质含量　　　　　　　　　　　　　　全氮含量

3. 有效磷

在0～30cm土层中，T2处理中有效磷含量分别高于T1和CK15.92%和17.97%；在30～60cm土层中，CK处理土壤有效磷含量则相较于T1、T2处理分别高出12%和8.18%；60～90cm土层中，CK的有效磷含量最低，分别较T1、T2低74.04%和35.06%，除此之外，CK处理在此深度时，其土壤中有效磷含量也略低于原始土中有效磷含量。

4. 速效钾

T1处理在3个不同深度土层内速效钾含量均高于T2、CK处理，此外，在0～30cm、60～90cm两个土层深度中，T2处理土壤内速效钾含量反而比

CK处理低出9.79%和13.69%，在30～60cm土层深度中，T2与CK之间的速效钾含量并没有明显的改变。

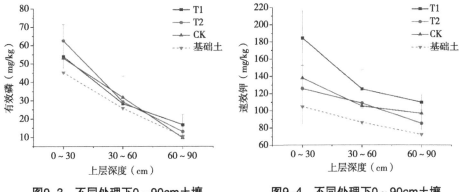

图9-3 不同处理下0～90cm土壤
有效磷含量

图9-4 不同处理下0～90cm土壤
速效钾含量

（三）施肥模式对生物性状的影响

1. 不同施肥处理对番茄株高的影响

由图9-5可知，番茄植株的株高在本实验的整个测定阶段不断增长，定植后的20～40d为番茄植株株高增长速率最快的时期，在除肥料以外的田间管理措施均相同且充足的情况下，T2处理的番茄植株株高的生长速度最快；定植后的40～60d，这段时期内的番茄植株虽然依旧呈现不断增高的态势，但其增高的速率逐渐放缓。

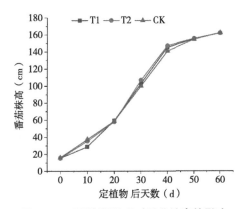

图9-5 不同施肥处理对番茄株高的影响

2.不同施肥对产量的影响

如图9-6所示，采用有机肥替代化肥技术的T1和T2的番茄产量分别达到89.15t/hm²和91.28t/hm²，而农民常规施肥CK的产量则为88.19t/hm²。与CK相比T1处理可实现番茄增产1.15%，而增施微生物菌剂的T2处理则可实现番茄增产3.50%，但需要指出的是，T1、T2与CK均未达到显著差异水平。根据藁城区近3年的番茄市场均价2.4元/kg计算，T1、T2和CK处理下的番茄产值分别可达21.40万元/hm²、21.91万元/hm²和21.17万元/hm²，其中，T1和T2较CK处理可分别提高1.09%和3.49%。

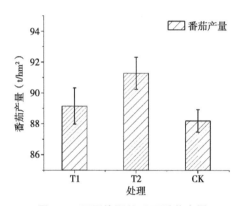

图9-6　不同施肥处理下番茄产量

（四）化肥施用环境成本测算

1.测算方法

由于受化肥和农药、水土流失、农业灌溉等多因素的影响，我国农业自然资源的损耗不断加剧。Pretty等（2000）利用自然资源和人类健康两种损害角度对英国农业的外部性成本进行评估，结果认为这一成本高达2.343×10^9英镑。吴琼等（2018）等采用国际上SEEA核算体系和虚拟治理成本法对浙江省湖州市2010—2015年的环境负债进行测算，测算结果显示当地自然资源不合理利用的负债为45.67亿元。何斌等（2016）等利用能值分析法和伤残调整生命年推算出2010年我国水田、旱地的化肥施用环境成本分别为166亿元和333亿元。

与其他方法相比，能值分析法不仅可以分析外源污染的类别与途径，同时能够对各种污染物进行很好的量化，因此本研究借助这一方法估算藁城区由于化肥过量施用引发的环境损失成本，相关测算过程如下所示。

（1）根据环境影响和污染类型对化肥过量施用所导致的污染进行分类。此外，本研究系统地梳理化肥元素运移、转化方面的成果，整理后的具体污染物情况（赖力等，2009）如表9-3所示。

表9-3 化肥过量施用导致的污染影响情况

污染分类		污染形式	环境影响	转移系数（%）
大气污染	NH_3污染	氮肥中的NH_3挥发	损害呼吸系统	4.80
	N_2O污染	氮肥在微生物作用下转化为温室气体	破坏臭氧层、全球变暖	0.60
土壤污染	NO_x污染	土壤中的微生物对氮肥进行硝化或反硝化作用后产生的氮氧化物	损害呼吸系统、破坏臭氧层	0.45
	土层污染	氮肥淋溶加剧地下水中硝酸盐含量	土壤盐渍化、地下水污染	0.5
水体污染	NO_3^-污染	硝态氮在地表水中富集	致癌效应、富营养化	9.30
	NH_4^+污染	铵态氮在地表水中富集	富营养化	4.60

（2）总结并分析当前国内农产品种植过程中N元素转移系数相关研究成果，并从中筛选出科学的运移转化比率，以此为基础推算出各类污染物的影响剂量，具体推算见式（9-1）。

$$\text{Dose}_i = M \times C_{ei} \times (W_c/W_f) \quad\quad (9-1)$$

式中，Dose_i表示污染物i的产生剂量；M代表N的折纯量；C_{ei}表示N转移系数；W_f表示N的分子量；W_c表示所产生含N污染物的分子量。

（3）选用伤残调整生命年法对化肥过量施用所产生的各类污染物进行量化，并利用生命损害年累计数（DALY_i）统一评估各类污染物对人类健康的实际影响，见式（9-2）。

$$\text{DALY}_i = C_{di} \times \text{Dose}_i \quad\quad (9-2)$$

式中，C_{di}表示单位污染物剂量引致的生命损害年数（年/kg），取值采用Eco-indictor 99（Goedkoop et al.，2000）的系列评估值；$Dose_i$表示污染物i的剂量。

（4）将单位劳动力的能值消费数据（C_m）与生命损害年累计数（$DALY_i$）相乘，可以测算出该污染物的能值成本（$Emergy_i$），再把所有污染物能值成本进行加和后，可以得到2021年藁城区化肥施用对环境质量影响的总能值（U，单位：sej），见式（9-3）。

$$U = \sum_{i=1}^{n} Emergy_i = (DALY_i \times C_m) \quad\quad （9-3）$$

本研究选取刘建霞等（2015）利用我国劳动力数量和能值的增长量折算成的C_m值，该值为4.58×10^{16}sej。

（5）在藁城区环境影响总能值的基础上，根据我国能值货币比率数据，计算藁城区化肥施用的综合环境成本，见式（9-4）。

$$E_{RMB} = U/C_g \quad\quad （9-4）$$

式中，E_{RMB}表示过量施肥对环境影响的宏观经济价值（元）；U是环境影响的总能值成本（sej）；C_g是单位宏观经济价值的能值载荷（sej/元）。

2. 测算结果

根据式（9-1）至式（9-4）可计算出河北省藁城区设施番茄有机肥替代化肥技术和传统施肥习惯的环境影响成本。由式（9-4）可知，对藁城区化肥施用的综合环境成本进行测算的前提是对环境影响的宏观经济价值的求解，而对该值求解则需要明确单位宏观经济价值的能值载荷的取值，即C_g。本研究根据李双成等（2001）根据1996年全国社会经济与能值核算结果得出的单位GDP能值载荷1.43×10^{12}sej/元，并结合2021年统计年鉴公布的单位GDP能耗，通过能量折算系数与太阳能值转换率进行折算，最终得出2021年藁城区的C_g值为3.13×10^{11}sej/元。然后根据式（9-3）、式（9-4），结合我国劳动力数量和能值的增长量折算成的值，推算出藁城区2021年有机肥替代化肥技术和传统施肥技术的环境成本，具体估算结果如表9-4和表9-5所示。

由表9-4、表9-5可知，河北省藁城区2021年设施番茄传统施肥技术和有机肥替代化肥技术的总环境成本分别为2 213.18元/hm²和1 281.36元/hm²。由此，可以计算出河北省藁城区设施番茄有机肥替代化肥技术所产生的环境效益成本为931.82元/hm²。

表9-4　藁城区传统施肥技术的环境成本估算结果

污染分类	大气污染			土壤污染	水体污染	
	NH₃	N₂O	NOₓ	硝酸盐	硝态氮	铵态氮
影响剂量（kg）	109.55	13.69	10.27	11.41	212.25	104.98
单位影响剂量引发的生命损害年数（kg/年）	5.1E-05	4.0E-06	6.8E-03	4.9E-05	3.1E-05	1.7E-05
生命损害年累计数（年）	5.6E-03	5.5E-05	7.0E-04	5.6E-04	6.5E-03	1.8E-03
总太阳能值（sej）	2.6E+14	2.5E+12	3.2E+13	2.6E+13	3.0E+14	8.0E+13
环境成本（元）	8.2E+02	8.0E+00	1.0E+02	8.2E+01	9.5E+02	2.6E+02
合计（元）	2 213.18					

表9-5　藁城区有机肥替代化肥技术的环境成本估算结果

污染分类	大气污染			土壤污染	水体污染	
	NH₃	N₂O	NOₓ	硝酸盐	硝态氮	铵态氮
影响剂量（kg）	63.42	7.93	5.95	6.61	122.88	60.78
单位影响剂量引发的生命损害年数（kg/年）	5.1E-05	4.0E-06	6.8E-03	4.9E-05	3.1E-05	1.7E-05
生命损害年累计数（年）	3.2E-03	3.2E-05	4.0E-04	3.2E-04	3.8E-03	1.0E-03
总太阳能值（sej）	1.5E+14	1.5E+12	1.9E+13	1.5E+13	1.7E+14	4.7E+13
环境成本（元）	4.7E+02	4.6E+00	5.9E+01	4.7E+01	5.5E+02	1.5E+02
合计（元）	1 281.36					

三、有机肥替代化肥技术补偿意愿研究

（一）数据来源与统计分析

课题组于2021年6月和9月在河北省藁城区开展了普通农户设施番茄种

植有机肥替代化肥技术补偿意愿问卷调查。有机肥替代化肥技术是藁城区发展日光温室番茄种植大力推广的"双减"技术模式，该模式的主要特点是与传统的施肥模式和套餐式模式相比，有机肥替代化肥模式是在番茄种植的底肥基施过程中，推荐每亩施用1.5～2t有机肥料（需符合NY/T 525—2012《有机肥料》标准）。如果在推荐有机肥施肥量基础上，土壤肥力下降再增施低磷配方的硫酸钾型复合肥或复混肥20kg。

本次调查范围包括6镇11村，共收集有效问卷173份。调查问卷涉及个体禀赋、生产经营、环保认知、社会资源及补偿意愿5个方面内容。其中个体禀赋变量调查年龄、文化程度等基本特征；生产经营变量了解生产规模、生产方式、生产投入及农业收入等情况；社会资源变量农户参与蔬菜生产合作社基本情况及希望享受的服务；环保认知变量调查投入品使用对产品品质影响认知及安全生产意识；补偿意愿假设国家对采用有机肥替代技术提供技术补贴，了解农户希望最高的支付意愿和最低的受偿意愿，投标值选项设计如图9-7所示。

| 问题1：国家鼓励农户采用有机肥替代化肥技术，如果您愿意施用有机肥，您最多愿意支付多少底肥成本？请您在选项栏内打"√"。 | ≤150 | 151～300 | 301～450 | 451～600 | 601～750 |
| | 751～900 | 901～1 050 | 1 051～1 200 | 1 201～1 350 | 1 351～1 500 |

| 问题2：国家将对采纳有机肥替代技术农户给予一定经济补偿，如果您愿意，请问最低能接受补偿额度是多少？请您在选项栏内打"√"。 | ≤70 | 71～140 | 141～210 | 211～280 | 281～350 |
| | 351～420 | 421～490 | 491～560 | 561～630 | 631～700 |

图9-7 农户采纳有机肥替代化肥技术补偿意愿调查问题设计

（二）样本描述性统计分析

1. 个体生产经营特征

调查的173位受访者平均年龄53岁，男性121人占69.9%、女性52人占30.1%，其中45岁以下青壮年占22%，46～65岁中年人占70.5%，65岁以上老年人占7.5%。受访者的文化程度初中占43.9%，高中占24.3%，小学占26%，文盲占4.1%，大专及以上上占1.7%。受访者总体文化程度较高，是由于设施蔬菜是一项技术含量较高的劳动密集型产业，文化素质过低不能胜任设施蔬菜栽培。劳动力所占家庭人口平均比例为43.4%，家庭平均种植面积为5.54亩。设施番茄种植生产成本投入包括肥料成本（包含水溶肥、有机肥、粪肥和菌肥等）、农药成本（包含除草剂、杀虫剂和杀菌剂）、灌溉成本3项。基于173份有效数据统计，藁城区设施番茄种植的平均成本费用约为2 064.46元/亩，其中，肥料成本约为1 442.91元/亩，占69.89%，农药成本约为539.61元/亩，占26.14%，灌溉成本约为81.94元/亩，占3.97%。由于近年来番茄的市场价格波动较大，以2019—2021年本地番茄平均收购价2.04元/kg计算，种植番茄的纯收入为14 884.11元/亩。

2. 安全生产及环保特征

设施蔬菜种植过程中的安全生产问题，调查问卷设计了有针对性问题进一步调查了解农户的安全生产意识和环保意识。首先，调查农户对化肥和农药使用量是否过量的认知，结果有50.29%的农户认为投入品用量正常，有45.09%的农户认为有轻微过量的现象（图9-8）；其次，调查农户关于施用有机肥是否会对西红柿产量有影响的认知，有43.35%的农户认为施用有机肥对产量没影响，有35.26%的农户认为会有轻微增产作用（图9-9）；最后，调查农户关于蔬菜安全生产指标是否关注，从而了解农户是否具有安全生产意识，在173位受访者中57.23%的人不了解蔬菜产品安全监测指标是什么，有42.77%的人知道安全生产会监测化肥等农业投入品的用量（图9-10）。

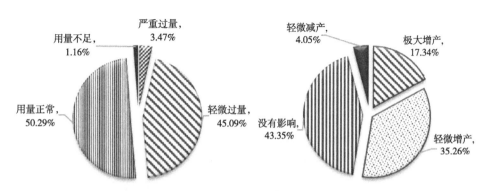

图9-8　农户化肥、农药使用量评价　　图9-9　农户有机肥对番茄产量影响评价

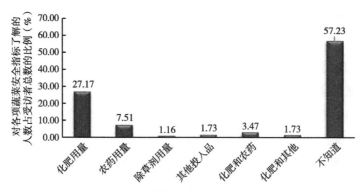

图9-10 农户蔬菜安全生产监测指标认知

3. 补偿意愿统计结果

河北省藁城区设施蔬菜施肥方式主要有传统模式、套餐模式和推荐模式3种，推荐模式就是有机肥替代化肥施肥模式。补偿意愿问题的引导是告知农户在保证每茬番茄的产量为8 000～10 000kg前提下3种模式的底肥成本分别为每亩1 758元、1 162元和1 500元。有机肥替代化肥是指在每个大棚（西红柿）的底肥基施过程中，推荐每亩施用1.5～2t有机肥料（需符合NY/T 525—2012《有机肥料》标准），价格约为700元/t。核心估值问题设计，一是询问农户是否愿意采纳有机肥替代化肥技术？如果回答肯定再询问农户最多希望支付多少底肥成本？二是询问农户是否愿意获得一定的技术应用补偿？如果回答肯定再询问其最少希望获得补偿额度？基于173份样本数据，农户都表达肯定补偿意愿，WTP和WTA投标值平均值分别为757.87元/亩和513.36元/亩，分布区间见图9-11和图9-12。

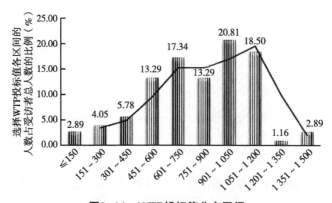

图9-11 WTP投标值分布区间

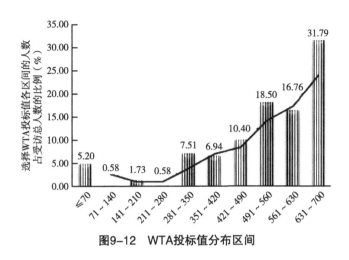

图9-12 WTA投标值分布区间

（三）影响因素与价值评估

1. 补偿意愿影响因素

由于调查的173位农户均表达了肯定的支付意愿，即支付意愿的选择值均为零（WTP=0），使得被解释变量的方差也为零，无法进行回归分析。鉴于此，本研究以农户补偿政策认知变量代替支付意愿作为被解释变量进行分析。农户对设施蔬菜补偿政策的认知决定其对政策的了解和偏好程度，熟悉补贴政策的农户愿意参与化肥、农药减施增效行动，所以可以用补偿政策认知变量作为支付意愿选择值变量。运用二元Probit模型和Eviews9.0统计软件开展补偿意愿影响因素定量分析，分析结果见表9-6。模型整体显著性检验结果，检验统计量LR对应概率值均小于0.05，模型整体具有统计意义；拟合优度检验指数（Hosmer-Lemeshow）概率均大于0.05，模型拟合精度较好。

表9-6 基于Probit回归模型有机肥替代化肥技术采纳补偿意愿估计结果

变量类别	变量	系数估计	标准误	Z-统计量	概率
常数项	C	-19.684 23	7.790 551	-2.526 680	0.011 5
个体禀赋	X_1：劳动力比率	1.140 868*	0.652 059	1.749 640	0.080 2

（续表）

变量类别	变量	系数估计	标准误	Z-统计量	概率
	X_2：耕地面积	-0.134 732*	0.078 574	-1.714 720	0.086 4
	X_3：化肥比例	17.348 72**	8.045 890	2.156 222	0.031 1
生产经营	X_4：农药比例	16.707 31**	8.363 721	1.997 593	0.045 8
	X_5：种菜纯收入	0.047 585**	0.021 129	2.252 117	0.024 3
	X_6：灌溉次数	0.076 148	0.053 771	1.416 147	0.156 7
	X_7：信息来源	-0.301 968	0.296 604	-1.018 086	0.308 6
社会资源	X_8：问题求助	-0.055 544	0.252 575	-0.219 911	0.825 9
	X_9：加入合作社	0.719 440***	0.253 926	2.833 263	0.004 6
	X_{10}：投入品用量	0.280 969	0.223 036	1.259 746	0.207 8
环保认知	X_{11}：有机肥影响	0.409 904***	0.150 463	2.724 283	0.006 4
	X_{12}：安全生产意识	-0.349 808	0.344 769	-1.014 615	0.310 3

注：***、**和*分别表示在1%、5%和10%显著性水平上通过检验。

从表9-6可知，劳动力比率、化肥比例、农药比例、种菜纯收入、加入合作社和有机肥影响6个变量通过了Probit模型的显著性检验，且正向影响农户采纳有机肥替代化肥技术的支付意愿；耕地面积变量显著负向影响支付意愿，具体分析如下。

（1）劳动力比率越高的农户家庭从事设施蔬菜生产人员越多，说明农户家庭以种菜为主要收入来源，对蔬菜的产量和质量更加重视，因此，更愿意采纳安全环保的有机肥替代化肥技术。

（2）化肥、农药成本投入比例越高，说明农户对设施蔬菜的生产管理越精细，对产量也越重视，在高投入管理模式下希望获得更高产出。假设在确保产量不变的前提下，宣传推广有机肥替代化肥技术可以减少化肥用量并提高产品品质，这对专业菜农来说是非常值得期待的事情，因此，他们会表现出比较强烈的支付意愿。

（3）种菜收入越高说明农户生产的专业性越强、生产规模越大，专业性的生产更需要安全生产技术措施的保障，一旦出现病虫害和质量安全问题将会损失惨重，因此，这部分农户非常重视化肥、农药的安全性问题，所以对有机肥替代化肥技术补偿表现出较强的支付意愿。

（4）有机肥对西红柿产量影响变量是要考察农户对有机肥环保作用的认知情况，结果有95.9%的受访者选择增产或没有影响，说明绝大多数菜农清楚地了解有机肥的施用效果和环境影响，他们对应用有机肥替代化肥技术也表达了较强的支付意愿。

（5）耕地面积越大农户家庭生产规模就越大，对番茄的产量就越重视。如果改变原来传统的施肥方式会更加关注对产量的影响，由于种植大户不愿意承担减产的风险，因此不愿意接受有机肥替代化肥生产技术，表现出较低的支付意愿。

2. 支付意愿价值评估

运用多元对数线性模型统计分析方法，以支付意愿（YWTPT）投标值为被解释变量，剔除表9-6中"安全生产意识"这个在预期判断中影响偏弱的因子，并引入"化肥推荐用量（X_{12}）"特征变量，将12个影响因子作为解释变量，进行多元对数线性模型分析。经过模型随机误差项的异方差和自相关等稳健性检验，筛选显著性因子并估计解释变量的参数，最终获得支付意愿拟合值的对数线性模型，见式（9-5）。

$$lnWTP = 7.321\ 0 + 0.194\ 4lnX_1LAB + 0.114\ 7X_8HEL + 0.367\ 7lnX_3FER -$$
$$0.129\ 8lnX_5INC - 0.200\ 2X_{12}AGR + \mu \qquad\qquad (9-5)$$

根据式（9-5）进一步计算得到WTP的平均估计值，见式（9-6）。

$$E(\overline{WTP}) = \sum_{}^{n} b_{ci}p_{ci} = 1044.58元/亩 \qquad\qquad (9-6)$$

式中，$E(\overline{WTP})$为支付意愿的期望值；b_{ci}是由对数模型估计得到的第i个观测值的WTP估计值；p_{ci}是模型估计得到的第i个观测值WTP估计值的概率。

根据对173份有效样本统计分析，农户种植设施番茄的亩均生产总成本为2 064.46元，按照原有施肥方式的平均化肥成本费用为1 442.91元/亩。运用模型统计分析，农户若采纳有机肥替代化肥技术愿意支付的底肥成本费用为1 044.58元/亩，两者的差值为398.33元/亩。

3.补偿标准的确定

首先，基于有机肥替代化肥技术实验观测数据计算，藁城区2021年设施番茄传统施肥和有机肥替代化肥两种技术模式氮肥施用的环境成本分别为2 213.18元/hm² 和 1 281.36元/hm²，则有机肥替代化肥技术比传统施肥减少的环境成本为931.82元/hm²（合62.12元/亩），也就是技术产生的环境效益价值。

其次，基于有机肥替代化肥技术支付意愿数据计算，藁城区设施番茄种植户采纳有机肥替代化肥技术愿意支付的底肥成本费用为1 044.58元/亩，常规施用平均化肥成本费用为1 442.91元/亩，与支付意愿的差值为398.33元/亩。

最后，基于两种评估方法计量结果，综合考虑有机肥替代化肥技术的环境效应和采纳行为意愿两个重要定价依据，确定补偿标准为环境成本与实际化肥成本与支付意愿两者差值求和，见式（9-7）。

$$补偿标准=化肥环境成本+（实际化肥成本-支付意愿价值）= \atop 62.12元/亩+398.33元/亩=460.45元/亩 \qquad （9-7）$$

综上所述，根据藁城区蔬菜生产示范区开展的农户问卷调查，以及实验观测数据统计分析可知，要在华北地区集约化蔬菜生产大县推广有机肥替代化肥生产技术应给予种植户每亩460.45元的生产性补贴。

四、研究结论与政策建议

（一）服务多元主体，实行差别管理

我国以家庭承包责任制为制度基础的普通农户仍然是农业生产的基本面。规模经营主体虽蓬勃发展，但在短时期内不可能代替小农经济。因此，现阶段我国化肥、农药减施技术补偿政策制定一定要划分主体类型，制定差异化补偿方案，实行分类组织与管理。要明确受偿主体为普通农户和新型经营主体（种植大户、家庭农场、合作组织）两大类，制定与化肥、农药减施环境保护成效挂钩的差别化分级补偿标准，调动不同经济主体的生产积极性；探索多元化的生态补偿方式，从受偿主体、补偿手段、资金渠道等多方面，建立以政府为主导、市场化运作为辅助的化肥、农药减施技术补偿政

策；探索新型经营主体帮扶小农户对接农机化大市场的激励机制，鼓励将新型经营主体带动实施"双减"技术的农户数量和成效作为地方财政支农资金下达的重要参考依据，让农户共享发展收益和生态福利。

从公平性考虑和保障不同经营主体的利益出发，应针对4类受偿主体建立化肥、农药减施增效技术（投入品减量化利用技术、有机肥替代化肥技术）的生态补偿优化机制（图9-13），主要从补偿定价、补偿方式和政策成效3个方面监督和管理，解决补偿标准单一化的问题。

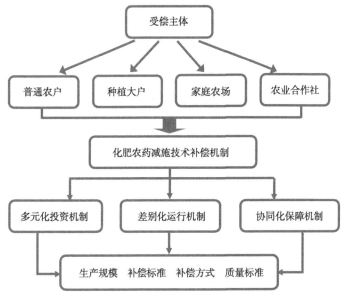

图9-13　化肥、农药减施技术差别化生态补偿机制

（二）改进评价方法，完善定价依据

农业投入品减量化利用技术作为国家主推的重大关键农业绿色生产技术，其持续推广需要相适应的制度安排和规范导向。无论是化肥、农药减施还是有机肥替代化肥技术，技术应用都是以保护产地环境洁净和耕地资源保育为目标，这就要求人们在制度安排和思想观念上，对原有经济发展模式进行扬弃，改变传统高投入、高耗能生产和生活方式，改变衡量评价技术实施效果的指标体系，以公平实现人们从事环保生产行为创造的生态福利和私人利益，同时促使人们珍惜资源和保护环境。这个指标体系就是绿色评价指

标体系。从现有的农业技术评估研究看，整合与优化生态经济方法，建立资源、环境与经济一体化绿色评价体系，为农业生态补偿精准施策提供技术支撑。

补偿标准是补偿机制的决定性因素，也是关乎补偿机制顺利实施和持续运行的核心问题。现阶段针对普通农户的生态补偿机制并不完善，一方面环境规制下农户被动地参与环保生产行动，并没有获得更多的政策优惠及鼓励；另一方面大多数实施绿色生产技术的地区，采用基于成本测度的补偿标准，往往低估了农户技术采纳的意愿和诉求，导致补偿标准过低，难以发挥政策的激励效应。农户是技术的实际应用者，要使绿色生产成为其自愿行为，就要从农户行为意愿视角，调查了解技术应用偏好，以农户对技术服务价值作为补偿定价依据，才能真正实现精准施策。因此，建议结合多主体技术采纳行为意愿定量分析和生产成本测度，制定科学的生态补偿标准评价方法体系，优化生态补偿政策机制（图9-14）。

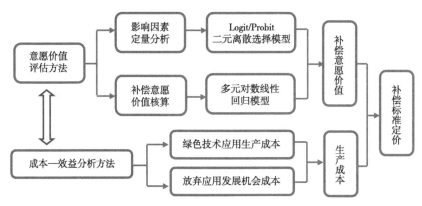

图9-14 农业绿色技术应用生态补偿标准评价体系

（三）明确责权边界，引导双向激励

农业生态补偿政策的目标主要有两个方面，一是通过补偿制度设计让农业生态系统保护的利益"牺牲者"得到相应的报酬，解决农业生态产品（实物产品和环境产品）消费中"搭便车"的现象；二是通过补偿制度创新给从事农业环保生产的实践者以合理的经济补偿，激励生产者的环保行为并保证农产品质量提高。因此，补偿政策的制定必须要界定环境利益双方的责权边

界，明确农业生态补偿的补偿主体和补偿客体（受偿者），厘清在推广和应用化肥、农药减施技术经济活动中的双方利益得失关系和环境贡献情况。这样才能通过政策手段纠正市场机制扭曲产生的外部性，鼓励形成环境友好型生产行为。

政府在生态补偿机制中既是补偿的主体，又是生态补偿制度的制定者。这种双重身份，决定了政府在生态社会责任中具有"确保生态平衡、促进人与自然协调发展"的事权。界定不同级次政府的生态补偿事权，对建立生态补偿机制有着十分重要的意义。界定清楚各级政府的事权后，探索建立双向激励性生态补偿政策机制，以充分调动广大生产者环境保护积极性和约束环境污染行为。首先，健全正向激励政策手段，政府给予生产主体（小农户、新型经营主体）合理经济补偿，委托行业协会或社会服务组织对生产者实施技术培训等智力补偿；特别要加大生态农业生产中测土配方施肥、秸秆综合利用及有机肥替代化肥技术等项目补贴力度，持续推广农业绿色生产技术，不断改善农业生态产品的产地环境。其次，探索建立负面清单约束机制，凡是在种植业生产中使用或添加列入负面清单的农业投入品（包括农药、兽药、渔药、农作物种子种苗、种畜禽、水产苗种、饲料和饲料添加剂、肥料、兽医器械、植保机械等农用生产资料产品），或者采用已被禁用的生产措施将会受到不同程度处罚（图9-15）。

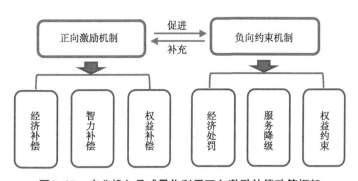

图9-15　农业投入品减量化利用双向激励补偿政策框架

第十章 "双碳"背景下的耕地质量保护补偿政策

一、碳达峰与碳中和的科学认识

随着全球气候变暖对生态环境系统影响的不断加剧，各类极端气候灾害更加频繁且持久，对全球生态系统乃至整个人类社会的生存发展都带来了极大的挑战。为避免全球气候变暖所产生的负面影响，采取行动减少温室气体排放，增强对气候变化的应对能力，2015年在巴黎气候变化大会上通过了《巴黎协定》，该协定为2020年后全球应对气候变化行动做出安排。《巴黎协定》代表了全球应对气候变化绿色低碳转型的大方向，是保护地球家园需要采取的最低限度行动，各国必须迈出决定性步伐。

习近平总书记在2020年9月召开的第七十五届联合国大会一般性辩论上发表重要讲话，宣布中国将提高国家自主贡献力度，采取更加有力的政策和措施，力争2030年前二氧化碳排放达到峰值，努力争取2060年前实现碳中和（习近平，2020）。"碳达峰、碳中和"战略思路及行动计划，成为"十四五"时期"推动绿色发展，促进人与自然和谐共生，实现生态环境进一步改善"的主要奋斗目标和核心工作任务。全面认识"碳达峰、碳中和"科学理念，厘清国家实施碳减排工作的行动方案，解析"双碳"背景下的农业农村道路方向，探明农业生态补偿促进农业绿色低碳发展激励机制，对早日实现我国"碳达峰、碳中和"的战略目标，具有重要的现实意义。

（一）碳达峰与碳中和科学概念

我国积极参与国际社会碳减排，主动顺应全球绿色低碳发展潮流，积极布局碳中和。全面地认识和理解碳排放领域的科学问题和概念，有助于制定适合我国国情的农业碳减排政策。

1. 温室气体（Greenhouse gas，GHG）

温室气体指任何会吸收和释放红外线辐射并存在于大气中的气体，包括二氧化碳（CO_2）、甲烷（CH_4）、氧化亚氮（N_2O）、氢氟碳化合物（HFCs）、全氟碳化合物（PFCs）、六氟化硫（SF_6）、三氟化氮（NF_3）。

2. 温室气体的来源

根据联合国政府间气候变化专门委员会（IPCC）发布的清单指南，温室气体来源于5个重要途径（按行业分类），分别是能源、工业生产过程和产品使用、农业、土地利用变化和林业及废弃物。具体途径如表10-1所示。

表10-1 温室气体来源分类

来源	具体途径
能源	①化石燃料燃烧：静止排放源、移动排放源 ②燃料逃逸排放：煤炭、石油和天然气
工业生产过程和产品使用	①建材产业；②化工产业；③金属产业；④燃料燃烧和溶剂使用产生的非能源产品；⑤电子产业；⑥臭氧消耗物质的含氟替代物；⑦其他产品生产和使用
农业	①畜牧业：动物肠道发酵、动物粪便管理 ②种植业：稻田、其他农用地
土地利用变化和林业	①林业碳汇 ②土地利用变化
废弃物	①固体废弃物处置 ②废水处理

3.碳排放

碳排放是人类生产生活过程中向外界排放温室气体的过程，是关于温室气体排放的一个总称或简称。温室气体中最主要的气体是二氧化碳，因此用碳（Carbon）一词作为代表。

4.碳达峰

广义来说，碳达峰是指某一个时点，二氧化碳的排放不再增长达到峰值，之后逐步回落。碳达峰是一个过程，即碳排放首先进入平台期并可以在一定范围内波动，之后进入平稳下降阶段。我国承诺在2030年前，煤炭、石油、天然气等化石能源燃烧活动和工业生产过程以及土地利用变化与林业等活动产生的温室气体排放（也包括因使用外购的电力和热力等所导致的温室气体排放）不再增长，达到峰值。

5.碳中和

碳中和是指在一定时间内直接或间接产生的温室气体排放总量，通过植树造林、节能减排等形式，以抵消自身产生的二氧化碳排放量，实现二氧化碳"零排放"。如企业、团体或个人测算在一定时间内，直接或间接产生的温室气体排放总量，通过植树造林、节能减排等形式，抵消自身产生的二氧化碳排放（邢丽峰，2021）。

6.碳排放权交易

简称"碳交易"，被认为是用市场机制应对气候变化的有效工具，交易对象通常为主要温室气体二氧化碳的排放配额，政府部门对碳排放配额进行总量控制，使纳入市场的控排企业受到碳排放限额的约束，再引入交易机制，通过交易碳排放限额实现资源分配最优解。

7.碳汇与碳源

碳汇（Carbon sink）是指通过植树造林、植被恢复等措施，吸收大气中的二氧化碳，从而减少温室气体在大气中浓度的过程、活动或机制。碳汇主要是指森林吸收并储存二氧化碳的多少，或者说是森林吸收并储存二氧化碳的能力。碳源（Carbon source）是指产生二氧化碳之源，它既来自自然界，也来自人类生产和生活过程。碳源与碳汇是两个相对的概念，碳源是指自然界中向大气释放碳的母体，碳汇是指自然界中碳的寄存体。减少碳源一般通过二氧化碳减排来实现，增加碳汇则主要采用固碳技术。

8. 固碳

固碳是指植物通过光合作用，将大气中的二氧化碳转化为碳水化合物，并以有机碳的形式固定在植物体内或土壤中，从而减少二氧化碳在大气中的浓度。根据国际通用标准，农业固碳是指土壤固碳，不包括一年生作物地上部生物固碳，其原因是地上部生物量中的有机碳将在很短周期内分解，以二氧化碳形式重新排放到大气中。

9. 二氧化碳当量（Carbon dioxide equivalent，CO_2e）

二氧化碳当量是指一种用作比较不同温室气体排放的量度单位，各种不同温室效应气体对地球温室效应的贡献度有所不同。为了统一度量整体温室效应的结果，又因为二氧化碳是人类活动产生温室效应的主要气体，因此，规定以二氧化碳当量为度量基本单位。一种气体的二氧化碳当量是在辐射强度上与其质量相当的二氧化碳的量，即通过把这一气体的吨数乘以其全球增温潜势（GWP）后得出的，这种方法可以把不同温室气体的效应标准化。

10. 全球增温潜势（Global warming potential，GWP）

将单位质量的某种温室气体在给定时间段内对辐射强度的影响与等量二氧化碳辐射强度影响相关联的系数。如1t甲烷的二氧化碳当量是25t，1t一氧化二氮的二氧化碳当量是298t。

11. 碳中和"蓝色方案"

生态系统增加碳汇的路径主要有陆地碳汇和海洋碳汇，分别称为"绿碳"和"蓝碳"。地球上的蓝碳生态系统在光合作用过程中将碳固定下来，形成蓝色碳汇。我国是世界上少数几个同时拥有红树林、盐沼和海草床三大生态系统的国家之一，广阔的滨海湿地为发展我国海洋蓝碳提供了空间。在碳中和目标这一刚性约束下，蓝碳提供了可充分挖掘的"去碳空间"。国家围绕蓝碳发展部署的一系列行动计划和倡议都称为"蓝色方案"。

（二）全球碳排放的基本特征

农业不仅为人类的生存和发展提供食物和原料，也在维系全球碳平衡方面有着重要作用。联合国政府间气候变化委员会（IPCC）指出，农业已成为全球温室气体排放的第二大源头，联合国粮农组织（FAO）也在其报告中说明当前畜牧业所排放的温室气体已占据全年温室气体排放总量的18%。根据FAO近10年的统计数据，若全球农业源温室气体排放量以CO_2e计算，农业CO_2的主要贡献源依次是肠道发酵占50.74%、土壤碳库排放占15.26%、水稻种植占12.68%、农业能源使用占10.48%、畜禽粪污管理占7.21%、肥料应用占2.96%和秸秆焚烧占0.67%，如图10-1所示。

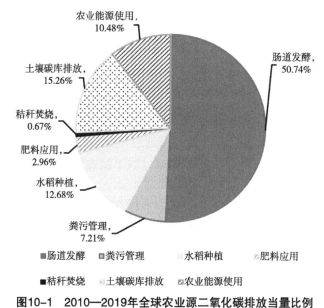

图10-1　2010—2019年全球农业源二氧化碳排放当量比例

数据来源：FAO数据库（http://www.fao.org/faostat/en/#data/GT）。

中国作为一个农业大国，用仅占世界7%的耕地资源养活了占世界22%的人口。与此同时，作为遭受自然灾害最多的国家之一，气候变化已成为影响农业可持续发展的重要因素。农业温室气体的来源主要有CO_2、CH_4、N_2O 3种，CO_2主要来自能源消耗，CH_4主要来自家畜反刍消化和肠道发酵、畜禽粪便和稻田等，N_2O主要来自化肥使用、秸秆还田和动物粪便等。根据

FAO公布的最新数据显示，中国1995—2018年以CO_2e为计算标准，农业累计碳排放强度依次为肠道发酵占35.83%、水稻种植占25.37%、能源消耗占18.29%、牧场残余肥料占9.68%、肥料施用占4.77%、作物残留占4.75%、焚烧作物残留占0.95%和土壤碳库排放占0.37%（图10-2）。

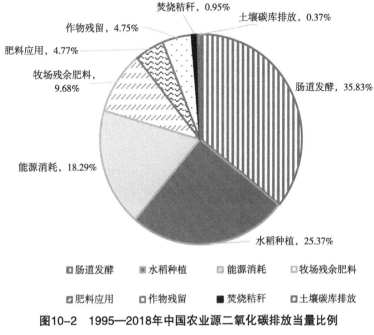

图10-2 1995—2018年中国农业源二氧化碳排放当量比例

数据来源：FAO数据库（http://www.fao.org/faostat/en/#data/GT）。

从图10-2可知，中国与全球农业源二氧化碳排放当量贡献比例可见，全球肠道发酵占比明显高于中国比例，而水稻种植及能源消耗等方面的二氧化碳排放当量却明显高于全球平均水平。由此说明，尽管我国畜牧业生产温室气体得到了有效控制，但是水稻种植过程中化学品的过量投入及机械化能耗，依然是农业领域减排的工作重心。

（三）中国农业碳排放阶段特征

据国际能源署所公布的数据显示，截至2018年，我国能源使用量位列全球首位（图10-3）。但由于我国清洁能源与清洁生产技术的推广应用起步较晚，使得我国能源利用率较低。与此同时，我国长期的以煤炭、石油等不可再生资源为主的能源消费结构也进一步加剧了我国的温室气体排放问题。中国作为国际社会上主要的能源消费与温室气体排放大国之一，在气候变暖这一全球性挑战面前，能否有效地为全球减排事业贡献自己的力量已逐渐成为衡量我国是否拥有负责任大国形象的重要标准之一，为更好地履行国际减排责任，提高国家自主贡献力度，中国采取了强有力的减排对策。

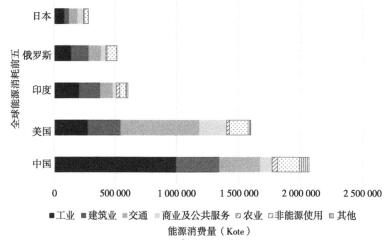

图10-3　中国及世界主要国家能源消耗量

研究参考的碳排放量是指将二氧化碳、甲烷和氧化亚氮这3种温室气体折算成二氧化碳当量（CO_2e）。中国农业碳排放总体呈上升趋势，从1961年的2.49亿t，到2016年达到8.85亿t后略有下降，2018年为8.7亿t。从农业碳排放总量上可划分为3个主要阶段，并与中国农业现代化发展历程相似（金书秦等，2021）。

一是农业碳排放量平稳增长期（1961—1978年），这一时期农业现代化生产处于初期阶段，农业规模化、机械化生产水平不高，农业投入品还未大量使用。农业碳排放量的增加主要是由于人口增长引起农用土地开垦生产强度的增加。

二是农业碳排放量快速增长期（1979—1996年），这一时期农业经济体制改革极大提高了生产者的积极性，农业现代化进入快速发展阶段。以农业机械化、化学化、电气化、规模化生产为特征，带来了农业碳排放速度的加快。1995年，我国化肥、农业机械和电力使用量是迅速提高，分别达到了1978年水平的4倍、3倍和7倍。

三是农业碳排放趋于平稳过渡期（1997年至今），这一时期农业现代化由数量增长向质量效应和环境友好型转变，农业生产方式逐步向节能、环保、清洁、循环方向转变；通过创新产业化经营方式和深化农村土地制度改革，逐步构建起适应生态文明建设需求的农业产业体系。国家从2015年开始实施化肥、农药零增长行动计划等促进农业绿色发展的战略措施，有效遏制了化学投入品的增长趋势，显著提高秸秆、畜禽粪便等农业废弃物的利用水平。2016年，我国农业碳总排放量达到8.85亿t后呈现下降趋势。

二、农业碳减排的国际经验

发达国家对农业碳减排研究起步较早，欧盟成员国走在前列，其次是北美、澳大利亚等国家和地区以及亚洲的日本、新加坡等发达国家。总结发达国家实现农业碳减排的经验，对促进我国农业碳减排，实现农业碳达峰和碳中和目标，具有十分重要的意义。

（一）德国

1997年的《京都议定书》要求发达国家在2008—2012年整体减少温室气体排放5.2%，要求欧盟带头减少，削减8%的温室气体排放。《京都议定书》给予德国的排放为降低21%，涉及交通、工业、商业、服务业和居民住户等，年排放总额为9 736亿t 二氧化碳，为履行这一承诺，德国和欧盟积极协调，采取多种措施积极应对气候变化，并走在世界前列。德国2000年颁布《可再生能源法》，为发展可再生能源及中长期发展目标提供法律支持。2004年7月8日，德国正式颁布了《温室气体排放交易法》，2005年正式实施排放权制度。2005—2007年，德国环境保护局每年为1 849台设备免费发放49 900万t二氧化碳排放额度，这个额度完全能满足在柏林城区420m云层下的建筑物排放。2008—2012年的碳排放预算将为1 665台机器设备发放45 186t温室气体排放指标，排放额度的减少有利于激励企业降低排放，保护气候。2019年5月，德国农业部可持续发展和气候保护司提出了10项减缓气候变化的措施和相应措施的减排目标，可减少1亿～1.5亿t二氧化碳排放。种植业方面措施包括田间条件自动监测系统为施肥、耕作、灌溉等生产系统提供基础数据支撑；农药、化肥的精确施用，减少氮肥施用量，降低残留在土壤中的含氮量；湿地恢复，减少土壤二氧化碳排放；草地保护，停止草地开垦为农田（金书秦等，2021）。

（二）美国

美国充分运用法律和经济手段，调动政府、企业和社会的积极性，全面推进节能减排。一是运用法律手段强化节能减排。美国颁布了一系列重要法案支持节能减排，包括《1992年能源政策法案》《2005年国家能源政策法案》《2007年能源独立和安全法案》《2009年美国清洁能源与安全法案》等。二是制定国家新能源战略，引导企业研发先进技术。美国将新能源技术开发和应用作为第四次工业革命的起点，给予大力财政支持重点研发发电技术、交通运输技术和能效方面的技术等。三是成立芝加哥气候交易所（CCX），建立北美地区第一个自愿减排交易平台。交易所有400多名会员，会员可以通过购买固碳指标、参与碳抵偿项目等途径来减少碳排放。芝加哥气候交易所为会员提供了大量低价农业补偿项目，经由第三方审核后方可实施，如美国的垃圾填埋场CH_4处理项目和农业沼气收集项目。三是加大农业领域碳减排的政策力度，美国政府推动专业化农业生产公司发展，鼓励公司运用专业农业技术，为大型家庭农场提供规模化服务，提高生产效率，减少生产资源浪费，推动农业碳减排；加强畜牧业温室气体排放监测系统建设，精准计量与评估温室气体排放，并提出针对性改进意见。四是调动各界参与节能减排的积极性，美国政府最高的节能减排管理机构是联邦政府能源部和环保总署，政府负责制定政策并指导实施，发挥市场作用调动企业减排动力，多渠道筹集节能减排资金并加强节能减排的执法力度（汪巍，2011）。

（三）日本

日本政府为了促进农业生产过程中的碳减排，十分重视相关法律的制定。20世纪60年代日本政府就制定了《农业基本法》，并以此为基础，制定相关的配套法律，包括《农用土地市场流通法》《农业主体法》《农业金融法》《灾害保险法》《质量检查法》等。这一系列相互配套的法律法规,有效保证了农业生产过程的规范化、科学化、精细化、低碳化,有利于农业碳减排目标的实现。日本农业科技体系实行政府统一领导,相关部门配套的方法。国家层面的主导机构是农林水产省,具体负责全国农业技术规划、经费预算、组织协调以及成果管理和农业技术人员资格认证考试等。各个道府县的农业改良普及中心处于中间层次,负责本地区农业科技计划制定,技术人员资格考试、录用等事项。日本农业资源禀赋条件受限,日本政府从本国实际出发,制定特色化、品牌化的农业发展战略,实行"一村一品"的发展模式,鼓励创建特色拳头产品,推动各级农协组织为农户提供全方位的生产服务,为日本农业精细化发展提供组织保证,减少农业生产过程中的资源消耗和环境污染,逐步实现农业低碳生产(陶爱祥,2016)。

(四)以色列

以色列是农业资源贫乏的国家,耕地资源和水资源稀缺。以色列政府为了实现农业可持续低碳发展,重视农业生产资源的高效利用。一是完善农业生产法律法规。政府从建国初期就制定了《水法》《水井控制法》《量水法》等法律,用法律形式对用水进行系统严格的规定。随着农业生产发展,政府先后完善了森林、土地、河流等方面的法律法规,使得土地和水资源得到更加严格的控制和保护,以维护农业生产过程中的低碳排放。二是建立一套科学完善的农业科技体系。以色列的农业科技研发团队从本国国情出发,进行有针对性的创新研发,如无土温室栽培技术,喷灌、滴灌等节水技术,污水和咸水处理技术等都处于世界领先水平。在先进农业技术的保障下,以色列农业发展水平很高,农业科技贡献率超过95%,农业生产过程节约了大量辅助能投入,也极大减少了农业碳排放。三是建立科学高效的农业发展战略。以色列95%的土地是国家所有,私人土地仅仅占5%,农业生产主要采取集体农场和农业合作社两种形式。集体农场和农业合作社都向国家租赁土地进行耕种,国家统一对农业生产各个环节进行管理。这样可以提升农业生产效益,减少资源浪费。总之,农业高科技能够保证以色列农业发展战略顺利实施,达到低碳化农业生产目标(陶爱祥,2016)。

（五）澳大利亚

2007年，在联邦大选中胜出的陆克文政府上任批准加入《京都议定书》，提出澳大利亚承诺2050年前将温室气体排放量从2000年的水平减少60%，使得气候变化再度成为澳大利亚环境争论的焦点，也是澳大利亚气候变化政策转变的开始。澳大利亚作为农业大国，农、林业温室气体排放份额较大，占全国总排放的23%。因此，只有充分发挥农业减排贡献，澳大利亚才能实现承诺的长期减排目标。一是征收碳税并逐步向碳排放交易机制过渡。2011年澳大利亚议会通过了吉拉德政府提出的"碳税"法案，2012年7月开始碳排放定价，起步价为每吨23澳元，随后每年递增2.5%；2015年7月开始实施碳排放交易计划，碳排放价格将由市场决定，但同时将规定上限和基价。在农业方面，澳大利亚政府对农业碳税进行了豁免，并通过农业产业机构为农业碳减排注入400万澳元，以帮助农民面对征收碳税可能带来的生产、生活成本上升的问题。二是核定碳信用额，鼓励农业领域碳补偿项目以挖掘农业领域碳减排潜力。澳大利亚政府于2011年出台了《碳信用额（碳汇农业方案）法案》，明确提出了碳补偿项目的范围、方法学、信息公开和审计与监管的项目运行机制，为减少碳排放的农民和土地管理者提供经济激励。农民和土地管理者可以根据法案中核定的碳补偿项目分类以及方法学，将减排行为转化为碳信用并将其出售给希望抵消碳排放的市场主体。法案刺激农民和土地管理者积极减少农业排放并增加土地、植被等的碳储藏量（贾敬敦等，2012）。

三、我国农业生产碳减排技术途径

习近平总书记在第七十五届联合国大会一般性辩论和气候雄心峰会上提出，中国二氧化碳排放力争于2030年前达到峰值，努力争取2060年前实现碳中和。2021年3月中央财经委员会第九次会议上，习近平总书记提出，实现碳达峰、碳中和是一场广泛而深刻的经济社会系统性变革，要把碳达峰、碳中和纳入生态文明建设整体布局……（唐博文，2022）。农业领域温室气体减排是确保碳达峰、碳中和目标实现的重要途径。农业是温室气体的主要排放源，同时也是重要的碳汇，降低农业碳排放量可以从减少温室气体排放和提高固碳增汇能力两个方面，构建农业温室气体减排技术体系。

（一）农业碳减排的主要技术

总结归纳学术界重要研究成果，当前适宜大力推广的减排固碳技术措施如下（张晓萱等，2019）。

1. 农业种养生产活动产生的CH_4气体减排

农业种植、养殖等生产活动产生CH_4的排放主要来自水稻种植以及反刍动物肠道发酵，因此必须采取措施减少稻田产生CH_4和反刍动物肠道发酵CH_4。一是筛选水稻品种，如低渗透率水稻品种、氮素高效利用新品种及种植杂交水稻等都可以减少CH_4排放。二是采用生态种养方式，如稻—鸭、稻—鱼共栖生态种养模式与常规稻田相比可以降低稻田CH_4的排放量。三是调控日粮，通过合理搭配日粮精/粗料比，以及青贮、氨化等措施处理饲料秸秆，推广高生产力牲畜品种，减少CH_4排放。

2. 农田土壤耕作产生的温室气体减排

农田土壤温室气体排放包括土壤生物代谢和生物化学过程中产生的CO_2、稻田土壤中的有机碳被分解产生的CH_4及氮肥施用产生的N_2O。一是土壤CO_2的减排，通过休耕免耕、减少除草剂、减少残茬燃烧可有效增加土壤碳储量，减少农田土壤CO_2的排放。二是土壤CH_4及N_2O的减排，采用水稻间歇灌溉控制CH_4，提高肥效降低N_2O排放，实施旋耕、免耕高茬还田、保护性等方式大幅度减少温室气体的排放。

3. 农用化学品投入产生的温室气体减排

提高化肥生产效率、用有机肥替代部分化肥及合理调控化肥施用量，可以有效降低化肥生产过程及使用过程中的碳排放。大力推广秸秆还田技术，可以促进土壤有机质及氮、磷、钾等含量增加，减少化肥及农药使用量。通过生物防治手段治理病虫害进而减少农药生产和使用过程的温室气体排放。积极开发低污染、低毒、环保及可降解的农膜，优化农膜回收利用技术，有效减少农膜生命周期中的温室气体排放。

4. 农业废弃物不合理处置产生的温室气体减排

农业废弃物产生的温室气体排放包括粪便不合理处置及管理排放的CH_4、N_2O和秸秆焚烧产生的CO_2等。农业废弃物是特殊的"二次资源"，对农业废弃物进行合理利用可以减少农业温室气体的排放，能够为农民提供减碳补贴和经济激励措施。一是种植业秸秆及植物残体可以通过肥料化、饲料化、燃料化、原料化和基料化的"五料化"利用，减少化肥的施用量，从而减少N_2O和CH_4的排放。二是畜禽粪便不仅是有效的肥料资源还是燃料资源，以畜禽粪便为原料可建设液体粪污沼气项目，不仅可以将农业废弃物转化为可以使用的能量，还可以间接减少温室气体的排放。

5. 农业机械化生产过程产生的温室气体减排

农业机械化生产的推广普及在大幅度提高生产效率、节省人力的同时，也产生了大量的能源消耗。农机具大都使用柴油、汽油及煤炭等化石能源直接产生大量CO_2，灌溉、排涝及运输等电力消耗而间接带来CO_2的排放。减排的措施，一是更新老旧超龄大中型农机用具，实现节能减排。二是对农机具进行节能改造，提高农用拖拉机、收割机、柴油机等能源利用效率，通过减少农机使用过程中的化石燃料消耗而达到温室气体减排效果。三是采用喷灌、滴灌节水技术，将喷灌结合施肥、喷药，节省劳力、节约用地，减少能源消耗和碳排放。

6. 农用地固碳利用方式及碳减排技术

一是制定合理的土地利用管理措施，减少因农用地和非农用地之间的转换及农用地内部用途变化而造成的温室气体排放，可以推广荒地复植补种、退耕还林还草、种植生物燃料作物的方式增加土壤碳储量，降低一定的温室气体排放。二是提高土壤固碳能力，大力推动保护性耕作、秸秆还田、有机肥施用、人工种草等措施，加强高标准农田建设，提高土壤有机质含量，提升温室气体吸收和固定能力；发展滩涂和浅海贝藻类养殖，增加渔业碳汇潜力。

7. 可再生能源替代及植物蛋白替代技术

一是加快节能与可再生能源替代，推广先进适用的低碳节能农机装备和渔船、渔机，降低化石能源消耗和二氧化碳排放；大力发展生物质能、太阳能等新能源，加快农村取暖炊事、农业设施等方面可再生能源利用，抵扣化石能源排放。二是植物蛋白替代肉类和奶制品是有效降低畜牧业碳排放的举措之一。选择蛋白质替代源能够减少温室气体的排放，尤其是使用植物和昆虫作为蛋白质替代源。

8. 精准农业与智慧农业融合发展模式

精准农业是在农业生产中采用一些高技术含量的工艺和技术，在提高单产的同时减少肥料和农药使用。这些技术包括无人机、传感器、卫星数据、自动化、机器人等，让农业实现"环境影响可测、生产过程可控、产品质量可溯"的目标。智慧农业是农业生产的高级阶段，是集新兴的互联网、移动互联网、云计算和物联网技术为一体，依托部署在农业生产现场的各种传感节点（环境温湿度、土壤水分、二氧化碳、图像等）和无线通信网络实现农业生产环境的智能感知、智能预警、智能决策、智能分析、专家在线指导，为农业生产提供精准化种植、可视化管理、智能化决策。精准农业与智慧农业的深度融合和互促发展将共同推动现代农业走上更加环保、安全、绿色、高效、智能的发展道路。

9. 垂直农业与立体农业协同发展模式

垂直农业也称植物工厂，是指在高度受控的环境中以高空间密度生产蔬菜、药用植物和水果。垂直农业与传统田间耕作相比，其生产过程不使用农药，用水量可减少90%，并可节省多达95%以上的土地。立体农业又称层状农业，是着重于开发利用垂直空间资源和水、光、气、热等资源的一种高效农业生产方式，在单位面积上，利用生物的特性及其对外界条件的不同要求，建立多物种共栖、质能多级利用的农业生态系统。垂直农业与立体农业协同发展，可以集约经营土地，发挥土地资源潜能，减少化学品投入，提高农业环境和生态环境的质量，增强产品和产地环境的安全。

10. 水产养殖绿色发展生物固碳模式

大力推广工厂化和池塘循环水养殖、海水立体养殖、大水面生态养殖等健康养殖技术。积极拓展养殖生产空间，发展深远海养殖；大力发展稻鱼、稻蛙、稻虾、稻鸭等人工水面综合种养模式，提高水生动植物资源的转化利用率；大力推广"以渔净水、贝藻固碳"的水产养殖增汇模式，以威海市的《蓝碳经济发展行动方案（2021—2025年）》为样板，在沿海及滩涂地区优化海带、裙带菜、牡蛎等经济固碳藻类、贝类养殖模式，实施海洋牧场、海水养殖生态增汇，发挥渔业碳汇功能。

（二）耕地质量保护与提升减排技术

1.我国农业功能区耕地质量保护碳减排技术

根据2015年农业部发布《耕地质量保护与提升行动方案》，提出耕地质量保护与提升的技术途径是"改、培、保、控"四字要领。"改"：改良土壤。针对耕地土壤障碍因素，治理水土侵蚀，改良酸化、盐渍化土壤，改善土壤理化性状，改进耕作方式。"培"：培肥地力。通过增施有机肥，实施秸秆还田，开展测土配方施肥，提高土壤有机质含量、平衡土壤养分，通过粮豆轮作套作、固氮肥田、种植绿肥，实现用地与养地结合，持续提升土壤肥力。"保"：保水保肥。通过耕作层深松耕，打破犁底层，加深耕作层，推广保护性耕作，改善耕地理化性状，增强耕地保水保肥能力。"控"：控污修复。

根据我国主要土壤类型和耕地质量现状，突出粮食主产区和主要农作物优势产区，划分东北黑土区、华北及黄淮平原潮土区、长江中下游平原水稻土区、南方丘陵岗地红黄壤区、西北灌溉及黄土型旱作农业区五大区域，结合区域农业生产特点，以及农业生产碳减排技术特征，总结适宜五大区域耕地质量保护的碳减排技术见表10-2。

表10-2　我国五大区域耕地质量保护的碳减排技术措施

编号	区域	农业生产碳减排技术
1	东北黑土区	秸秆粉碎深翻还田、秸秆免耕覆盖还田，深松耕和水肥一体化技术，推行粮豆轮作、粮草（饲）轮作
2	华北及黄淮平原潮土区	小麦秸秆粉碎覆盖还田、玉米秸秆粉碎翻压还田，高效节水技术，有机肥技术
3	长江中下游平原水稻土区	农家堆沤池增施有机肥、秸秆还田和种植绿肥，完善排水设施防治稻田潜育化
4	南方丘陵岗地红黄壤区	增施有机肥、秸秆还田和种植绿肥，开展水田养护耕作、改善土壤理化性状
5	西北灌溉及黄土型旱作农业区	推广膜下滴灌技术，秸秆堆沤和机械粉碎还田、玉米秸秆整秆覆盖还田，全膜双垄集雨沟播技术

2.农业绿色发展下耕地质量提升碳减排技术

农业绿色发展是农业发展观的一场深刻革命，对农业科技创新提出了更高更新的要求。农业绿色发展的根本目标是破解当前农业资源趋紧、环境问题突出、生态系统退化等重大瓶颈问题，实现农业生产生活生态协调统一、永续发展。耕地是保障人民生计和社会发展的重要硬核资源。强化耕地保护是保证国家粮食安全，实践"藏粮于地、藏粮于技"战略的关键举措，也是推进农业高质量发展和"双碳"目标的必然要求。在农业绿色发展和实现"双碳"目标的大背景下，从减少我国农业温室气体排放和提高固碳增汇能力两个途径，构建耕地质量保护碳减排技术体系主要包括3部分，一是农业投入品减量化利用，特别是化肥、农药的减量增效；二是农业废弃物资源化利用，特别是秸秆、粪污的资源化利用；三是农业绿色低碳技术模式，特别是与轻简机械化生产配套的低耗绿色生产模式。重点研发和推广的技术如下（农业农村部，2018）。

（1）环保高效肥料、农业药物与生物制剂。

重点研发：绿色高效的功能性肥料、生物肥料、新型土壤调理剂，低风险农药、施药助剂和理化诱控等绿色防控品，绿色高效饲料添加剂、低毒低耐药性兽药、高效安全疫苗等新型产品，突破我国农业生产中减量、安全、高效等方面瓶颈问题。创制一批节能低耗智能机械装备，提升农业生产过程信息化、机械化、智能化水平。肥料、饲料、农药等投入品的有效利用率显著提高。

推广应用：高效低成本控释肥料；高效低抗疫苗；新型蛋白质农药、昆虫食诱剂等新型生物农药；害虫性诱剂和天敌昆虫、绿色饲料添加剂、中兽医药等新型绿色制品。

（2）节能低耗智能化农业装备。

重点研发：种子优选、耕地质量提升、精量播种与高效移栽、作物修整、精准施药、航空施药、精准施肥、节水灌溉、低损收获与清洁处理、秸秆收储及利用、残膜回收、坡地种植收获、精准饲喂、废弃物自动处理、饲料精细加工、采收嫁接、分级分选、智能挤奶捡蛋、屠宰加工、智能化水产养殖以及农产品智能精深加工关键技术装备，农业机器人等技术。

推广应用：智能化深松整地、高效免耕精量播种与秧苗移栽装备；高效节水灌溉设备；化肥深施和有机肥机械化撒施装备；高效自动化施药设备；残膜回收机械化装备；秸秆综合利用设备；农业废物厌氧发酵成套设备；畜禽养殖、水产加工废弃物资源化利用装备；智能催芽装备；水产养殖循环水及水处理设备。

（3）耕地质量提升与保育技术。

重点研发：合理耕层构建及地力保育技术、作物生产系统少免耕地力提升技术、作物秸秆还田土壤增碳技术、有机物还田及土壤改良培肥技术、稻麦秸秆综合利用及肥水高效技术、盐渍化及酸化瘠薄土壤治理与地力提升技术、土壤连作障碍综合治理及修复技术、盐碱地改良与地力提升技术、稻渔循环地力提升技术等。

推广应用：机械化深松整地技术、保护性耕作技术、秸秆全量处理利用技术、大田作物生物培肥集成技术、生石灰改良酸性土壤技术、秸秆腐熟还田技术、沼渣沼液综合利用培肥技术、脱硫石膏改良碱土技术、机械化与暗管排碱技术、盐碱地渔农综合利用技术。

（4）化肥、农药减施增效技术。

重点研发：智能化养分原位检测技术、基于化肥施用限量标准的化肥减量增效技术、基于耕地地力水平的化肥减施增效技术、新型肥料高效施用技术、无人机高效施肥施药技术、化学农药协同增效绿色技术、农药靶向精准控释技术、有害生物抗药性监测与风险评估技术、种子种苗药剂处理技术、天敌昆虫综合利用技术、作物免疫调控与物理防控技术、有害生物全程绿色防控技术模式、农业生物灾害应对与系统治理技术、外来入侵生物监测预警与应急处置技术。

推广应用：高效配方施肥技术、有机养分替代化肥技术、高效快速安全堆肥技术、新型肥料施肥技术、作物有害生物高效低风险绿色防控技术、草原蝗虫监测预警与精准化防控集成技术、土传病虫害全程综合防控技术。

（5）农业废弃物循环利用技术。

重点研发：秸秆肥料化、饲料化、燃料化、原料化、基料化高效利用工程化技术及生产工艺；畜禽粪污二次污染防控健全利用技术；粪污厌氧干发酵技术；粪肥还田及安全利用技术；农业废弃物直接发酵技术。

推广应用：秸秆机械化还田离田技术、全株秸秆菌酶联用发酵技术、秸秆成型饲料调制配方和加工技术、秸秆饲料发酵技术、秸秆食用菌生产技术、秸秆新型燃料化技术、畜禽养殖场三改两分再利用技术、畜禽养殖废弃物堆肥发酵成套设备推广、家庭农场废弃物异位发酵技术、池塘绿色生态循环养殖技术。

（6）种养加一体化循环技术模式。

重点研发：养殖废弃物肥料化与农田统筹消纳技术、规模养殖废弃物无害化高值化开发利用技术、秸秆高效收集饲料化利用技术、稻田综合立体化种养技术、盐碱地高效生产技术、循环农业污染物减控与减排固碳关键技术、人工草场建设与环境友好型牛羊优质高效养殖技术等。

推广应用：规模化种养结合模式（猪—沼—菜/果/茶/大田作物模式、猪—菜/果/茶/大田作物模式、牛—草/大田作物模式、牛—沼—草/大田作物模式、渔菜共生养殖模式）；种养结合家庭农场模式（稻—虾/鱼/蟹种养模式、牧草—作物—牛羊种养模式、粮—菜—猪种养模式、稻—菇—鹅种养模式）。

四、农业碳达峰碳减排政策体系

（一）中国农业碳减排的行动历程

2020年12月12日，习近平总书记在气候雄心峰会上发表题为《继往开来，开启全球应对气候变化新征程》的重要讲话，宣布中国自主贡献一系列新举措，向世界表明为早日实现碳达峰、碳中和，中国在行动！习近平总书记郑重承诺，到2030年，中国单位国内生产总值二氧化碳排放将比2005年下降65%以上，非化石能源占一次能源消费比重将达到25%左右，森林蓄积量将比2005年增加60亿m³，风电、太阳能发电总装机容量将达到12亿kW以上。习近平总书记讲话明确表达了中国参与气候变化全球治理的决心和目标，更吹响了促进经济社会绿色低碳全面发展、持续改善生态环境质量的战斗号角。中国政府从"十一五"时期起，在践行温室气体减排方面制定了一系列政策措施，这些政策措施奠定了我国温室气体减排的基本政策框架，形成了具有中国特色的碳达峰与碳中和政策体系。重要的战略规划与政策建议总结见表10-3。

表10-3　我国关于生态保护与低碳发展相关政策汇总

时期	政策措施
"十一五" 时期	2006年12月24日，国家发展改革委发布《"十一五"资源综合利用指导意见》 2007年5月23日，国务院发布《关于印发节能减排综合性工作方案的通知》 2007年10月28日，国家发展改革委发布《中华人民共和国节约能源法（修订)》 2007年11月22日，国务院发布《国家环境保护"十一五"规划》 2008年3月3日，国家发展改革委发布《可再生能源发展"十一五"规划》 2009年12月21日，环保部发布《关于在国家生态工业示范园区中加强发展低碳经济的通知》 2010年4月，工信部发布《关于进一步加强中小企业节能减排工作的指导意见》 2010年4月，国家发改委、财政部、央行、国税总局联合发布《关于加快推行合同能源管理促进节能服务产业发展的意见》 2010年9月，国务院常务会议通过《国务院关于加快培育和发展战略性新兴产业的决定》
"十二五" 时期	2011年6月16日，全国绿化委员会等发布《全国造林绿化规划纲要（2011—2020年)》 2011年12月1日，国务院发布《"十二五"控制温室气体排放工作方案》 2011年12月1日，住房城乡建设部发布关于落实《国务院关于印发"十二五"节能减排综合性工作方案的通知》 2011年12月31日，国家林业局发布《林业应对气候变化"十二五"行动要点》 2012年5月4日，科技部等发布《"十二五"国家应对气候变化科技发展专项规划》 2012年7月9日，国务院发布《"十二五"国家战略性新兴产业发展规划》 2012年8月6日，国务院发布《节能减排"十二五"规划》 2012年8月6日，国家能源局正式发布《可再生能源发展"十二五"规划》 2012年12月12日，国家发展改革委发布《循环经济发展"十二五"规划》 2014年9月9日，国家发展改革委发布《国家应对气候变化规划（2014—2020)》 2015年1月28日，农业部发布《化肥使用量零增长行动方案》和《农药使用量零增长行动方案》
"十三五" 时期	2016年4月28日，国务院办公厅发布《关于健全生态保护补偿机制的意见》 2016年6月30日，工信部发布《工业绿色发展规划（2016—2020年)》 2016年10月17日，国务院发布《全国农业现代化规划（2016—2020年)》 2016年10月27日，国务院发布《"十三五"控制温室气体排放工作方案》 2016年11月29日，国务院发布《"十三五"国家战略性新兴产业发展规划》 2016年12月22日，国家发展改革委等发布《"十三五"节能环保产业发展规划》 2016年12月23日，国家发展改革委等发布《"十三五"全民节能行动计划》

（续表）

时期	政策措施
"十三五"时期	2016年12月30日，农业部发布《农业环境突出问题治理总体规划（2014—2018年）》 2017年2月24日，农业部发布《2017年农业面源污染防治攻坚战重点工作安排》 2017年6月21日，国家发展改革委等发布《工业绿色发展规划（2016—2020年）》 2017年9月30日，国务院联合发布《关于创新体制机制推进农业绿色发展的意见》 2017年12月18日，国家发展改革委发布《全国碳排放权交易市场建设方案（发电行业）》 2018年6月27日，国务院发布《打赢蓝天保卫战三年行动计划》 2018年7月2日，农业农村部发布《农业绿色发展技术导则（2018—2030年）》 2019年5月5日，国家能源局等发布《加强能源互联网标准化工作的指导意见》 2020年12月31日，生态环境部发布《碳排放权交易管理办法（试行）》

（二）实现碳达峰、碳中和的重点任务

1.建立绿色低碳经济体系重点工作

2021年2月，国务院印发《关于加快建立健全绿色低碳循环发展经济体系的指导意见》（以下简称《指导意见》），《指导意见》从健全绿色低碳循环发展的生产体系、流通体系、消费体系、基础设施、技术创新体系和法规政策体系6个方面部署了建立绿色低碳循环发展经济体系的重点任务，确保实现"碳达峰、碳中和"目标，推动我国绿色发展迈上新台阶。

2021年3月，中央财经委员会第九次会议强调推动平台经济规范健康持续发展，把碳达峰碳中和纳入生态文明建设整体布局（中共中央网络安全和信息化委员会办公室和中华人民共和国国家互联网信息办公室，2021）。会议指出，"十四五"是碳达峰的关键期、窗口期，要重点做好以下几项工作：要构建清洁低碳安全高效的能源体系、要实施重点行业领域减污降碳行动、要推动绿色低碳技术实现重大突破、要完善绿色低碳政策和市场体系、要倡导绿色低碳生活、要提升生态碳汇能力、要加强应对气候变化国际合作。

2."十四五"生态环境保护重点任务

2021年1月，全国生态环境保护工作会议明确提出，当前我国生态文明建设仍处于压力叠加、负重前行的关键期，保护与发展长期矛盾和短期问题

交织，生态环境保护结构性、根源性、趋势性压力总体上尚未根本缓解。实现碳达峰、碳中和是一场硬仗，也是对我们党治国理政能力的一场大考（黄润秋，2021；孙金龙，2021）。

（1）"十四五"生态环境保护的政策指针。

①创新理念，完善顶层设计："十四五"时期，要加快建立健全绿色低碳循环发展经济体系，加快深入推进生态补偿，建立生态产品价值实现机制，让保护修复生态环境获得合理回报。

②厘清思路，明确治理目标：实施减污降碳协同治理，以二氧化碳达峰倒逼总量减排、源头减排、结构减排，实现改善环境质量从注重末端治理向更加注重源头预防和治理有效传导。二氧化碳排放强度持续降低，主要污染物排放总量持续减少。

③精准治理，聚焦核心任务：坚持突出精准治污、科学治污、依法治污，深入打好污染防治攻坚战；围绕"提气、降碳、强生态，增水、固土、防风险"做好攻坚战的顶层设计，从问题、时间、区域、对象、措施5个方面，做好"五个精准"。

④深化改革，完善制度体系：完善生态文明领域统筹协调机制，加快形成导向清晰、决策科学、执行有力、激励有效、多元参与、良性互动的"大环保格局"，实现从"要我环保"到"我要环保"的历史性转变。

（2）"十四五"生态环境保护的重点任务。

①系统谋划"十四五"生态环境保护：编制实施"十四五"生态环境保护规划和重点领域专项规划，推动编制建设美丽中国长期规划。推进环评审批和监督执法"两个正面清单"制度化，加快"三线一单"落地应用，推进固定污染源"一证式"监管。

②编制实施2030年前碳排放达峰行动方案：加快建立支撑实现国家自主贡献的项目库，加快推进全国碳排放权交易市场建设，深化低碳省（市）试点，强化地方应对气候变化能力建设，研究编制《国家适应气候变化战略2035》。

③继续开展污染防治行动：推动出台深入打好污染防治攻坚战的意见，开展污染防治攻坚战成效考核和评估。继续实施水污染防治行动和海洋污染综合治理行动，大力推进"美丽河湖""美丽海湾"保护与建设。深入开展

土壤污染防治行动，完成重点行业企业用地土壤污染状况调查成果集成与上报，持续推进农用地分类管理，严格建设用地准入管理和风险管控，继续推进"无废城市"建设，开展黄河流域"清废行动"，继续强化重点行业重点区域重金属污染防治。

④持续加强生态保护和修复：推动"2020年后全球生物多样性框架"各项谈判进程，编制关于进一步加强生物多样性保护的指导意见，实施生物多样性保护重大工程。深化生态保护监管体系建设。持续推进生态文明示范建设。

⑤确保核与辐射安全：推动更多省份建立核安全工作协调机制建设，完善核与辐射安全法规标准体系和管理体系。强化核电、研究堆核安全监管，协助推进核电废物处置，推动历史遗留核设施退役治理，加快推进放射性污染防治。

⑥依法推进生态环境保护督察执法：继续开展第二轮中央生态环境保护例行督察。开展夏季臭氧污染防治、冬季细颗粒物治理等重点专项任务监督帮扶，推进黄河和赤水河入河排污口排查，深化生活垃圾焚烧发电达标排放专项整治。

⑦有效防范化解生态环境风险：进一步加强环境风险防范化解能力，完善国家环境应急指挥平台建设，加强环境应急准备能力，深化上下游联防联控机制建设，组织开展生态环境安全隐患排查整治。

⑧做好基础支撑保障工作：持续深化生态环境领域改革，制定实施构建现代环境治理体系3年工作方案。增强科技支撑保障能力，组织实施细颗粒物和臭氧复合污染协同防控科技攻关，继续推进长江生态环境保护修复研究。健全生态环境监测监管体系，推进生态环境监测大数据建设。完善法规制度体系，推进生态环境标准制（修）订等。

（三）农业碳达峰、碳中和面临的挑战

农业既是重要的温室气体排放源，又是规模巨大的碳汇系统。农业兼具碳源与碳汇双重属性的特质决定了其减排路径会区别于第二、第三产业，实行农业领域增汇减排技术手段，降低农业农村生产生活温室气体排放强度，是全国"碳达峰、碳中和"的重要举措，是加快农业生态文明建设的重要内

容和潜力所在，有利于为我国应对全球气候变化做出积极的贡献。农业是稳定经济社会的"压舱石"，推进农业农村领域碳达峰、碳中和，形成农业发展与资源环境承载力相匹配、与生产生活条件相协调的总体布局，有利于保障粮食安全和重要农产品有效供给，降低农业农村生产生活温室气体排放强度，协同推动农业高质量发展和生态环境高水平保护，让低碳产业成为乡村振兴新的经济增长点，促进农业农村现代化建设，助推全面实现乡村振兴。

现阶段，围绕农业农村碳达峰、碳中和的战略需求，聚焦种养业减排、土壤固碳、可再生能源替代等技术突破，研发和筛选了一批优化的减排固碳技术，突破了农业领域减排技术瓶颈问题。然而，要全面实现农业农村领域的碳达峰、碳中和，还面临不少困难与挑战。主要体现在以下3个方面。

1. 减排固碳技术的环境效应评估问题

现阶段研发和筛选的减排固碳技术，侧重于农业碳达峰、碳中和理论层面的战略性、前瞻性、系统性和创新性研究，揭示技术作用于环境因素的机理和机制，探索技术优化、创新的手段和途径；但缺乏从技术应用对环境外部性贡献的视角，系统地分析温室气体减排的环境效应价值及环境成本，也没有进行全方位的技术生产成本评估，难以为科学决策提供有力支撑。

2. 减排固碳技术推广的市场失灵问题

农业减排固碳技术作为重要的绿色生产技术并不具有市场竞争力，因此技术持续推广在市场失灵下进入瓶颈期。从技术本身内因分析：①减排固碳技术使用成本偏高，新材料、新工艺、新设备及过多的物质或劳动力投入，增加了技术生产成本而降低了农民的生产利润，从而降低农民对新技术的应用率。②减排固碳技术应用是科技创新成果的重要体现，但相对复杂的操作流程和现代化管理方式，提高了农民应用技术的门槛和难度，同时降低了农民采纳新技术的意愿。③减排固碳技术对农业生态系统的影响是一个长期过程，技术产生的外溢效应在短期内难以体现，相比传统生产技术，绿色技术的"性能—价格"比较低，因而不具有市场竞争力。

3. 减排固碳技术微观层面应用障碍问题

农业减排固碳技术具有公共产品属性，从技术应用外因分析：①农户作为技术实际应用主体，主观上由于文化水平低、环保和产品质量意识不强，加之技术信息的不对称性，使其无法对新技术的有效性和经济合理性做出正确判断，客观上分散农户经营规模小、中青年劳动力匮乏，技术的购买能力不足，故从心理上不愿意采用绿色技术。②基层农技推广体系制度不完善，不能在技术推广中提供充足的资金、人员、信息等支持服务，是技术在农户层面推广应用的重要障碍。③农业碳减排生态补偿制度建设处于探索阶段，特别是农业环保生产型补贴政策实施缺乏精准靶向，激励绿色产品供给者内生动力的政策体系仍需完善，导致农户参与环保生产积极性不高。

（四）农业碳达峰、碳中和的政策建议

农业碳达峰、碳中和目标时间紧、任务重，最迫切、最关键的是要加快政策与制度创新，加快构建一整套规范统一的政策保障体系，加快建立适应农业碳中和目标的长效约束和激励机制，引导农业生产者转变发展方式，保障农业绿色发展有效推进（赵立欣，2021）。

1. 构建农业农村碳达峰、碳中和监测体系

在已有的国家农业环境数据中心监测指标和观测网络基础上，补充完善农业农村碳监测指标体系，编制一系列规范的农业农村碳达峰、碳中和数据标准；优化布局农业农村碳监测网点，加强对农业碳排放实行长期核算监测；建立农业碳达峰、碳中和数据中心和数据共享平台，定期获取农业农村碳达峰、碳中和数据、产品和技术资源；逐步构建充分体现减排成效和环境福利的生产成本核算机制，研究农业技术生态服务价值统计方法。

2. 构建农业农村碳达峰、碳中和科技创新体系

研发适应不同区域、不同产业的绿色发展技术、集成创新方案。重点研发高效优质多抗新品种、环保高效肥料、农业生物制剂等绿色投入品；加快研发耕地质量提升与保育、农业控水与雨养旱作、农业废弃物循环利用、畜禽水产品安全生产等农业绿色生产技术；大力发展农产品低碳污加工储运技术等绿色产后增值技术；建立农业减排固碳技术任务清单制度和以绿色为导向的科研评价机制，把资源消耗、生态效益等绿色发展指标纳入农业科研评价体系，促进科技创新方向和科研重点向绿色转变。

3. 完善农业农村碳达峰、碳中和生态补偿制度

农业减排固碳技术具有显著的外部性和公共产品属性，技术的持续推进必须依靠政府的干预、支持和保护。建立以减排为重点的财政支农体系，引导更多金融资本、社会资本投入农业绿色生产；建立与化肥、农药减施增效和责任落实相挂钩的温室气体减排生态补偿机制，全面掌握环境质量基础值，设定合理环境质量改善的碳减排目标值，科学解析农民应用减排固碳技术的行为意愿值，将基础值、目标值和意愿值作为补偿标准定价的重要参考；实现农产品供应区、重点生态功能区的生态保护补偿全覆盖，补偿水平与经济社会发展状况相适应，初步建立面向多主体、多元化的补偿机制。

4. 完善农业农村碳达峰、碳中和法律制度体系

进一步完善《节约能源法》《可再生能源促进法》《清洁发展机制管理暂行办法》《中国清洁发展机制基金管理办法》和《碳排放权交易管理办法（试行）》等规范性文件；加快制定《碳中和促进法》，明确碳达峰、碳中和制度体系，统筹处理好与生态环境保护之间的关系，明确气候变化控制国际合作的立场、领域、措施，强化碳达峰、碳中和目标的刚性约束和相关制度的法制化，以法律的强制力保障我国碳达峰、碳中和目标的实现（王金南，2021）。

参考文献

曹明德，徐以祥，2012. 中国现有温室气体减排的政策措施与气候立法[J]. 气候变化研究快报（1）：22-32.

国家发展和改革委员会，2012-11-22. 中国应对气候变化的政策与行动2012年度报告[EB/OL]. http://www. scio. gov. cn/ztk/xwfb/102/10/Document/1246626/1246626. htm.

国务院，2021-02-02. 国务院关于加快建立健全绿色低碳循环发展经济体系的指导意见[EB/OL]. http://www. gov. cn/zhengce/content/2021-02/22/content_5588274. htm.

黄润秋，2021. 深入贯彻落实十九届五中全会精神 协同推进生态环境高水

平保护和经济高质量发展——在2021年全国生态环境保护工作会议上的工作报告[EB/OL]. http://www. mee. gov. cn/xxgk2018/xxgk/xxgk15/202102/t20210201_819774. html. 2021-02-01.

贾敬敦, 魏珣, 金书秦, 2012. 澳大利亚发展碳汇农业对中国的启示[J]. 中国农业科技导报, 14（2）: 7-11.

金书秦, 林煜, 牛坤玉, 2021. 以低碳带动农业绿色转型: 中国农业碳排放特征及其减排路径[J]. 改革（5）: 29-37.

农业农村部, 2018-07-02. 农业农村部关于印发《农业绿色发展技术导则（2018—2030年）》的通知[EB/OL]. http://www. gov. cn/gongbao/content/2018/content_5350058. htm.

孙金龙, 2021-02-01. 准确把握十九届五中全会"三新"重大判断以生态环境保护优异成绩庆祝建党100周年——在2021年全国生态环境保护工作会议上的讲话[EB/OL]. http://www. mee. gov. cn/xxgk2018/xxgk/xxgk15/202102/t20210201_819773. html.

孙眉, 2021-06-11. "双碳"背景下的农业担当——访中国农科院种植废弃物清洁转化与高值利用创新团队首席科学家赵立欣[EB/OL]. http://www. hbnyw. com/news/info/55017. html.

陶爱祥, 2016. 国外农业碳减排经验借鉴及启示[J]. 中国集体经济（3）: 160-162.

汪巍, 2011. 美国的节能减排举措[J]. 节能与环保（4）: 60-61.

王爱冬, 赵鑫, 2011. 我国"十一五"节能减排政策效果评价及启示[J]. 燕山大学学报（哲学社会科学版）, 12（3）: 119-122.

王金南, 2021-03-26.《碳中和促进法》立法恰逢其时——专访中国工程院院士、生态环境部环境规划院院长王金南[EB/OL]. https://www. thepaper. cn/newsDetail_forward_11897851.

习近平, 2020-09-22. 在第七十五届联合国大会一般性辩论上的讲话[EB/OL]. http://www. gov. cn/xinwen/2020-09/22/content_5546169. htm.

习近平, 2020-12-13. 继往开来, 开启全球应对气候变化新征程——在气候雄心峰会上的讲话[EB/OL]. http://www. gov. cn/xinwen/2020-12/13/content_5569138. htm.

邢丽峰，2021-04-13. 公共机构"碳达峰""碳中和"路径探析[EB/OL]. http://jgswj. gxzf. gov. cn/gzdt/gzdt_41196/t8617550. shtml.

张晓萱，秦耀辰，吴乐英，等，2019. 农业温室气体排放研究进展[J]. 河南大学学报（自然科学版），49（6）：649−662，713.

中共中央网络安全和信息化委员会办公室，中华人民共和国国家互联网信息办公室，2021-03-15. 习近平主持召开中央财经委员会第九次会议强调 推动平台经济规范健康持续发展把碳达峰碳中和纳入生态文明建设整体布局[EB/OL]. http://www. cac. gov. cn/2021-03/15/c_1617385021592407. htm.

附件1 2021年徐水区普通农户化肥、农药减施补偿意愿调查问卷

调查日期：_____调查员姓名、电话_____

调查地点：_____乡（镇）_____村

受访者姓名、电话：_____

1.您是户主吗？ □1.是 □2.不是

2.您多大岁数？ _____岁

3.您的文化程度？

□1.文盲 □2.小学 □3.初中 □4.高中/中专 □5.大专以上

4.您家里有几口人？_____；劳动力几人？_____；打工几人？_____

5.您家里种几亩地？_____亩（实际种植面积数量）

6.您的家庭总收入的来源，以及农业收入所占的比例？

□1.全部来源于种地收入，占比≥90%；

□2.部分来自农业收入，占比10%~80%；

□3.几乎全部是打工收入，农业收入占比<10%。

7.2020—2021年冬小麦生产投入品成本调查

①农业投入品使用成本（种子、化肥、农药）

项目	种子	底肥	追肥	有机肥	除草剂	杀虫剂
名称						
规格（斤或克/袋）						
价格（元/袋）						
用量（斤或克/亩）						
使用次数（次）						
整个生育期费用（元）						

②灌水次数：_____次，整个生育期用电量_____字

　　水费价格：____元/字（如果不清楚价格就估计整个生育期的灌水费用）

③收割费用：____元/亩；机播玉米：____元/亩

　　运输费用：____元/亩

④2021年小麦产量_____斤/亩；收购价_____元/斤

　　2021年小麦收入_____元/亩

　　您今年小麦卖了多少？_____；自留多少？_____

8.2020年夏玉米生产投入品成本调查

①农业投入品使用成本（种子、化肥、农药）

项目	种子	底肥	追肥	有机肥	除草剂	杀虫剂
名称						
规格（斤或克/袋）						
价格（元/袋）						
用量（斤或克/亩）						
使用次数（次）						
整个生育期费用（元）						

②灌水次数：_____次，整个生育期用电量_____字

　　水费价格：____元/字（如果不清楚价格就估计整个生育期的灌水费用）

③收割玉米：_____元/亩；秸秆粉碎：_____元/亩

　　旋耕土地：_____元/亩；机播小麦：_____元/亩；

　　运输费用：_____元/亩；

④2020年玉米产量_____斤/亩；收购价_____元/斤

　　2020玉米收入_____元/亩；玉米卖了多少？_____

　　自留多少？_____

9.您平时都是通过什么方式来获得农业生产信息（种地方面信息）？

　　□1.电视　□2.手机　□3.报纸　□4.周边邻居　□5.技术人员

10.您在生产中如果遇到一些难题，会向别人请教或求助吗？

　　□1.经常会问人　□2.会问人不多　□3.不会，自己解决

11.您认为种植小麦、玉米投入的化肥和农药用量大吗？

化肥：□1.用量大　□2.正常　□3.偏小　□4.不清楚

农药：□1.用量大　□2.正常　□3.偏小　□4.不清楚

12.如果让您减少化肥和农药的用量，您是否愿意？

□1.不愿意　□2.愿意　□3.不知道

（如果回答1，则继续提问；如果回答2、3则转到15题）

13.您不愿意减少化肥用量的原因是什么？

□1.长期固定用量不愿意减少　□2.化肥减少了可能降低产量

□3.看别人的用量情况再决定　□4.其他原因：＿＿＿＿＿＿＿

14.您不愿意减少农药用量的原因是什么？

□1.杂草和虫子太多不能少用　□2.常年用药量习惯改不了了

□3.别人都打药自己也得打药　□4.农药价格便宜多用没关系

□5.其他原因：＿＿＿＿＿＿＿

15.国家现在鼓励少施化肥和农药，并给农户一定的补贴奖励，请问您愿不愿意？

□1.不愿意　□2.愿意

16.如果您愿意，请问最希望获得哪种奖励方式？请您在4个答案中选择，并继续回答补偿额度问题。

切记：国家补贴是有一定比例的，不是越多越好！

（　）①直接给予粮食减产补贴，化肥减少后可能会低于平均小麦亩产量，我们按照减产数量折算成现金补贴给您。您满意的补贴额度是多少？

□可能减产量实际价格□可能减产量1.5倍价格□可能减产量2倍价格□其他＿＿＿＿＿倍

（　）②直接补贴复合肥用于玉米，按照120元/袋（50kg/袋）计算，您希望获得多少袋补贴？

□1亩补贴半袋□1亩补贴1袋□3亩补贴2袋□其他＿＿＿＿＿袋

（　）③直接降低复合肥零售价，按照120元/袋计算，您认为每袋化肥市场价应该降低多少元？

□10元　□20元　□30元　□40元　□50元　□60元　□70元

（　　）④提高小麦收购价格，减少化肥小麦品质提高了，您认为小麦收购价应该提高多少？

□10%　□15%　□20%　□25%　□30%　□35%

□40%　□45%　□50%

17.国家鼓励农户使用生物农药，您最愿意接受哪一种奖励方式？请您选择后继续回答补贴额度。

（　　）①直接发给现金补贴，按照30元/瓶农药计算，您认为应该补贴多少元？

□5元　　□6元　　□7元　　□8元　　□9元　　□10元　　□11元

□12元　　□13元　　□14元　　□15元

（　　）②直接发给生物农药，按照30元/瓶农药计算，您认为应该补贴多少农药？

□1亩地1瓶　　□2亩地1瓶　　□3亩地1瓶　　□其他_____瓶

附件2 2021年徐水区种植大户化肥、农药减施补偿意愿调查问卷

调查日期：_____调查员姓名、电话_____

调查地点：_____乡（镇）_____村

受访者姓名、电话：_____

1.您是户主吗？ □1.是 □2.不是

2.您多大岁数？_____岁

3.您的文化程度？

□1.文盲 □2.小学 □3.初中 □4.高中/中专 □5.大专以上

4.您家里有几口人？_____；劳动力几人？_____；打工几人？_____

5.您家里种几亩地？_____亩，什么时候被批准为种养大户？_____年

6.您家里种植粮食的总收入是多少？

□2.0万～3.9万元 □4.0万～5.9万元 □6.0万～7.9万元

□8.0万～9.9万元 □10.0万～11.9万元 □12.0万～13.9万元

□14.0万～15.9万元 □16.0万～17.9万元 □18.0万～19.9万元

7.您家里种地收入占家庭总收入的比例？_____%

8.2020—2021年冬小麦生产成本情况调查

①农业投入品使用成本（种子、化肥、农药）

项目	种子	底肥	追肥	有机肥	除草剂	杀虫剂
名称						
规格（斤或克/袋）						
价格（元/袋）						
用量（斤或克/亩）						
使用次数（次）						
整个生育期费用（元）						

②灌水次数：_____次，灌溉量：_____字/次；水费价格：_____元/字

③收割费用：_____元/亩；机播费用：_____元/亩

　运输费用：_____元/亩

④小麦收购价_____元/亩；卖了多少？_____自留多少？_____

⑤雇佣劳动力_____人；人工费用_____元/人

9.您平时都是通过什么方式来获得农业生产信息（种地方面信息）？

　□1.电视　□2.手机　□3.报纸　□4.周边邻居　□5.技术人员

10.您在生产中如果遇到一些难题，会向别人请教或求助吗？

　□1.经常会问人　□2.会问人不多　□3.不会，自己解决

11.您认为种植小麦、玉米投入的化肥和农药用量大吗？

　化肥：□1.用量大　□2.正常　□3.偏小　□4.不清楚

　农药：□1.用量大　□2.正常　□3.偏小　□4.不清楚

12.如果让您减少化肥和农药的用量，您是否愿意？

　□1.不愿意　□2.也可以　□3.愿意　□4.不知道

　（如果回答1，则继续提问；如果回答2~4则转到15题）

13.您不愿意减少化肥用量的原因是什么？

　□1.长期固定用量不愿意减少　□2.化肥减少了可能降低产量

　□3.看别人的用量情况再决定　□4.其他原因：_____

14.您不愿意减少农药用量的原因是什么？

　□1.杂草和虫子太多不能少用　□2.常年用药量习惯改不了了

　□3.别人都打药自己也得打药　□4.农药价格便宜多用没关系

　□5.其他原因：_____

15.国家少施化肥农户给予奖励，请问您是否愿意？

　□1.不愿意　□2.愿意

16.如果您愿意，请问最希望获得哪种奖励方式？在4个答案中选择，并回答补偿额度问题。

（　）①增加农机购置补贴，您认为农机补贴比例应提高多少（按照20万元/台计算）？

　□10%　□20%　□30%　□40%　□50%　□60%　□70%

（　　）②直接给予粮食减产补贴，如果减施化肥后低于家庭年平均小麦亩产量，则按照减产数量折算成现金补贴给您，您满意的补贴额度是多少？

□减产量实际价格　□减产量1.5倍价格　□减产量2倍价格

□其他_____

（　　）③直接补贴复合肥用于玉米，按照120元/袋（50kg/袋）计算，您希望获得多少补贴？

□1亩补贴半袋　□1亩补贴1袋　□3亩补贴2袋　□其他_____袋

（　　）④直接降低复合肥零售价，您认为按照120元/袋计算，每袋应该降价多少元？

□10元　□20元　□30元　□40元　□50元　□60元　□70元

（　　）⑤提高小麦收购价格，您认为减施化肥后麦子收购价提高多少合适？

□10%　□15%　□20%　□25%　□30%　□35%　□40%　□45%

□50%

17.国家鼓励农户使用生物农药，您最愿意接受哪种奖励方式？请您选择并回答补贴额度。

（　　）①直接发给现金补贴，您认为按照30元/瓶农药计算，您认为应该补贴多少元？

□5元　□6元　□7元　□8元　□9元　□10元　□11元　□12元

□13元　□14元　□15元

（　　）②直接发给生物农药，按照30元/瓶农药计算，您认为应该补贴多少农药？

□1亩地1瓶　□2亩地1瓶　□3亩地1瓶　□其他_____瓶